2013 黄河河情咨询报告

黄河水利科学研究院

U0227603

黄河水利出版社
·郑州·

图书在版编目(CIP)数据

2013黄河河情咨询报告/黄河水利科学研究院编著.
郑州:黄河水利出版社,2021.1
ISBN 978 - 7 - 5509 - 2983 - 8

Ⅰ.①2…　Ⅱ.①黄…　Ⅲ.①黄河 - 含沙水流 - 泥沙

运动 - 影响 - 河道演变 - 研究报告 - 2013　Ⅳ.①TV152

中国版本图书馆 CIP 数据核字(2021)第 084235 号

组稿编辑:王路平　电话:0371 - 66022212　E-mail:hhslwlp@126.com

出 版 社:黄河水利出版社　　　　　　　　　　　网址:www.yrcp.com
　　　　地址:河南省郑州市顺河路黄委会综合楼 14 层　邮政编码:450003
发行单位:黄河水利出版社
　　　　发行部电话:0371 - 66026940、66020550、66028024、66022620(传真)
　　　　E-mail:hhslcbs@126.com
承印单位:河南新华印刷集团有限公司
开本:787 mm×1 092 mm　1/16
印张:21.5
字数:500 千字
版次:2021 年 1 月第 1 版　　　　　　　　印次:2021 年 1 月第 1 次印刷

定价:120.00 元

2013 黄河河情咨询报告专题设置及负责人

序号	专题名称	负责人
1	2013 年黄河河情变化特点	尚红霞
2	泾河东川流域近期水沙变化典型案例调查	冉大川 焦　鹏
3	中游典型支流泥沙输移与河道沉积环境调查	田　勇
4	2014 年及近期汛前调水调沙模式研究	李小平
5	近期小浪底水库汛期调水调沙运用方式探讨	王　婷
6	宁蒙河道不同水沙组合河道冲淤效果研究	张晓华

前　言

2013年黄河河情咨询以"新建议、新发现、新解释"为重点,在注重对当年黄河河情跟踪研究的基础上,设置6个专题开展研究,并取得以下主要认识:

(1)系统分析了2013年黄河流域水沙特性、洪水特征及重要水库的调蓄情况,三门峡水库库区(包括小北干流)、小浪底水库库区、黄河下游、渭河下游等重点河段的河床演变特点及排洪能力的变化,并通过对黄河中游多沙粗沙区(河龙区间)汛期实测降雨、径流、泥沙关系的分析,阐明了近年来水沙情势变化的趋势性。

(2)开展了泾河东川流域近期水沙变化典型案例调查分析。通过实地调查和定量计算,分析了泾河东川流域近期尤其是2010年、2012年和2013年水沙变化情况、水沙关系变化特点、暴雨洪水情况、人为新增水土流失特点、水利水土保持措施减水效益和拦沙减蚀效益、暴雨条件下水土保持措施减水贡献率和拦沙减蚀贡献率,揭示了东川流域2008年以来洪水泥沙增加的主要原因,阐明了流域近期高含沙洪水成因。

(3)开展了中游典型支流泥沙输移与河道沉积环境调查研究。围绕黄河流域河道受水库调节、拦河坝(橡胶坝)拦蓄、河道采砂等人为因素影响越来越剧烈这一状况,选择典型支流马莲河和秃尾河开展调查研究,摸清了支流水库调蓄、拦河坝(橡胶坝)运用和采砂等实际情况,以及中游典型支流泥沙输移与河道沉积环境变化,并结合水沙变化资料,探讨人为因素对泥沙输移与河道沉积环境的影响规律。

(4)关于2014年及近期汛前调水调沙模式研究。小浪底水库运用以来,下游河道发生持续冲刷,河道最小过流能力已经由2002年不足1 800 m³/s增加到4 200 m³/s。一方面,随着下游河道的冲刷发展,河床粗化,河道冲刷效率逐步降低;另一方面,随着经济的发展,黄河沿线对水资源的需求日益增加。为此研究了近期汛前调水调沙模式,主要是以人工塑造异重流排沙为主体、无清水大流量泄放过程的汛前调水调沙与不定期开展带有清水大流量下泄的汛前调水调沙相结合,达到维持下游中水河槽不萎缩与提高水资源综合利用效益的双赢目标。

(5)关于近期小浪底水库汛期调水调沙运用方式探讨。由于水库的调节运用,一年中长达330 d以上的时间都是800 m³/s流量以下的持续清水小水过程,仅有不到30 d的时间内可能出现具有较强的塑槽输沙作用的2 600 m³/s流量以上较大的洪水过程。从塑槽输沙的角度看,汛期、非汛期的概念已经很模糊,只有持续小水和洪水期之分。为了充分利用汛期天然洪水,一方面提高小浪底水库排沙效果,另一方面在利用下游河道的输沙能力将泥沙输送入海的同时,尽可能冲刷下游河道,以维持最小过流能力不减小。为此,通过对小浪底水库近年来调水调沙调度期的水沙变化、水库调度、排沙效果及其影响因素等方面的分析,提出了小浪底水库调水调沙调度期的运用方式建议。

（6）宁蒙河道不同规模水沙组合洪水河道冲淤效果研究。宁蒙河段经过 2012 年大洪水以后，2013 年河道略有冲刷调整，河道过流能力变化不大，三湖河口—头道拐河段仍是宁蒙河道现状过流能力最小的河段。研究从宁蒙河道防洪防凌最重要河段入手，分析不同水流过程的作用，着力剖析淤积萎缩原因，为治理方案提供建议，并通过对造成该河段 1987—1999 年河槽萎缩原因的剖析，阐明了不同水沙过程下宁蒙河道分河段调整规律。

基于对 2013 年及其近年来水沙情势和河床演变趋势分析，进一步提出流域治理、河道整治及水库调控等方面的建议。

2013 年共完成年度咨询总报告 1 份，跟踪研究报告 7 份。本报告研究工作主要由时明立、姚文艺、李勇、李小平、蒋思奇、张晓华、孙赞盈、尚红霞、林秀芝、张敏、窦身堂、张防修、侯素珍、马怀宝、余欣等人完成。姚文艺负责报告审修和统稿。其他参加人员不再一一列出，敬请谅解，并对他们表示感谢！工作过程中得到了潘贤娣、赵业安、刘月兰、王德昌、张胜利等专家的指导和帮助，黄河水利委员会有关部门领导、专家也给予了指导，在此表示由衷谢意！

报告中参考了不少他人的研究成果，除已列出的参考文献外，还有一些文献未能一一列出，敬请相关作者给予谅解，在此表示歉意和衷心感谢！

黄河水利科学研究院
黄河河情咨询项目组
2017 年 10 月

目　录

第一部分　综合咨询报告

第一章　2013年黄河河情变化特点

黄河流域降雨等自然因素的变化和黄河治理开发的深入发展,使得黄河水沙环境也发生相应的变化,导致黄河河情和工情不断出现新情况和新问题。为此对2013年度黄河水沙、水库运用、河道冲淤等情况进行了跟踪分析。

一、研究目标

系统分析2013运用年黄河流域水沙特性、洪水特征及重要水库的调蓄情况,分析三门峡水库库区(包括小北干流)、小浪底水库库区、黄河下游、渭河下游等重点河段的河床演变特点及排洪能力的变化,初步阐明近年来黄河中游多沙粗沙区(河龙区间,指河口镇—龙门区间,下同)水沙情势变化趋势。

二、主要认识

(一)汛期流域降雨偏多,区域不均匀

黄河流域2013年汛期降雨量为375 mm,较多年(1956—2000年,下同)平均偏多9%,降雨量区域分布不均,其中山陕(头道拐—龙门,下同)区间偏多65%,北洛河偏多33%,而伊洛河和小花(小浪底—花园口)干流偏少44%(见图1-1)。7月流域降雨量229 mm,较多年同期偏多133%。

(二)干支流水沙量仍然偏少

头道拐、潼关、花园口和利津等水文站年水量分别为212.09亿 m³、311.05亿 m³、348.44亿 m³和258.80亿 m³(见表1-1),较多年平均偏少10%左右;渭河和伊洛河水量分别为60.87亿 m³、11.65亿 m³,分别偏少14%和56%。龙门、潼关、华县和河龙区间年沙量分别为1.848亿 t、3.040亿 t、1.432亿 t和1.637亿 t,偏少60%以上,潼关年沙量为2006年以来最大值(见图1-2)。三门峡入库年沙量3.569亿 t,河龙区间和渭河华县分别占46%和40%;入库年水量323.20亿 m³,河龙区间和渭河华县分别占8%和18%。

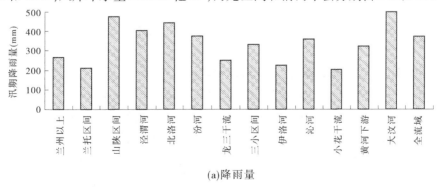

(a)降雨量

图1-1　2013年汛期黄河流域各区间降雨量及偏离程度

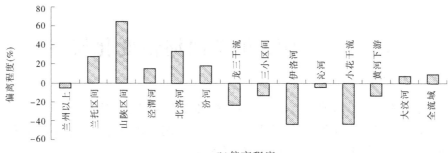

(b)偏离程度

续图 1-1

表 1-1　2013 年黄河流域主要控制水文站水沙量

水文站名	全年		汛期		汛期占全年(%)	
	水量 (亿 m³)	沙量 (亿 t)	水量 (亿 m³)	沙量 (亿 t)	水量	沙量
头道拐	212.09	0.612	91.27	0.366	43	60
龙门	247.48	1.848	120.73	1.759	49	95
三门峡入库	323.20	3.569	171.66	3.376	53	95
潼关	311.05	3.040	159.22	2.608	51	86
三门峡	322.66	3.954	174.29	3.947	54	100
小浪底	363.96	1.420	133.70	1.420	37	100
花园口	348.44	1.204	132.62	0.957	38	79
利津	258.80	1.785	130.85	1.359	51	76
华县	60.87	1.432	39.27	1.336	65	93
河津	8.71	0.007	6.31	0.004	72	57
湫头	6.08	0.277	5.35	0.277	88	100
黑石关	11.65	0	4.43	0	38	
武陟	6.95	0.006	6.15	0.006	88	100

(三)汛期山陕区间降雨偏多、实测水沙量偏少

汛期河龙区间降雨量 478 mm,较多年平均偏多 65%,实测水量 26.37 亿 m³,输沙量 1.637 亿 t,分别偏少 7% 和 74%。河龙区间实测水量与降雨量具有较好的相关关系,随着降雨量增加而增加,不过 2000 年以后随着降雨量增加水量增幅减小(见图 1-3)。2013 年降雨量为 2000 年以来最大值,但水量仅是 1969 年以前相同降雨量下的 37%。河龙区间水沙关系密切,2000 年以后仍然存在较高的相关关系(见图 1-4),但是与 1956—1969 年相比,同样水量下沙量显著减少。

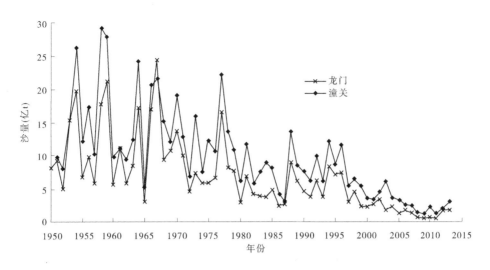

图 1-2　龙门和潼关水文站实测年输沙量

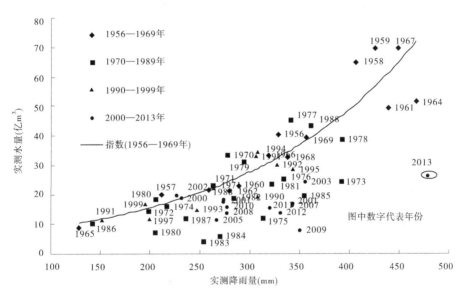

图 1-3　汛期河龙区间实测水量与降雨量关系

（四）干流仅一场编号洪水，部分支流出现较大洪水

唐乃亥水文站 7 月 31 日洪峰流量 2 560 m³/s（见图 1-5），为 2013 年黄河第 1 号洪峰。山陕区间汾川河新市河水文站、渭河支流千河千阳水文站、三小区间支流西阳河桥头水文站出现较大洪水，延河流域内延安出现百年一遇降雨，甘谷驿水文站 25 日 12 时 24 分洪峰流量 926 m³/s。

干流潼关水文站洪峰流量大于 3 000 m³/s 的洪水有 2 场，洪峰流量分别为 3 300 m³/s、4 990 m³/s，汛期流量大于 3 000 m³/s 的历时 7 d，为 1991 年以来较多的年份（见图 1-6）。

（五）水库对洪水径流具有显著的调节作用

截至 2013 年 11 月 1 日 8 时，流域八座主要水库蓄水总量 302.04 亿 m³，较 2012 年 11

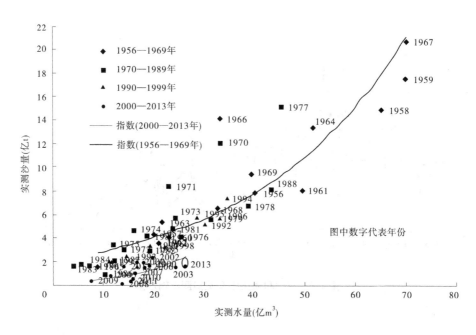

图 1-4　汛期河龙区间水沙关系

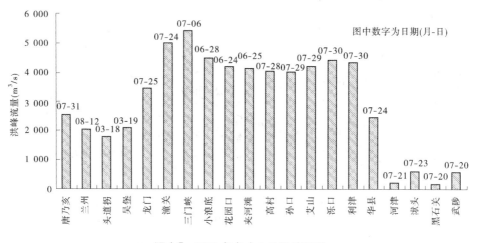

图 1-5　2013 年各水文站洪峰流量

月 1 日减少 61.91 亿 m^3,其中龙羊峡水库和小浪底水库减少量分别占总减少量的 40% 和 54%。汛期蓄水削减了洪峰,从而使得洪水发生频次和洪峰流量量级、洪量、历时等显著减少。龙羊峡水库前汛期蓄水 29.86 亿 m^3,占入库水量的 40%,入库最大日流量 2 460 m^3/s,经过水库调节,相应出库最大日流量 1 070 m^3/s,削峰率 56%;刘家峡水库入库最大日流量 1 870 m^3/s,经过水库调节,相应出库最大日流量 1 390 m^3/s,削峰率 26%;小浪底水库前汛期蓄水 17.39 亿 m^3,占入库水量的 16%,入库洪峰流量 5 360 m^3/s,经过水库调节,相应出库最大流量 3 800 m^3/s,削峰率 29%。初步还原龙羊峡水库、刘家峡水库和小浪底水库调蓄流量后,兰州最大日均流量 3 656 m^3/s(8 月 2 日,见图 1-7),相应实测流量 1 640 m^3/s,洪峰流量减少了 55%;花园口最大日均流量 5 061 m^3/s(7 月 26 日,见

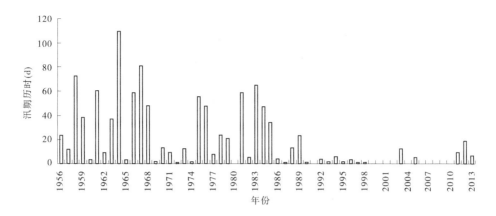

图 1-6 历年潼关汛期日流量大于 3 000 m³/s 出现的天数

图 1-8),相应实测流量 3 770 m³/s,洪峰流量减少了 26%;利津水文站还原后,非汛期水量仅 3.53 亿 m³。由此可见,骨干水库在非汛期的补水保证了水资源需求,发挥了巨大的经济社会效益和生态环境效益。

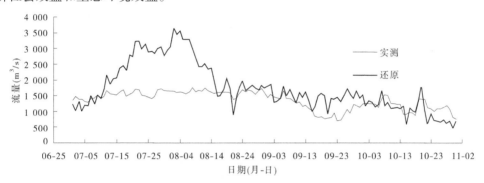

图 1-7 2013 年兰州水文站汛期流量过程

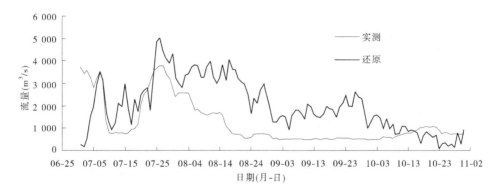

图 1-8 2013 年花园口水文站汛期流量过程

(六)三门峡水库库区淤积、潼关高程年内抬升

三门峡水库继续采用非汛期控制水位 318 m、汛期控制水位 305 m、洪水期敞泄排沙的运用方式,排沙主要集中在敞泄运用期,4 次敞泄排沙总排沙量 2.112 亿 t,占三门峡沙

量的 53.6%，平均排沙比 223%（见表 1-2）；潼关以下库段淤积 0.402 亿 m³（见表 1-3）、小
北干流河段淤积 0.033 亿 m³；汛后潼关高程为 327.55 m，运用年内潼关高程抬升 0.18
m，其中非汛期抬升 0.49 m，为 2003 年以来最大值，汛期下降 0.31 m，目前潼关高程仍保
持在较低状态（见图 1-9）。

表 1-2　三门峡水库排沙情况

水库运用 状态	史家滩 平均水位 （m）	潼关		三门峡		排沙比 （%）
		水量 （亿 m³）	沙量 （亿 t）	水量 （亿 m³）	沙量 （亿 t）	
敞泄期	297.78	24.53	0.945	27.92	2.112	223
非敞泄期	307.63	134.69	1.663	146.39	1.835	110
汛期	306.83	159.22	2.608	174.31	3.947	151

表 1-3　2013 年中下游河道及水库冲淤量

河段	非汛期（亿 m³）	汛期（亿 m³）	全年（亿 m³）	汛期占全年（%）
渭河下游	−0.025	−0.063	−0.088	72
北洛河	−0.005	−0.030	−0.035	86
小北干流	−0.147	0.180	0.033	545
三门峡水库	0.506	−0.104	0.402	−26
小浪底水库	−0.361	3.187	2.826	113
黄河下游	−0.451	−0.804	−1.255	64
合计	−0.483	2.366	1.883	126

注：表中"−"表示冲刷，下同。

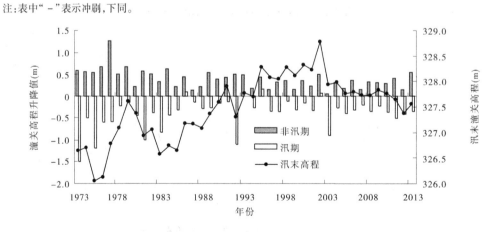

图 1-9　历年潼关高程变化

（七）小浪底水库三角洲顶点推移减缓

小浪底水库库区全年淤积 2.826 亿 m³，干支流分别占 56% 和 44%。库区淤积形态

仍为三角洲淤积(见图1-10)。到2013年汛后三角洲顶点距坝仅11.42 km(HH09),高程为215.06 m(见表1-4),其下库容只有2.5亿 m³,三角洲尾部段比降变陡,达到11.93‰。小浪底水库全年进、出库沙量分别为3.954亿 t、1.420亿 t,排沙比为35.9%;汛前调水调沙期排沙0.632亿 t,占小浪底全年出库沙量的45%,排沙比165%。

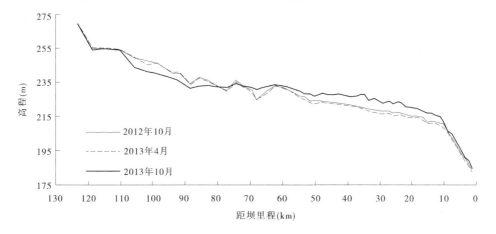

图1-10 干流纵剖面套绘(深泓点)

表1-4 干流纵剖面三角洲淤积形态要素

时间 (年-月)	顶点		坝前淤积段	前坡段		洲面段		尾部段	
	距坝里程 (km)	深泓点高程(m)	距坝里程 (km)	距坝里程 (km)	比降 (‰)	距坝里程 (km)	比降 (‰)	距坝里程 (km)	比降 (‰)
2012-10	10.32	210.66	0~4.55	4.55~10.32	31.66	10.32~93.96	3.30	93.96~123.41	7.71
2013-10	11.42	215.06	0~3.34	3.34~11.42	30.11	11.42~105.85	2.31	105.85~123.41	11.93

至2013年10月,小浪底水库全库区按断面法计算的淤积量为30.326亿 m³,其中干流淤积量为24.299亿 m³,支流淤积量为6.027亿 m³,分别占总淤积量的80.1%和19.9%;水库275 m高程下总库容为97.134亿 m³,其中干流占52%,支流仅占48%;汛限水位230 m以下库容为11.038亿 m³。

库区内支流畛水沟口仍有明显的拦门沙坎,畛水6断面河底高程仅为213.9 m,与沟口滩面高差达到5.7 m。

(八)黄河下游泺口以下平滩流量恢复缓慢

2013年黄河下游河道冲刷泥沙1.330亿 m³(见表1-5),与小浪底水库运用以来年均冲刷1.270亿 m³基本持平。其中非汛期、汛期分别冲刷0.451亿 m³和0.879亿 m³,年冲刷总量的70%集中在西霞院—高村河段。从1999年10月小浪底水库投入运用以来到2013年10月,黄河下游西霞院—利津河段全断面累计冲刷17.162亿 m³,主槽累计冲刷17.720亿 m³。西霞院—花园口河段、花园口—夹河滩、夹河滩—高村、高村—孙口、孙口—艾山、艾山—泺口和泺口—利津河段的冲刷面积分别为 4 014 m²、5 708 m²、2 894 m²、1 367 m²、1 032 m²、845 m² 和 837 m²,夹河滩以上主槽的冲刷面积超过了 4 000 m²,而艾山以下河段不到 1 000 m²(见图 1-11)。

表 1-5 2013 运用年下游河道断面法冲淤量计算成果 （单位:亿 m³）

河段	非汛期(年-月)	汛期(年-月)	运用年(年-月)	占全下游比例
	2012-10—2013-04	2013-04—2013-10	2012-10—2013-10	(%)
西霞院—花园口	-0.494	-0.030	-0.524	39
花园口—夹河滩	-0.095	-0.171	-0.266	20
夹河滩—高村	-0.093	-0.046	-0.139	10
高村—孙口	0.047	-0.138	-0.091	7
孙口—艾山	0.020	-0.055	-0.035	3
艾山—泺口	0.071	-0.136	-0.065	5
泺口—利津	0.058	-0.212	-0.154	12
利津—汊 3	0.035	-0.091	-0.056	4
合计	-0.451	-0.879	-1.330	

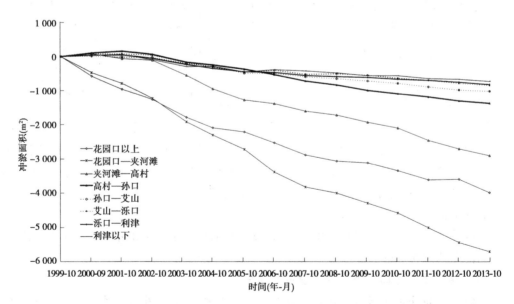

图 1-11 下游河道冲淤量沿程分布

从同流量(3 000 m³/s)水位看,2013 年 8 月洪水与上年汛前调水调沙洪水相比,高村和利津的降幅仅 0.19 m 左右,花园口、艾山和泺口降幅超过了 0.27 m(见表 1-6),夹河滩略有上升;利津已经连续 4 年下降不明显。与历年同流量水位相比,花园口和夹河滩降到

1969 年水平,高村降到 1971 年水平,孙口降到 1987 年水平,艾山降到 1991 年水平,泺口和利津降到 1987 年水平(见图 1-12)。

表 1-6 黄河下游同流量(3 000 m³/s)水位和汛前平滩流量变化

水文站		花园口	夹河滩	高村	孙口	艾山	泺口	利津
同流量水位变化(m)	2012—2013 年	− 0.45	0.08	− 0.19	− 0.18	− 0.50	− 0.27	− 0.19
	1999—2013 年	− 2.58	− 2.17	− 2.30	− 1.77	− 1.74	− 1.86	− 1.33
汛前平滩流量变化(m³/s)	2013 年汛前	6 900	6 500	5 800	4 300	4 150	4 300	4 500
	2014 年汛前	7 200	6 500	6 100	4 350	4 250	4 600	4 650
	2012—2013 年	300	0	300	50	100	300	150

注:"−"为减少。

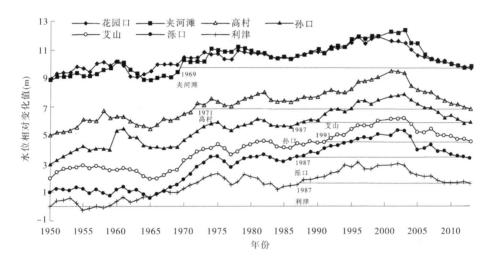

图 1-12 历年同流量(3 000 m³/s)水位相对变化值

艾山水文站平滩流量由 2013 年汛前的 4 150 m³/s 增大到 2014 年汛前的 4 250 m³/s。受纵向冲刷不断下移的影响,"瓶颈河段"的位置逐渐下移,目前已下移到艾山水文站上游附近。在不考虑生产堤的挡水作用时,彭楼—陶城铺河段为全下游主槽平滩流量最小的河段,平滩流量较小的河段为于庄(二)断面附近、徐沙洼—伟那里河段、路那里断面附近,最小平滩流量为 4 200 m³/s。与历年相比,花园口平滩流量达到 1966 年水平,夹河滩和高村恢复到 1988 年水平,艾山和泺口恢复到 1991 年水平,利津达到 1989 年水平(见图 1-13)。

(九)宁蒙河段河道无明显调整

根据沙量平衡法计算结果,2013 年宁蒙河段共冲刷 0.460 亿 t,其中非汛期冲刷量占全年冲刷量的 51%。宁夏河段(下河沿—石嘴山)年冲刷 0.247 亿 t,内蒙古河段(石嘴山—头道拐)冲刷 0.213 亿 t(见表 1-7)。与 2012 年汛后相比,2013 年汛后同流量(1 000 m³/s)水位,石嘴山水文站和头道拐水文站分别下降 0.19 m 和 0.16 m,巴彦高勒水文站和三湖河口水文站变化很少(见表 1-8)。根据水文站断面资料,与 2012 年汛后相比,2013 年汛后由于三盛公水库排沙,巴彦高勒断面 1 054 m 高程下过流面积减少 201 m²;三湖河口断面 1 020 m

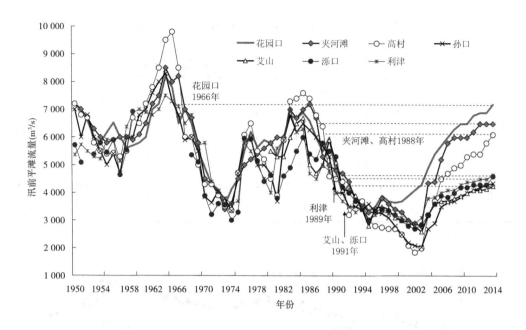

图 1-13 黄河下游水文站历年平滩流量变化

高程下过流面积增加 102 m²；头道拐断面 990 m 高程下过流面积减少 33 m²，过流面积变化较小。以上分析表明，宁蒙河段经过 2012 年大洪水以后，2013 年河道调整不大，略有冲刷。

表 1-7 2013 年宁蒙河段冲淤量 （单位：亿 t）

河段	非汛期	汛期	全年
下河沿—石嘴山	−0.152	−0.095	−0.247
石嘴山—头道拐	−0.083	−0.130	−0.213
下河沿—头道拐	−0.235	−0.225	−0.460

注：考虑美利渠、青铜峡东西干渠引沙，未考虑支流来沙。

表 1-8 宁蒙河道同流量（1 000 m³/s）水位变化 （单位：m）

水文站	石嘴山	巴彦高勒	三湖河口	头道拐
2012 年汛后水位	1 087.54	1 050.88	1 018.95	987.50
2013 年汛后水位	1 087.35	1 050.92	1 019.00	987.34
2012—2013 年水位变化值	−0.19	0.04	0.05	−0.16

注："−"为下降值。

通过 2013 年 9 月与 2012 年 10 月河势变化分析，巴彦高勒—三湖河口河段总体河势变化不大，只是 2013 年汛后心滩有所增加，河势趋于散乱，三湖河口—昭君坟河段和昭君坟—头道拐河段河势没有明显变化。

（十）宁蒙河道边界条件有所变化

随着经济社会的发展，宁蒙河段滩地基本上已被开发种植农作物，为生产需要修建了许多道路、渠道等,同时部分河段还建有生产堤。近期宁蒙河道治理速度加快,河道整治工程建成较多(见图1-14)。这些工程客观上增加了河道阻水建筑物,在一定程度上改变了河道的边界条件,增加了洪水期的行洪阻力,也对水沙交换有一定影响(见图1-15)。

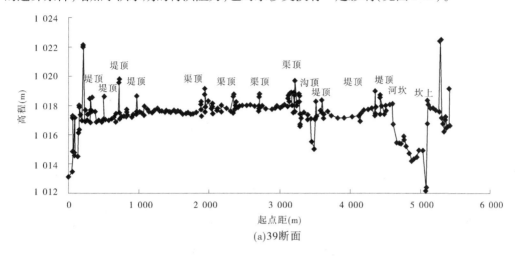

(a)39断面

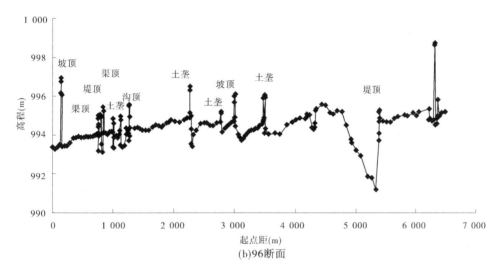

(b)96断面

图 1-14　宁蒙河段 2012 年典型断面

(十一)延河流域水土流失治理成效

陕西省延安市从 7 月 3—26 日,24 d 内出现了 9 次暴雨,宝塔区、延川县等 6 县(区)出现了超过 100 mm 的大暴雨,全市 13 个县(区)的降雨量全部超过了历年同期极值。延川县的降雨量达到 607.7 mm,超过多年同期平均降雨量的 8 倍,其中 7 月 11 日 24 h 暴雨最大降雨达 131.1 mm。最大点雨量排前三位的分别为延川县延川雨量站 396.4 mm、宝塔区甘谷驿雨量站 374.0 mm、宝塔区河庄坪雨量站 310.6 mm。"2013·7"暴雨是延安市自 1945 年有气象记录以来过程最长、强度最大、暴雨日最多的一次集中降雨,超过百年一遇标准。延河流域出口站甘谷驿水文站实测洪量 1.87 亿 m³,沙量 0.2 亿 t,洪峰流量仅为 926 m³/s(7 月 25 日),最大含沙量为 456 kg/m³。

图 1-15　宁蒙河段 2012 年典型断面(39 断面)位置平面图

　　根据调查,延河流域水土保持治理措施中的梯田、淤地坝等工程措施在"2013·7"暴雨中基本完好,没有冲毁现象。

第二章 泾河东川流域近期水沙变化典型案例调查

在黄河中游生态修复、退耕还林(草)、封禁治理、淤地坝"亮点工程"实施和坡耕地改造等水土保持综合治理力度明显加大的大背景下,自 2008 年以来东川流域实测径流量和输沙量与 2001—2007 年相比却有增加趋势,引起多方关注。根据东川流域出口贾桥水文站实测资料统计,1956—2000 年、2001—2007 年和 2008—2013 年平均径流量分别为 8 940 万 m³、6 650 万 m³ 和 7 500 万 m³,年均输沙量分别为 2 120 万 t、1 440 万 t 和 1 510 万 t。2008—2013 年与 2001—2007 年相比,年径流量增加 12.8%,年输沙量增加 4.9%。尤其是 2010—2013 年连续出现年最大含沙量分别为 526 kg/m³、540 kg/m³、849 kg/m³ 和 831 kg/m³ 的高含沙洪水。为分析其原因,对东川流域近期出现的水沙新变化作为典型案例进行了调查分析。

一、流域概况

东川流域为泾河二级支流,流域面积 3 065 km²。流域属于温带大陆性干旱半干旱气候,降雨较少,多年平均降水量 489.5 mm。降水主要集中在汛期 7—10 月,汛期降水量占全年的 66.7%;主汛期的 7—8 月降水更为集中,占全年的 44.7%。

东川流域水土流失严重,水土流失面积 2 912 km²,占流域面积的 95%,主要为黄土丘陵沟壑区。土壤类型包括黄土和风沙土两大类,土壤结构疏松,抗侵蚀能力弱,透水性好。在汛期短历时、高强度、雨量集中的暴雨侵蚀下,极易发生突发性高含沙洪水。根据贾桥水文站 1956—2013 年统计,流域多年平均径流量 8 510 万 m³,多年平均输沙量 1 980 万 t。

东川流域水系及水文站网布设见图 2-1。

二、流域近期水沙变化情况

东川流域不同时段降水、径流、泥沙量见表 2-1。以 1956—2000 年作为对比基准,则贾桥水文站 2001—2007 年和 2008—2013 年平均径流量分别减少 25.6% 和 16.1%,平均输沙量分别减少 32.1% 和 28.8%。2008—2013 年来水来沙减少幅度变缓。2008—2013 年东川流域年均径流量为 7 500 万 m³,年均输沙量为 1 510 万 t,较 2001—2007 年平均值 6 650 万 m³ 和 1 440 万 t 分别增加了 12.8% 和 4.9%。

从贾桥水文站 1956—2013 年实测年径流量和年输沙量变化过程线(见图 2-2)来看,年径流泥沙基本上依时序均呈减少趋势,来水来沙减少的峰谷值基本对应。贾桥水文站年径流量减少速率约为 43.7 万 m³/a,年输沙量减少速率约为 15.1 万 t/a。

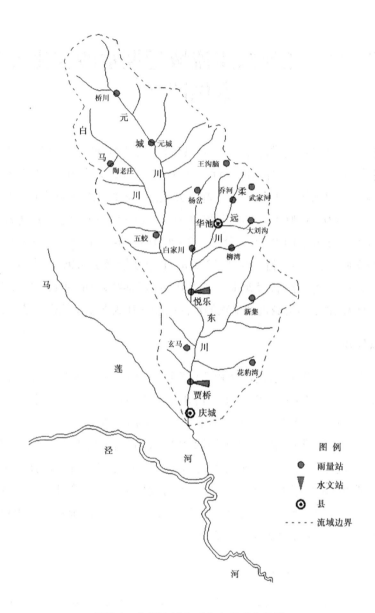

图例

● 雨量站

▼ 水文站

◎ 县

----- 流域边界

图 2-1　东川流域水系水文站网布设图

表 2-1　东川流域水系及不同时段降水、径流、泥沙量

时段	年降水量 （mm）	汛期降水量 （mm）	年径流量 （万 m³）	汛期径流量 （万 m³）	径流系数	年输沙量 （万 t）	汛期输沙量 （万 t）
1956—1970 年	528.7	361.8	9 500	6 430	0.060	2 360	2 160
1971—1980 年	469.7	323.1	8 420	5 520	0.060	1 990	1 940
1981—1990 年	488.9	305.5	8 100	4 840	0.055	1 440	1 200
1991—2000 年	459.2	299.9	9 460	6 390	0.069	2 580	2 270

时段	年降水量 （mm）	汛期降水量 （mm）	年径流量 （万 m³）	汛期径流量 （万 m³）	径流系数	年输沙量 （万 t）	汛期输沙量 （万 t）
2001—2007 年	513.8	345.6	6 650	4 170	0.043	1 440	1 290
2008—2013 年	549.6	383.1	7 500	4 850	0.046	1 510	1 440
1956—2013 年	500.0	335.0	8 510	5 560	0.057	1 980	1 790

注:汛期为 7—10 月。

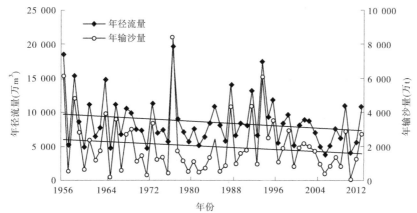

图 2-2　贾桥水文站年径流量和年输沙量变化过程线

2000—2013 年贾桥水文站实测年径流量和年输沙量出现新的变化趋势(见图 2-3)。年径流量平均增加速率约为 47.9 万 m³/a,年输沙量增加速率为 0.072 万 t/a。尤其是 2010—2013 年连续出现含沙量分别为 526 kg/m³、540 kg/m³、849 kg/m³ 和 831 kg/m³ 的高含沙洪水。

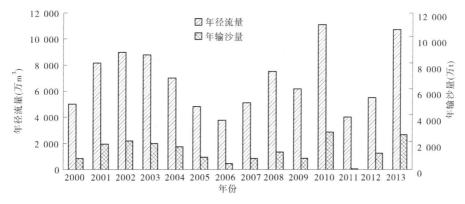

图 2-3　贾桥水文站 2000—2013 年年径流量和年输沙量变化柱状图

根据表 2-2,东川流域近期年降雨量、汛期降雨量和主汛期降雨量均高于 1956—2013 年多年均值。对流域产流产沙作用较大的中雨(≥10 mm)、大雨(≥25 mm),特别是暴雨(≥50 mm)发生的频次(降雨天数)显著增加,各量级降雨的累积雨量也显著增大,说明近期东川流域的降雨从雨量、雨强、量级降雨频次、量级降雨量等各个方面均呈现出非常明显的增大趋势。

表2-2 东川流域各时段降雨特征值等较多年均值变化情况统计 （%）

时段	降雨量			降雨天数			累积雨量		
	全年	汛期	主汛期	≥10 mm	≥25 mm	≥50 mm	≥10 mm	≥25 mm	≥50 mm
1956—1970 年	5.7	8.0	5.8	16.0	18.9	−29.5	7.1	−8.0	−45.3
1971—1980 年	−6.1	−3.6	−2.2	−1.3	−16.2	8.2	−5.5	2.1	27.0
1981—1990 年	−2.2	−8.8	−9.3	−4.7	−7.0	−29.5	−7.6	−17.5	−29.6
1991—2000 年	−8.2	−10.5	−1.9	−5.3	9.2	11.5	1.7	5.7	−13.0
2001—2007 年	2.8	3.2	−10.1	2.8	3.1	35.7	7.0	17.8	39.6
2008—2013 年	9.9	14.4	19.6	6.0	8.9	41.6	10.5	21.7	46.8

注：主汛期为7—8月。

东川流域降雨—径流和降雨—输沙双累积曲线分别见图2-4、图2-5。根据双累积曲线判别结果，水沙系列突变年为1996年。这与黄河中游河龙区间诸多支流以1970年作为流域水土保持综合治理开始发挥效益的水沙系列分界年不同。

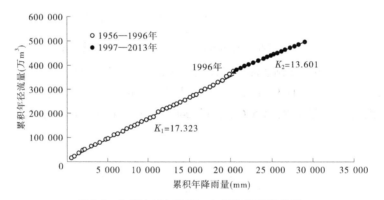

图2-4 东川流域年降雨—年径流双累积曲线

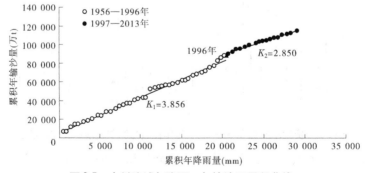

图2-5 东川流域年降雨—年输沙双累积曲线

1997—2013 年与 1956—1996 年相比，东川流域单位降雨产流量和单位降雨产沙量均有下降趋势。其中单位降雨产流量下降了39.3%,单位降雨产沙量下降了55.1%。但由东川流域降雨产流关系和降雨产沙关系(见图2-6、图2-7)可以看出,两个时段点据相互掺混,图2-7更为明显,说明1997年以来流域产沙减少有反弹趋势。

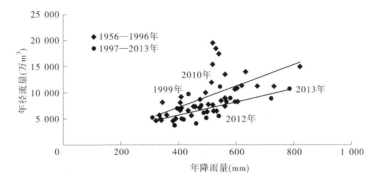

图2-6 东川流域年降雨产流关系

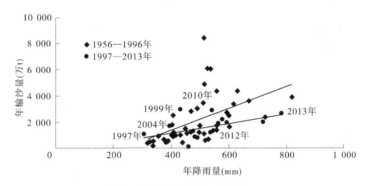

图2-7 东川流域年降雨产沙关系

东川流域1997—2013年与1956—1996年相比,产流产沙关系没有明显变化(见图2-8)。虽然2008年以后东川流域频繁发生大暴雨,但自1997年以来,贾桥水文站实测年径流量最大为1.1亿m³左右,年输沙量最大不超过3 000万t。

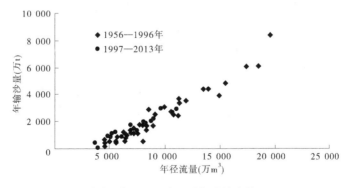

图2-8 东川贾桥水文站径流输沙关系

综合以上分析,东川流域1956—2013年水沙变化总体呈减少趋势,但近几年逆向反弹,与黄河流域水沙变化大趋势并不一致。

三、下垫面变化情况调查

2013 年 3 月下旬至 4 月上旬,组成调查组赴东川流域进行调查。调查内容如下:

(1)东川流域梯田建设和坡耕地改造情况;

(2)东川流域生态修复、退耕还林(草)和封禁治理情况;

(3)东川流域淤地坝工程建设情况;

(4)东川流域修路、开矿、陡坡耕种等人为新增水土流失情况;

(5)东川流域土地利用变化情况。

在 10 余 d 的调查中,调查组行程 2 600 余 km,先后赴东川主要支流元城川、白马川、柔远川(包括东沟、乔河和庙巷 3 条支流)、城壕川和北洛河二级支流二将川,现场查看了石油开采井场道路、井场管线建设弃土、"村村通"公路建设和新(集)—南(梁)二级公路建设以及流域梯田建设和坡耕地改造情况,对东川流域"2013·7"暴雨灾害进行了详细调查和了解,另外还对华池县城南新区建设、蓬河工程情况、东川流域砖瓦场建设及东川流域干流河道护岸工程建设情况进行了调查。调查过程中收集了大量资料,拍摄了 700 余张照片。调查结束后,又先后与甘肃省庆阳市水土保持管理局、庆阳市华池县水土保持管理局、华池县国土资源局、华池县交通局、庆阳市庆城县水土保持管理局等单位领导和相关技术人员就近年来东川流域水土保持生态建设、人为新增水土流失等情况进行了座谈和交流,共举行座谈会 5 次。

同时,为深入了解东川流域 2008 年以来暴雨洪水发生情况、近期产洪产沙特点、河道冲淤以及石油开采对水资源的污染等情况,调查组还专程赴黄委东川贾桥水文站、东川一级支流柔远川悦乐水文站、马莲河庆阳水文站、东川流域出口下游毗邻的马莲河一级支流合水川板桥水文站等 4 个水文站,详细调查东川流域近年暴雨洪水情况。

四、流域近期暴雨洪水情况

(一)"2010·8·9"暴雨洪水

2010 年 8 月 9 日 0 时起,马莲河流域降大暴雨,整场降雨持续近 12 h,降雨开始阶段雨强较大。暴雨中心有两处,其中一处即在东川流域支流元城川中游五蛟、武家河一带。其中五蛟雨量站场次降雨量 141.6 mm,最大 1 h 降雨量 71.4 mm;武家河雨量站场次降雨量 139.6 mm,最大 1 h 降雨量 72.6 mm。该次大暴雨大于 125 mm、100 mm、75 mm、50 mm 和 25 mm 等雨量线的笼罩面积分别为 60 km², 1 066 km², 3 153 km², 6 259 km² 和13 252 km²。根据计算,东川流域"2010·8·9"暴雨最大 1 h 雨强为 54.9 mm/h,面平均雨量高达 119.0 mm。

受本次强降雨影响,东川流域支流柔远川悦乐水文站 8 月 9 日 2 时 30 分开始涨水,3 时达到峰顶,洪峰流量 1 770 m³/s,为该站建站以来最大洪峰,洪水最大含沙量 548 kg/m³,8 月 10 日 0 时洪水退落。东川流域出口站贾桥水文站 8 月 9 日 4 时 6 分开始涨水,4 时 54 分达到峰顶,洪峰流量 2 320 m³/s,为该站建站以来最大洪峰,洪水最大含沙量 526 kg/m³,8 月 9 日 19 时 30 分洪水退落。

东川流域"2010·8·9"暴雨洪水是贾桥水文站 1979 年 7 月 1 日建站以来的实测最大洪水,在东川流域 1956—2013 年水文资料系列中排列第 2 位。

（二）"2012·7·21"暴雨洪水

2012年7月21日，东川流域再次发生大暴雨。根据调查统计，"2012·7·21"暴雨中心位于柔远川温台村，悦乐水文站控制区域为主暴雨区，最大1 h降雨量40.8 mm，单站6 h最大降雨量103.4 mm，面平均雨量82.2 mm，实测最大洪峰流量1 100 m³/s，最大含沙量600 kg/m³；其下游的贾桥水文站实测最大洪峰流量1 120 m³/s，最大含沙量849 kg/m³。

（三）"2013·7·9—15"暴雨洪水

2013年7月9日、12日和15日，东川流域连续发生3次暴雨。调查中了解到，东川流域"2013·7·9—15"暴雨与延安2013年7月暴雨在同一雨带，贾桥、新集最大日降雨量分别高达134.4 mm和94.0 mm；最大1 h降雨量52.4 mm，面平均雨量105.8 mm。悦乐水文站7月12日实测最大洪峰流量135 m³/s，最大含沙量836 kg/m³；贾桥水文站7月15日实测最大洪峰流量721 m³/s，最大含沙量746 kg/m³。该次连续暴雨属于典型的"小水大灾"，共造成64 506人受灾，占华池全县总人口的48.1%，因灾死亡3人，直接经济损失约7.14亿元，是华池县近50a来受灾面最广、受灾群众最多、受灾程度最重的一次。尤其是流域地质灾害非常严重，共发生山体滑坡403处，崩塌82处，泥石流135处；受损农田63.2万亩（其中梯田37万亩）。由此导致水土流失异常严重，沙量再次剧增。

根据本次调查和水文资料统计，东川流域"2010·8·9""2012·7·21"和"2013·7·9—15"暴雨洪水特征值见表2-3。

表2-3　东川流域近期暴雨洪水特征值

洪水发生时间 （年-月-日）	次洪量 （万m³）	次洪沙量 （万t）	最大含沙量 （kg/m³）	暴雨中心 雨量(mm)	面平均 雨量(mm)	最大洪峰流量 （m³/s）
2010-08-09	3 720	1 840	526	141.6	119.0	2 320
2012-07-21	1 450	781	849	110.0	75.1	1 120
2013-07-09—15	2 765	1 370	746	134.4	64.6	721

（四）年最大场次降雨产洪产沙关系

东川流域1966—2013年最大场次降雨产洪产沙关系分别见图2-9和图2-10。根据统计，"2010·8·9""2012·7·21"和"2013·7·9—15"暴雨面平均降雨量在资料系列中分别排列第3位、第10位和第16位，降雨增大趋势十分明显。但最大场次洪水量和洪水输沙量增幅不及降雨增幅，说明流域下垫面治理成效比较明显。

粗略以面平均降雨量100 mm为界，由图2-9和图2-10可以明显看出，东川流域年最大场次降雨产洪关系可以分为如下两个区：

降雨产洪低值区：

$$W_H = 174.53P_m^{0.5145}$$

降雨产洪高值区：

$$W_H = 521.82P_m - 56\ 903$$

式中：W_H为年最大场次洪水量，万m³；P_m为年最大场次洪水面平均降雨量，mm。

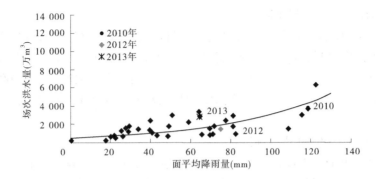

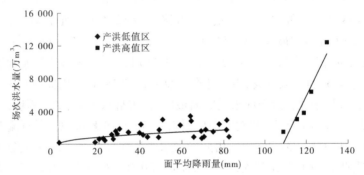

图 2-9 东川流域最大场次降雨产洪关系

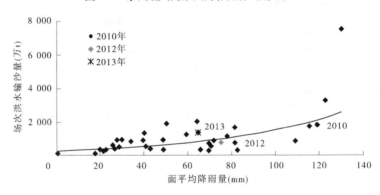

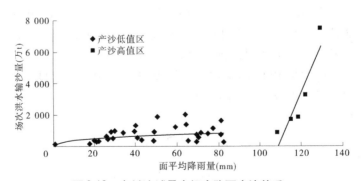

图 2-10 东川流域最大场次降雨产沙关系

两式相关系数分别为 0.66 和 0.95。

东川流域年最大场次降雨产沙关系也可以分为如下两个区：

降雨产沙低值区：

$$W_{HS} = 136.69 P_m^{0.4116}$$

降雨产沙高值区：

$$W_{HS} = 310.89 P_m - 34\,028$$

式中：W_{HS} 为年最大场次洪水输沙量，万 t。

两式相关系数分别为 0.55 和 0.92。

由以上关系可知，年最大场次洪水对应的面平均降雨量小于 100 mm 时，随着面平均降雨量的增大，东川流域年最大场次洪水量及年最大场次洪水输沙量增加十分缓慢，其中年最大场次洪水量在 4 000 万 m³ 以内变化，年最大场次洪水输沙量在 2 000 万 t 以内变化。据此可以称为降雨产洪产沙低值区，此时年最大场次降雨产洪产沙关系相关性较差。

当年最大场次洪水对应的面平均降雨量超过 100 mm 后，年最大场次降雨产洪产沙关系呈线性相关关系，相关性非常好。随着面平均降雨量的增大，东川流域年最大场次洪水量及年最大场次洪水输沙量增加明显，其斜率（单位毫米降雨产洪产沙量）非常大，分别是降雨产洪产沙低值区斜率的 29 倍和 38 倍，产流产沙能力非常强。据此可以称为降雨产洪产沙高值区。应说明的是，降雨量小于 100 mm 大于 80 mm 无实测点据，因此 100 mm 的分界雨量为粗略确定。

东川流域年最大场次降雨产洪产沙关系存在高值区和低值区等两个区的独特现象，其形成机制有待进一步研究。

（五）年最大场次洪水输沙关系

东川流域 1966—2013 年最大场次洪水输沙关系见图 2-11。"2010·8·9""2012·7·21"和"2013·7·9—15"三次洪水输沙关系非常密切且与流域年最大场次洪水输沙关系线吻合。同时，"2010·8·9""2012·7·21"和"2013·7·9—15"洪水量及洪水输沙量在资料系列中分别排列第 3 位、第 18 位和第 8 位，确有增大趋势。

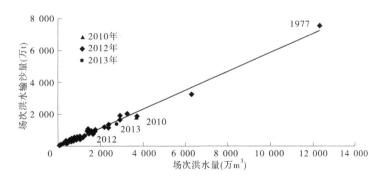

图 2-11　贾桥水文站最大场次洪水输沙关系

东川流域 1966—2013 年最大场次洪水输沙线性关系式为

$$W_{HS} = 0.590\,5 W_H - 51.871$$

式中:W_{HS}为历年最大场次洪水输沙量,万 t;W_H为历年最大场次洪水量,万 m³;相关系数为 0.99。

另据统计,2010 年、2012 年和 2013 年东川流域出口站贾桥水文站实测年径流量分别为 1.11 亿 m³、0.55 亿 m³ 和 1.07 亿 m³,实测年输沙量分别为 0.290 亿 t、0.122 亿 t 和 0.267 亿 t,"2010·8·9""2012·7·21"和"2013·7·9—15"暴雨场次洪水量分别占对应年值的 33.5%、26.4% 和 25.8%,场次洪水输沙量分别占对应年值的 63.4%、64.0% 和 51.3%。东川流域径流泥沙主要由暴雨产生且洪水输沙高度集中的特点并未发生改变。

(六)"2013·7·9—15"暴雨灾害原因简析

东川流域"2013·7·9—15"暴雨之所以在洪峰流量并不大的情况下,灾害及损失成为华池县近 50 a 之最,主要原因是暴雨集中,雨强较大,"小水大灾"的特点非常突出。7 月 9 日、12 日和 15 日的三场暴雨洪水接踵而至,大量降雨使得土壤中水分饱和,加上陇东地区地质构造为湿陷性黄土,土质疏松,黏性非常差,造成大量山体滑坡,冲毁窑洞和房屋。华池是一个纯山区县,山大沟深,居民素有依山修建住宅的习惯,若遇到持续降雨,发生地质灾害的可能性非常大,居民的生命财产安全无法保障。从调查情况看,华池县今后防汛工作的重点在县城,难点在农村。

五、水土保持措施减洪减沙效益

(一)水土保持措施面积核实

调查统计核实结果表明,截至 2013 年底,东川流域共有水土保持措施保存面积 99 606hm²,其中梯田 24 416 hm²,林地 25 370 hm²,草地 44 420 hm²,坝地 390 hm²,封禁治理 5 010 hm²。流域治理度 34.2%,林草植被覆盖度 24.4%。梯田、林地、草地、坝地、封禁治理措施配置比例分别为 24.5%、25.5%、44.6%、0.4% 和 5.0%。

东川流域共建设淤地坝 89 座,其中骨干坝 41 座,中型淤地坝 36 座,小型淤地坝 12 座,淤地坝配置密度仅为 0.03 座/km²。根据调查,东川流域目前沟道淤地坝工程建设情况堪忧。自 2010 年以后一直没有新建淤地坝,建设方向调整为对现有淤地坝进行除险加固。目前实施除险加固的淤地坝共有 27 座,其中包括因"2013·7·9—15"暴雨损坏的淤地坝 15 座。淤地坝建设工作实际处于停顿状态。

(二)水土保持措施减水减沙量计算

采用"指标法"计算东川流域 2013 年水土保持措施减水减沙量。

同时,为弥补以往研究的不足,本次研究补充计算了东川流域坡面措施(包括封禁治理)减轻沟蚀量(减蚀量)。东川流域水土保持措施减沙量与减蚀量之和简称"水保措施拦沙减蚀量"。其涵义是包括水土保持措施自身减沙和通过拦截上游来水来沙、削减下游洪水而减轻的沟蚀量在内的总减沙量。与以往研究中所提的"水保措施减沙量"概念相比,本次研究提出的"水保措施拦沙减蚀量"是更为广义的水土保持措施减沙量。

东川流域 2013 年水土保持措施减水减沙量及减蚀量计算结果见表 2-4。

表 2-4　东川流域 2013 年水土保持措施减洪减沙量

措施参数	梯田	林地	草地	坝地	封禁治理	合计
措施面积（hm²）	24 416	25 370	44 420	390	5 010	99 606
配置比例（%）	24.5	25.5	44.6	0.4	5.0	100
减水量（万 m³）	370	305	478	4	54	1 211
减沙量（万 t）	208	171	272	63	29	743
水保措施减蚀量（万 t）	260	214	340	13	36	863
水保措施拦沙减蚀量（万 t）	468	385	612	76	65	1 606
减水贡献率（%）	30.5	25.2	39.5	0.3	4.5	100
拦沙减蚀贡献率（%）	29.1	24.0	38.1	4.7	4.1	100

由表 2-4 可见，2013 年东川流域水土保持措施减水 1 211 万 m³，减沙 743 万 t，拦沙减蚀 1 606 万 t。在"2013·7·9—15"暴雨中水土保持措施减洪减沙效益分别为 30.4% 和 35.2%。水土保持措施中草地减水及拦沙减蚀贡献率均为最大，分别占减水量 1 211 万 m³、减沙量（包括减蚀量）1 606 万 t 的 39.5% 和 38.1%，其次是梯田，贡献率分别为 30.5% 和 29.1%；第三为林地，贡献率分别为 25.2% 和 24.0%。坝地减水贡献率最小，仅为 0.3%，拦沙减蚀贡献率也只有 4.7%；封禁治理拦沙减蚀贡献率最小，只有 4.1%，减水贡献率也仅为 4.5%，均未超过 5%。

根据本次调查，东川流域林草植被覆盖度只有 24.4%，坝地配置比例只有 0.4%，且林草措施减水能力和拦沙减蚀能力均有衰减趋势。由于近期东川流域林草措施减水贡献率及拦沙减蚀贡献率均为最大，因此林草措施减水能力和拦沙减蚀能力衰减、坝地配置比例低是东川流域近期在大暴雨条件下水沙不能有效减少的重要原因。

对于林草植被覆盖度为 34.3% 的云岩河（汾川河）流域，2013 年暴雨也产生了较大的洪水泥沙。最新计算结果表明，截至 2012 年云岩河流域梯田、坝地配置比例分别为 10.0% 和 1.3%，延河流域梯田、坝地配置比例分别为 12.0% 和 2.5%，林草植被覆盖度为 35.7%，而东川流域 2012 年梯田、坝地配置比例分别为 20.5% 和 0.2%，显然，东川流域和云岩河流域淤地坝配置比例明显低于延河流域。同期东川、云岩河和延河流域骨干坝数量分别为 41 座、4 座和 212 座。2013 年 7 月暴雨东川流域和云岩河流域产洪产沙量很大，但延河流域产洪产沙量却不大。由此说明，只有当林草措施与一定规模的工程措施相结合，减水减沙作用才会比较明显。否则，在高强度的暴雨条件下，仅靠林草措施其减水减沙作用有限。

（三）水土流失治理效果评价

近年来，东川流域水土保持生态工程建设取得了一定成效。根据表 2-4 计算结果，2013 年东川流域水土保持措施减水 1 211 万 m³，拦沙减蚀 1 606 万 t。与 1956—2000 年相比，流域 2008 年以来水沙减少的主要原因还是水土保持综合治理的影响。特别是 20 世纪 90 年代中期之后，东川流域开始了大规模的"坡改梯"（坡耕地改建成梯田）和退耕还林、封禁治理等林草植被建设，改变了流域的下垫面状况，对流域产水产沙的减少起到了关键性作用。但是也要看到，缺乏一定规模的淤地坝等拦沙工程措施是东川流域水土保持生态工程建设中不容忽视的问题。目前流域坝地配置比例仅为 0.4%，坝控面积占比只有 10.6%，均远低于黄河中游河龙区间目前坝地配置比例 1.9% 和坝控面积占比41.7% 的平均水平。因此，流域水土保持措施减水减沙效益偏小。

从本次调查情况看，流域水土保持生态工程建设项目明显减少，综合治理力度不够；2010 年以后未再新建淤地坝，坝库工程建设后续乏力，令人担忧。如果今后再次遇到大暴雨，流域必然增沙。

（四）近期高含沙洪水成因初步分析

梯田是东川流域最主要的水土保持工程措施，配置比例达到 24.5%。由于梯田基本上可以把自身和上方坡面的产流大部分截留下来，能出沟的洪水基本产自沟谷和无梯田的坡面，而沟谷洪水含沙量远大于坡面，削减流域洪水含沙量主要靠淤地坝等沟道工程措施。根据黄委西峰水土保持科学试验站观测资料，黄土高塬沟壑区塬面洪水平均含沙量仅为 $34.5\ kg/m^3$，流经坡面后增加到 $74.8\ kg/m^3$，进入沟谷后则高达 $600\ kg/m^3$，是塬面的17.4 倍。在梯田配置比例远高于坝地的东川流域，由于梯田难以发挥减轻沟道洪水冲刷侵蚀的作用，加之流域坝地配置比例太小，仅为 0.4%，导致在近年多次发生大暴雨且暴雨主要落区为坡耕地的情况下，东川流域多次出现含沙量大于 $500\ kg/m^3$ 的高含沙洪水。

六、人为新增水土流失量计算

（一）计算结果

东川流域人为新增水土流失项目主要有井场及道路、公路建设、陡坡耕种和砖厂弃土等。全部基础数据根据本次调查过程中华池县水土保持管理局、华池县国土资源局和华池县交通局提供的资料整理，对部分数据结合现场调查进行了核实并经过以上三家单位确认。

根据本次调查，东川流域近期人为新增水土流失最严重的是石油开采中的井场和道路建设，其次为陡坡耕种。近期人为新增水土流失量计算结果汇总见表 2-5。汇总结果表明，东川流域 2009—2013 年人为新增水土流失量为 224 万 t/a。

表 2-5　东川流域近期人为新增水土流失量

井场		井场道路		陡坡耕种		通达公路		通油公路		砖场		弃土流失量合计（万 t/a）
弃土指标（m^3/井场）	弃土流失量（万 t/a）	弃土指标（万 m^3/km）	弃土流失量（万 t/a）	增沙模数[t/($km^2 \cdot a$)]	增沙量（万 t/a）	弃土指标（m^3/km）	弃土流失量（万 t/a）	弃土指标（m^3/km）	弃土流失量（万 t/a）	弃土指标[t/（个·a）]	弃土流失量（万 t/a）	
18 000	68	1.05	42	6 600	88	15 000	17	山区：5 500　塬区：1 000	4	13 200	5	224

（二）合理性分析

东川流域2009—2013年石油开采、陡坡耕种等人为水土流失量年均增加224万t,占同期水土保持措施拦沙减蚀量1 606万t的14%,占同期流域实测年均输沙量1 540万t的14.5%。其中石油开采年均弃土流失量110万t,陡坡耕种年均增沙量88万t。与以往研究成果相比,本次研究中采用的各项人为新增水土流失指标比较合理,基础数据获取途径正规并经过现场调查核实,将人为新增水土流失量计算结果同时征询了东川流域相关部门的意见,认为考虑因素周全,基本符合流域实际情况。因此,本次研究人为新增水土流失量计算结果应该是合理可信的。

七、东川流域2008年以来水沙变化成因分析

综合以上调查与计算分析结果,东川流域2008年以来输沙量与2001—2007年相比增加的原因主要如下。

（一）大暴雨是洪水泥沙增加的主要原因

近年东川流域连续发生特大暴雨,如"2010·8·9""2012·7·21"和"2013·7·9—15"暴雨洪水,水土流失十分严重,来沙增加。三次暴雨次洪量分别占相应年洪量的33.5%、26.4%和25.8%,次洪沙量分别占相应年输沙量的63.4%、64.0%和51.3%。

同时,东川流域2001年后降雨量除主汛期稍有减少之外,年降雨和汛期降雨均高于历史均值;对产流产沙影响作用大的中雨、大雨,特别是暴雨发生的频次显著增加,各量级降雨的累积雨量也显著增大。说明近年来东川流域的降雨从雨量、雨强、频次、笼罩面积等各个方面均有增大的趋势。

（二）人为水土流失有增加趋势

东川流域自2009年以来石油开采、陡坡耕种等人为水土流失量年均增加224万t,已占到同期水土保持措施拦沙减蚀量的14%。其中石油开采年均弃土流失量110万t,陡坡耕种年均增沙量88万t。

（三）水土保持综合治理力度不够

东川流域水土保持措施在"2013·7·9—15"暴雨中减洪减沙效益分别为30.4%和35.2%。与1956—2000年相比,流域2008年以来水沙减少的主要原因还是水土保持综合治理力度不够。目前流域仍有50万亩坡耕地尚未得到治理,有20万亩坡耕地仍在耕种,坡耕地水土流失依然十分严重。

（四）林草措施对控制暴雨产洪产沙的作用有限

东川流域2010年、2012年和2013年林草措施减水量分别为996万m³、1 156万m³和837万m³,拦沙减蚀量分别为1 265万t、1 465万t和1 062万t,2013年林草措施拦沙减蚀量分别比2012年和2010年下降了27.5%和16.0%,说明对于高强度连续暴雨,流域林草措施抵抗能力有限。

综合分析认为,东川流域2008年以来输沙量增加和连续出现高含沙洪水的原因主要是:大暴雨频发导致洪水泥沙明显增加;石油开采、陡坡耕种等人为水土流失有增加趋势;近期治理力度不够;林草措施控制暴雨产洪产沙作用有限。

八、存在问题

根据调查,东川流域目前存在的主要问题是:水土流失治理程度较低,治理措施标准不够;水土流失预防监督力度有待加强。

(一)水土保持治理力度不够,措施配置不合理

东川流域目前还有 20 万亩坡耕地仍在耕种;治理力度不够,流域上游的元城川、白马川和乔河等地仍然存在比较严重的陡坡耕种现象,一遇大暴雨即造成严重的水土流失。夏季麦收后翻耕农地及坡耕地的水土流失尤为突出。

同时,东川流域水土保持措施配置比例不合理,坝地配置比例太小,仅为 0.4%,势必影响流域持续减沙。对于高强度连续暴雨,林草措施抵抗能力有限。根据调查,目前东川流域林草措施只能抵御 20 a 一遇的暴雨,增加一定规模的淤地坝等拦沙工程措施必要而迫切。

(二)生产建设项目人为水土流失尚未有效控制

2009 年以来东川流域石油开采中井场及井场道路年均弃土流失量 110 万 t,在各项人为水土流失因素中排列第一。其中井场年均弃土流失量 68 万 t,井场道路年均弃土流失量 42 万 t。必须加大人为水土流失的监管力度。

(三)水土保持综合治理程度低

目前东川流域水土保持综合治理程度低,规模也不够。治理工作存在"两个偏少"的问题,即投资偏少,治理项目偏少。由于缺乏后续治理项目,直接影响治理效果的巩固和提升。

九、建议

(1)继续加大水土保持综合治理力度,提高坝库配置比例。

东川流域近期生态修复、封禁治理、坡耕地改造等大规模水土保持生态建设虽然减水减沙作用比较明显,但在遭遇连续强降雨的情况下,流域来沙量出现增大趋势,洪水最大含沙量仍然较高。因此,今后需要在"保护优先"的原则下,继续加大流域南部重点治理区水土保持综合治理力度。要继续加大退耕还林和生态修复的力度,适度加强流域 50 万亩坡耕地治理;要加强沟道坝库工程建设,提高坝库配置比例。

(2)加强人为水土流失预防监督,杜绝陡坡耕种。

鉴于东川流域石油资源富集,油井开采、道路修筑等引起的人为水土流失严重,必须加强预防监督工作,按照"标准化井场"进行油田井场建设,并采取切实措施防治井场道路的水土流失。同时,要坚决杜绝流域上游部分地区存在的陡坡耕种现象,加强流域北部重点监督区水土流失预防监督工作。

(3)适度开展"坡改梯"工程。

东川流域截至 2013 年底梯田面积已达 24 416 hm²,折合 366 240 亩,流域总人口约 13.0 万人,人均梯田面积已经达到 2.8 亩/人,建议今后水土保持生态工程建设以退耕还林和生态修复为主,适度开展"坡改梯"工程。

(4)尽快进行滑坡、崩塌体治理。

东川流域"2013·7·9—15"暴雨造成的地质灾害非常严重,共发生山体滑坡 403 处,崩塌 82 处,泥石流 135 处。调查中发现,山体滑坡、崩塌主要发生在公路两侧和城镇周边,滑塌的土体基本上堆积在坡角,成为潜在的增沙来源地。建议对流域滑坡、崩塌体尽快进行治理,可在发生滑坡、崩塌的坡面上部补栽根系较长的灌木或乔木,以增加植物根系的固土黏结力;同时在体积较大的滑坡、崩塌体上栽种林草植被,或采取一些必要的工程措施,抑制滑坡和崩塌的再次发生,最大限度地降低次生灾害。

第三章 中游典型支流泥沙输移与河道沉积环境调查

近年来,黄土高原地区下垫面变化剧烈,大规模的封禁和梯田建设、经济社会用水大幅度增加、煤炭资源大规模开采等都大大地改变了产流产沙环境。同时,支流河道及黄河干流河道受水库调节、拦河坝(橡胶坝)拦蓄、河道采砂等人为因素影响,泥沙输移与沉积的河道环境也发生了较大改变。

现状条件下,黄河中游多数支流均表现为产流产沙减少的现象,支流河道是否受相应影响发生了小水期泥沙淤积的现象,其贮存特点和分布规律是否发生改变? 未来极端洪水条件下,河道泥沙及水库调节、拦河坝(橡胶坝)拦蓄的泥沙是否存在大水期集中释放的现象,其变化规律及对黄河干流增沙的作用如何? 要揭示黄河水沙变化规律,需要对这些问题进行研究。因此,对典型支流泥沙输移与沉积环境进行专项调查,为认识人为因素干扰对河道水沙输移影响程度及影响机制提供基础支撑。

一、调查目的

紧紧围绕黄河流域河道受水库调节、拦河坝(橡胶坝)拦蓄、河道采砂等人为因素影响越来越剧烈这一现象,选择典型支流马莲河和秃尾河,深入开展调查研究,摸清支流水库调蓄、拦河坝(橡胶坝)运用和采砂等实际情况,研究中游典型支流泥沙输移与沉积河道环境变化,结合水沙变化资料,探讨人为因素对泥沙输移与沉积河道环境的影响规律。

二、主要调查成果

(一)马莲河

(1)马莲河水库、橡胶坝等拦蓄工程建设对径流调控影响不大,河道泥沙输移的水动力环境未因拦蓄工程调控发生明显变化。

马莲河位于黄土高塬沟壑区,是泾河最大的支流。图 3-1 是 1955—2013 年马莲河雨落坪站径流量过程,可以看出,1955—2013 年平均径流量为 4.29 亿 m^3,其中 20 世纪五六十年代年均径流量为 4.68 亿 m^3,70 年代为 4.55 亿 m^3,80 年代减少至 4.28 亿 m^3,90 年代为 4.75 亿 m^3,而 2000—2013 年平均径流量为 3.38 亿 m^3。以雨落坪站径流 5 a 滑动平均线为参考,可以看出,在 1996 年以前,雨落坪站径流量在 4 亿 m^3 左右波动,但是从 1996 年开始,5 a 滑动平均线开始呈单边下行态势。

截至 2011 年马莲河流域已建成中型水库 2 座,小型水库 17 座,总库容 12 369 万 m^3,总兴利库容 2 705 万 m^3(见表 3-1)。水库总库容约为流域年均径流量的 27%,水库兴利库容约为流域年均径流量的 6%,可见水库对径流过程具备一定的调控能力。

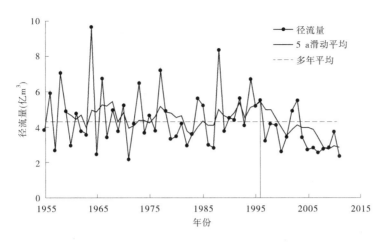

图 3-1 1955—2013 年马莲河雨落坪站径流量过程

表 3-1 马莲河水库概况

水库类型	数量（座）	控制流域面积（km²）	总库容（万 m³）	兴利库容（万 m³）	死库容（万 m³）	总淤积量（万 m³）	库容淤损率（%）
中型	2	15 798	5 869	1 770	1 929	1 712	29.2
小型	17	2 890	6 500	935	1 499	2 257	34.7
合计	19	18 688	12 369	2 705	3 428	3 969	

　　分析流域水库建设发展过程可知（见图 3-2），流域水库多修建于 1970 年左右，1980 年以后仅新建 2 座小型水库。可见，流域 1996 年以后径流量减少明显可能与水库拦蓄运用关系不大。进一步分析水库供水利用情况（见表 3-2），流域水库年供水能力为 1 124.3 万 m³，约占流域径流的 2.6%。另据调查，在 2011 年供水量也仅为 668.72 万 m³。可见，水库供水对径流的影响也不会太大。

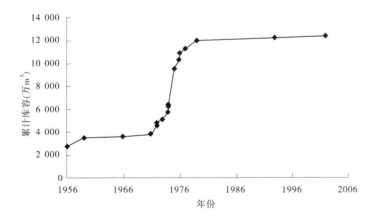

图 3-2 马莲河水库建设情况

表 3-2　马莲河水库供水情况　　　　　　　　　　　　　　　　　（单位:万 m³）

水库名称	所在水系	所在地	建成年份	总库容	兴利库容	死库容	年均径流量	年供水量	2011年供水量
店子坪水库	马莲河	庆城县	1975	3 189	1 456	550	29 851		
王家湾水库	盖家川	西峰区	1956	2 680	314	1 379	467		
白吉坡水库	湘乐川	宁县	1959	782	90	215	945	6.6	49.58
香水水库	固城北川	合水县	1966	95.5	20	32	48.9	46	0
新村水库	大山门川	合水县	1973	296.6	117	29	558	33	0
孔家沟水库	瓦岗川	合水县	2002	142	21	59.5	272.08	27	9.5
刘巴沟水库	刘巴沟	庆城县	1974	670.1	54.9	54.9	133.56	298.3	296.64
太阳坡水库	城壕川	华池县	1972	151.97	20	73	69.11	11	0
鸭子嘴水库	柔远河	华池县	1974	448.3	84	310.85	133.56	20	10
土门沟水库	土门沟	华池县	1976	568	40	242	107.95		
唐台子水库	合道川	环县	1972	826	100	50	949.38		
姬家河水库	合道川	环县	1975	60	30	10	270	13.8	9.65
樊家川水库	安山川	环县	1993	270	44	13	648		
乔儿沟水库	安山川	环县	1979	703	56	35.5	203.43	13.6	5.52
冉河川水库	染河川	庆城县	1976	744.82	144	122	314.1	102	56.68
庙儿沟水库	城西川	环县	1977	380	50	39.8	271	13.8	5.37
解放沟水库	马莲河	庆城县	1971	201.4	11.65	135.4	73.2	13.2	5.43
县雷旗水库	马莲河	庆城县	1972	27	16	11	48.9	486	220.35
王家河水库	合水川	合水县	1974	133	36.56	65.7	200.87	40	0
合计	—	—	—	12 368.69	2 705.11	3 427.65	35 565.04	1 124.3	668.72

目前,马莲河宁县段建成橡胶坝 2 座(见表 3-3),分别为宁县县城三河汇合口城北河橡胶坝工程和宁县县城三河汇合口马莲河橡胶坝工程,分别建成于 2009 年和 2011 年,坝高分别为 1.8 m 和 3.5 m,库容分别为 1.62 万 m³ 和 28.07 万 m³。宁县北部于 2011 年底修建了拦沙坝 1 座,坝高 1.5 m,库容约 2.3 万 m³。可见,流域橡胶坝总库容较小,对径流调节作用较小。

表 3-3 马莲河橡胶坝概况

地区	县	橡胶坝名称	建成时间 (年-月)	橡胶坝坝高 (m)	橡胶坝坝长 (m)	库容 (万 m³)
庆阳	宁县	三河汇合口城北河 橡胶坝工程	2009-10	1.8	45	1.62
庆阳	宁县	三河汇合口马莲河 橡胶坝工程	2011-11	3.5	200.5	28.07

(2)水库及橡胶坝拦沙、河道取水对马莲河庆阳—雨落坪区间河道冲淤产生了一定影响。

截至 2011 年流域水库共淤积泥沙 3 969 万 m³,库容淤损率平均为 32.1%,其中 2007—2011 年 5 a 总淤积量为 83 万 m³。水库主要从 1971 年开始拦沙,截至 2011 年共 40 a,年均拦沙 100 万 m³。流域多年平均输沙量为 1.17 亿 t(见图 3-3),水库年均拦沙占流域输沙量的 1% 左右。

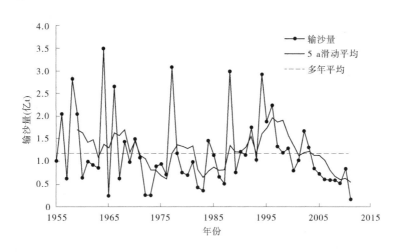

图 3-3 1955—2013 年马莲河雨落坪站输沙量过程

图 3-4 为马莲河流域雨落坪以上区间近年用水量,可以看出,马莲河流域雨落坪以上区间近 10 a 年均用水量 0.59 亿 m³,其中 2010 年用水量最大,为 0.605 亿 m³。近年来用水量基本呈上升趋势,2005 年前各年用水量基本在 0.58 亿 m³ 左右,2006 年后水量基本在 0.60 亿 m³ 以上。

根据 2011 年水利普查成果和调查统计资料,马莲河流域地表水取水量 2 413 万 m³,地下水约 2 862 万 m³。可见,地下水利用所占比重略大。从 2011 年取水总量 0.53 亿 m³ 和近 10 a 年均用水量 0.59 亿 m³ 可以推断,流域地表水年取水量基本保持在 2 500 万 m³ 左右,约为流域径流量的 5.57%。

马莲河庆阳—雨落坪区间 1980—2012 年累计淤积 214.87 万 m³(见图 3-5),从图 3-5 可以看出,在 1995 年以前,河段总体以小幅冲刷为主,但 1995 年以后,河段逐渐转变为总体小幅淤积为主。结合雨落坪站径流量变化特点(1996 年开始 5a 滑动平均线开始呈单

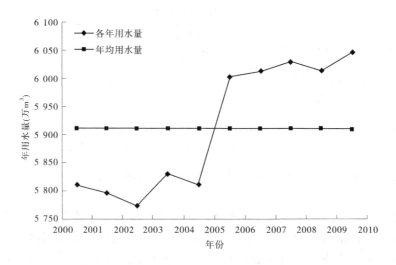

图 3-4　马莲河流域雨落坪以上区间近 10 a 用水量

边下行态势)可以看出,在径流量逐步减小的影响下,马莲河庆阳—雨落坪区间河段也呈现出逐渐淤积的特点。

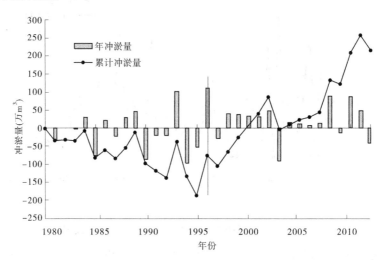

图 3-5　马莲河庆阳—雨落坪区间冲淤量多年变化过程

(二)秃尾河

(1)秃尾河水库拦蓄工程建设对径流调控影响较大。

秃尾河是河龙区间右岸的一条支流,属典型的黄土丘陵沟壑区。图 3-6 是 1956—2012 年秃尾河流域高家川站径流量变化过程。流域 1956—2012 年平均径流量为 3.24 亿 m³,其中 20 世纪五六十年代径流量在 4.0 亿 m³ 以上,70 年代为 3.83 亿 m³,80 年代减少至 3.03 亿 m³,90 年代为 2.86 亿 m³,而 2000—2012 年平均径流量为 2.10 亿 m³,径流量减少速度急剧增加。以高家川水文站径流 5 a 滑动平均线为参考,高家川水文站径流量从 1970 年以来呈单边下行趋势,其中 1970—1996 年为第一阶段,本阶段径流还能维持在

3.0 亿 m³ 左右;1996 年以后为第二阶段,本阶段径流量仅能维持在 2.0 亿 m³ 左右。

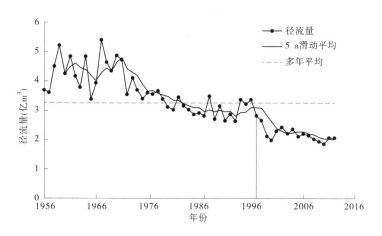

图 3-6　1956—2012 年秃尾河流域高家川站径流量变化过程

截至 2011 年,秃尾河流域建成中型水库 2 座,小型水库 6 座,总库容合计 9 178.96 万 m³,总兴利库容 7 076.32 万 m³(见表 3-4)。水库总库容约为流域年均径流量 3.24 亿 m³ 的 28%,水库兴利库容约为流域年均径流量的 22%,可见水库对径流过程具备一定的调控能力。

表 3-4　秃尾河流域水库概况

水库类型	数量 (座)	控制流域 面积(km²)	总库容 (万 m³)	兴利库容 (万 m³)	死库容 (万 m³)	总淤积量 (万 m³)	库容淤损率 (%)
中型	2	2 190.00	8 341.00	6 918.50	685.00	0	0
小型	6	60.10	837.96	157.82	283.60	837.96	100
合计	8	2 250.10	9 178.96	7 076.32	968.60	837.96	

分析流域水库建设发展过程(见图 3-7)知,流域水库多修建于 20 世纪 70 年代,但总体规模不大,2008 年由于采兔沟水库建成,流域水库调控能力大幅增大。

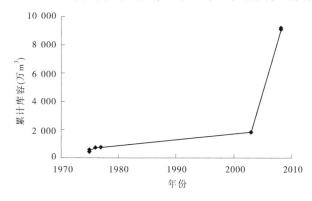

图 3-7　秃尾河流域水库库容变化过程

水库年供水能力为 1.291 748 亿 m³,约为流域多年平均径流量(3.24 亿 m³)的 39.9%(见表 3-5),可见,秃尾河通过水库供水对径流的影响比较大。

表 3-5　秃尾河水库供水情况　　　　　　　　(单位:万 m³)

水库名称	所在水系	所在行政区	建成年份	总库容	兴利库容	死库容	年均径流量	年供水量	2011 年供水量
瑶镇水库	秃尾河	神木县	2003	1 060	622	200	10 200	5 490	3 465.38
采兔沟水库	秃尾河	神木县	2008	7 281	6 296.50	485	15 920	5 445	
赵家峁水库	札林川	榆阳区	1975	447.28	27	180	160	40.50	10.50
石灰瑶水库	秃尾河	榆阳区	1976	203.79	19.32	75.32	85	28.98	5
香水沟水库	红梁沟	榆阳区	2008	84.49	62.10	9.28	1 944	1 888	11
韩家坡水库	开光川	榆阳区	1975	51	20	15	57	25	2.50
野鸡河水库	秃尾河	神木县	1975	29	19	2	0.5		
高羔兔水库	秃尾河	神木县	1977	22.40	10.40	2	0.8		
合计	—	—	—	9 178.96	7 076.32	968.60	28 367.30	12 917.48	3 494.38

(2)水库拦沙、河道取水对秃尾河高家堡—高家川区间河道冲淤有影响。

截至 2011 年,流域水库共淤积泥沙 837.96 万 m³,库容淤损率平均为 100%(见表 3-4),其中 2007—2011 年 5 a 总淤积量为 60 万 m³。流域多年平均输沙量(1956—2012 年)为 1 598 万 t(见图 3-8),2007—2011 年水库年均拦沙占流域沙量的 1.1% 左右。

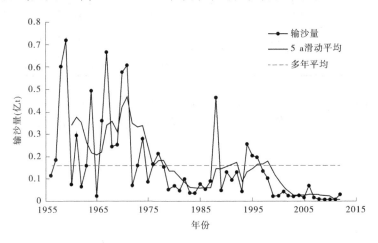

图 3-8　1956—2012 年秃尾河流域高家川站输沙量变化过程

根据 2011 年水利普查成果,秃尾河流域河道取水口 2011 年取水量为 2 071 万 m³,约为 1996 年以前流域平均径流量的 6.7%,为 1996 年以后流域平均径流量的 10%。可见,1996 年以后流域地表水取水对径流的影响逐渐明显。

秃尾河高家堡—高家川区间 1983—2011 年累计淤积 179.41 万 m³(见图 3-9),从图中可以看出,在 1995 年以前,河段冲淤交替,但总体以冲刷为主;1995 年以后,河段逐渐转变为以总体小幅淤积为主,其中2004年以后冲淤幅度均较小。高家川水文站1996年以后径流量仅维持在2亿m³左右,因此在径流量保持较低水平条件下,秃尾河高家堡—高家川区间河段也呈现出淤积的特点。

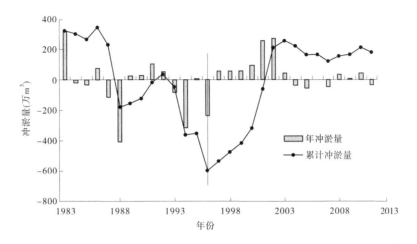

图3-9 秃尾河高家堡—高家川区间冲淤量多年变化过程

(三)综合分析

(1)马莲河水库、橡胶坝等拦蓄工程建设对径流调控影响不大,河道泥沙输移的水动力环境未因拦蓄工程调控发生明显变化;秃尾河水库拦蓄工程建设对径流调控影响较大,河道泥沙输移的水动力明显降低。

(2)水库及橡胶坝拦沙、河道取水对调查的两条支流计算区间河道冲淤有一定影响。

水库拦沙有利于减小进入下游河道的泥沙量,从而减小河道泥沙淤积;径流的减小及河道沿程取水,降低了水流挟沙能力从而会增大河道泥沙淤积。

马莲河流域水库年均拦沙占流域沙量的1%左右,秃尾河水库年均拦沙占流域沙量的1.1%左右。

马莲河庆阳—雨落坪区间1995年以后河段逐渐转变为以总体小幅淤积为主,其趋势与雨落坪水文站1996年开始5 a滑动平均线开始呈单边减少的态势具有较好的对应关系。秃尾河高家堡—高家川区间1995年以后河段逐渐转变为以总体小幅淤积为主,其趋势与高家川站1996年以后径流量仅维持在2亿m³左右的较低水平也有一定的对应关系。

相对支流水库拦沙减淤而言,支流径流的减少及河道沿程取水对河道冲淤影响作用更大。两条支流在1996年后径流量开始明显减少,调查河段在1996年后也相应表现为淤积抬升的趋势。可见,调查的典型支流河道存在受径流减少影响而产生小水期泥沙持续淤积的现象。

第四章　汛前调水调沙模式研究

目前,小浪底水库运用以拦沙运用为主,下游河道发生持续冲刷。在 2002 年未实施调水调沙以前,由于流域来水较少等因素影响,水库长期下泄清水小流量,下游河道仅花园口以上河段发生冲刷,平滩流量增大,其他河段发生淤积,平滩流量减小,到 2002 年汛前达到最小。2002 年实施调水调沙试验以来,每年水库泄放一定历时清水大流量过程,加上 2003 年以来流域来水条件逐步好转、汛期洪水增多,下游河道发生沿程持续冲刷,河道过流能力显著增大,黄河下游最小平滩流量已从 2002 年汛前的不足 1 800 m³/s 增加到 4 200 m³/s。

伴随着冲刷的发展和河床粗化,下游河道各河段的冲刷效率也明显减小。全下游的年均冲刷效率已经从 2004 年的 6.8 kg/m³ 降低到 2013 年的 1.7 kg/m³。

随着经济的发展,黄河沿线对水资源的需求日益增加。基于黄河下游全线过流能力均超过了 4 000 m³/s,河床粗化、清水冲刷效率明显降低,而在水资源供需矛盾日益严峻的时代背景下,汛前调水调沙是继续开展或是不开展,亦或是按照一定指标不定期开展,这是目前迫切需要回答的问题。

一、研究目标

在开展汛前调水调沙作用分析和汛前调水调沙期下游冲淤调整规律研究的基础上,提出下一阶段汛前调水调沙的运用模式。期望在新的汛前调水调沙运用模式下,不仅能够维持黄河下游一定的排洪输沙能力(最小平滩流量不低于 4 000 m³/s),同时又能充分利用现有水资源,促进流域经济发展,提高群众生活水平,达到人水和谐。

二、主要认识与建议

(一)有必要继续开展汛前调水调沙

(1)汛前调水调沙对下游河道冲刷、过流能力增加具有显著作用,对艾山—利津河段作用更大。

汛前调水调沙第一阶段的清水大流量对下游河道的冲刷具有较大的作用。对艾山—利津河段河道冲刷、增大平滩流量,具有更为重要的作用,其冲刷量占到该河段全年冲刷量的 85%。

统计 2007—2013 年全年和汛前调水调沙阶段各河段冲刷量,全下游共冲刷了 8.084 亿 t,年均冲刷 1.155 亿 t;其中汛前调水调沙清水阶段共冲刷 2.678 亿 t,占全下游冲刷量的 33%(见表 4-1)。

表 4-1 2007—2013 年黄河下游各河段冲淤量　　　　　　　　　　（单位:亿 t）

类别		小浪底—花园口	花园口—高村	高村—艾山	艾山—利津	全下游
全年冲刷量	累计	−1.541	−3.989	−1.809	−0.745	−8.084
	年均	−0.220	−0.570	−0.258	−0.106	−1.155
汛前调水调沙清水阶段冲刷量	累计	−0.657	−0.723	−0.666	−0.632	−2.678
	年均	−0.094	−0.103	−0.095	−0.090	−0.383
汛前调水调沙清水阶段冲刷量占全年比例(%)		43	18	37	85	33

分河段而言,花园口—高村河段的汛前调水调沙期间冲刷量占全年的比例最小,仅为 18%。该河段在汛前调水调沙清水阶段冲刷量为四个河段最多,而全年该河段冲刷更多,所以汛前调水调沙清水阶段的冲刷量占全年的比例相对较小。

艾山—利津河段累计冲刷 0.745 亿 t(平均每年冲刷 0.106 亿 t),其中汛前调水调沙清水阶段冲刷量为 0.632 亿 t(平均每次冲刷 0.090 亿 t),占时段内总冲刷量的 85%。若取消汛前调水调沙清水下泄过程,但仍保留后阶段的人工塑造异重流排沙过程,则艾山—利津河段全年冲刷量减小为现在的 15% 左右。若再考虑到将汛前调水调沙第一阶段的清水大流量过程改为清水小流量过程,该时段内艾山—利津河段将由冲刷转为微淤,从而导致艾山—利津河段全年将由近期的冲刷转为冲淤平衡。

(2)汛前调水调沙异重流排沙对小浪底水库减淤作用显著且对下游河道淤积影响不大。

2007 年以来汛前调水调沙后期的人工塑造异重流排沙阶段共排放泥沙量 3.054 亿 t,占小浪底水库总排沙量 5.608 亿 t 的 54%(见表 4-2)。虽然该过程在下游河道发生淤积,但淤积集中在花园口以上河段,占全下游的 79%,淤积的泥沙中粗颗粒泥沙较少,仅占 17%。该时段内,粗颗粒泥沙在艾山—利津河段基本不淤积。

表 4-2 小浪底水库汛前调水调沙异重流阶段及全年排沙量

年份	全年(亿 t)	汛前调水调沙(亿 t)	比例(%)
2000	0.042		
2001	0.230		
2002	0.740	0.366	49
2003	1.148	0.747	65
2004	1.422	0	0
2005	0.449	0.020	4
2006	0.398	0.069	17
2007	0.705	0.234	33
2008	0.462	0.462	100

年份	全年(亿 t)	汛前调水调沙(亿 t)	比例(%)
2009	0.036	0.036	100
2010	1.361	0.553	41
2011	0.329	0.329	100
2012	1.295	0.576	44
2013	1.420	0.648	46
2007—2013 平均	5.608	3.054	54

2007—2013 年,历次汛前调水调沙的后期排沙阶段共进入下游泥沙量 3.054 亿 t,在下游河道共淤积了 1.131 亿 t,淤积比为 37.0%(见表 4-3)。淤积的泥沙以 0.025 mm 以下的细颗粒泥沙为主,为总淤积量的 61%,中颗粒泥沙占 22%,粗颗粒泥沙和特粗颗粒泥沙分别占 12% 和 5%。从河段分布来看,淤积主要集中在花园口以上河段,淤积 0.890 亿 t,占总淤积量的 79%;其次在艾山—利津河段和花园口—高村河段,淤积量分别为 0.163 亿 t 和 0.102 亿 t,占总淤积量的 14% 和 9%。

表 4-3　汛前调水调沙排沙阶段下游分河段分组沙冲淤量

类别	全沙	<0.025 mm	0.025~0.05 mm	0.05~0.1 mm	>0.1 mm
来沙量(亿 t)	2.899	1.960	0.498	0.312	0.129
来沙组成(%)	100.0	67.6	17.2	10.8	4.5
小浪底—花园口	0.890	0.387	0.251	0.185	0.067
花园口—高村	0.102	0.076	0.020	-0.008	0.014
高村—艾山	-0.024	0.065	-0.023	-0.043	-0.023
艾山—利津	0.163	0.157	0.001	0	0.005
全下游	1.131	0.685	0.249	0.134	0.063
淤积比(%)	37.0	35.0	50.2	42.6	48.8

黄河下游在小水期具有上冲下淤的特点,在非汛期和汛期的平水期,该河道发生淤积,造成艾山—利津河段淤积的泥沙主要为粒径大于 0.05 mm 粗颗粒泥沙(见表 4-4),占非汛期全沙淤积量的 56%,而汛前调水调沙后期排沙阶段该组泥沙在艾山—利津河段基本不淤积。

表 4-4　2005—2009 年非汛期(11 月至次年 5 月)分组沙冲淤量　(单位:亿 t)

类别	河段	全沙	<0.025 mm	0.025~0.05 mm	>0.05 mm
总冲淤量	小浪底—艾山	−1.527	−0.563	−0.268	−0.696
	艾山—利津	0.362	0.095	0.064	0.203
年均冲淤量	小浪底—艾山	−0.306	−0.113	−0.054	−0.139
	艾山—利津	0.073	0.019	0.013	0.041

可见,汛前调水调沙第二阶段人工塑造异重流排沙是小浪底水库排泄泥沙的重要时段,对小浪底水库的减淤起到了重要作用。由于该时段内的排沙虽然在下游河道发生淤积,但淤积主要集中在平滩流量较大的花园口以上河段,对下游河道过流能力较小的艾山—利津河段影响不大。因此,汛前调水调沙第二阶段的人工塑造异重流排沙过程需要也是可以继续开展的。

(二)汛前调水调沙方案优化

1. 汛前调水调沙可暂时取消第一阶段清水大流量泄放过程

通过小浪底水库拦沙运用和调水调沙运用,黄河下游河道发生了持续冲刷,河道过流能力得以恢复,目前下游最小平滩流量已达到 4 200 m³/s。随着经济的发展,黄河沿线对水资源的需求日益增加。考虑到黄河下游全线过流能力均超过 4 000 m³/s,随着河床的粗化、冲刷效率明显降低,而水资源供需矛盾日益严峻的情况,建议汛前调水调沙第一阶段的清水大流量泄放过程可以暂时取消。

在 2002 年首次实施调水调沙以前,进入下游的流量较小,年最大日均流量均发生在春灌期的 4 月,下游河道冲刷集中在花园口以上,2003 年秋汛洪水较大,下游河道发生了强烈冲刷,年冲刷效率达到 13.0 kg/m³(见表 4-5)。2004—2006 年下游河道年冲刷效率相对较大,平均达到 6.9 kg/m³,2007—2009 年明显减小,平均为 4.6 kg/m³,2010—2013 年进一步减小,平均为 3.7 kg/m³。

表 4-5　小浪底水库运用以来下游冲刷量及冲刷效率

年份	进入下游水量 (亿 m³)	年冲淤量 (亿 t)	年冲刷效率 (kg/m³)	汛前调水调沙清水阶段冲刷效率 (kg/m³)
2001	180.01	−0.962	−5.3	
2002	206.36	−0.876	−4.2	
2003	257.61	−3.355	−13.0	
2004	236.33	−1.631	−6.9	−16.8
2005	224.12	−1.766	−7.9	−13.4
2006	303.76	−1.796	−5.9	−12.6
2007	252.90	−1.579	−6.2	−12.4

年份	进入下游水量（亿 m³）	年冲淤量（亿 t）	年冲刷效率（kg/m³）	汛前调水调沙清水阶段冲刷效率（kg/m³）
2008	253.00	-0.830	-3.3	-11.2
2009	224.98	-0.954	-4.2	-10.5
2010	280.08	-1.036	-3.7	-10.7
2011	254.51	-1.291	-5.1	-9.3
2012	426.08	-1.215	-2.9	-8.2
2013	390.37	-1.178	-3.0	-8.2

从1999年12月到2006年汛后,下游河道床沙不断粗化,各河段的床沙中数粒径均显著增大,花园口以上、花园口—高村、高村—艾山、艾山—利津以及利津以下河段床沙的中数粒径分别从0.064 mm、0.060 mm、0.047 mm、0.039 mm 和0.038 mm 粗化为0.291 mm、0.139 mm、0.101 mm、0.089 mm 和0.074 mm。2005年以来各河段冲刷中数粒径变化不大,夹河滩—高村河段仍有一定粗化,艾山—利津河段也仍有小幅粗化,到2013年汛后各河段床沙中数粒径分别为0.288 mm、0.185 mm、0.101 mm、0.116 mm 和0.082 mm,详见图4-1。

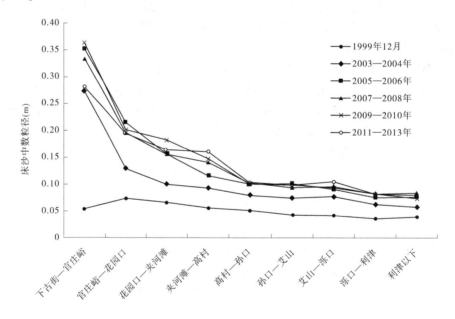

图 4-1 小浪底水库运用以来下游各河段冲刷中数粒径变化

根据表4-5统计的汛前调水调沙清水阶段冲刷效率可以看出,也呈现不断减小的趋势。2004年为16.8 kg/m³,到2013年减小为8.2 kg/m³。2006年以来,历次汛前调水调沙清水阶段的平均流量均在3 500 m³/s 上下,全下游的冲刷效率却在不断减小,从2006—2007年的12.5 kg/m³降低到2012—2013年的8.2 kg/m³,减小了34%(见图4-2)。

根据输沙率法计算结果,小浪底水库运用以来下游河道共冲刷15.188亿 t;根据断面

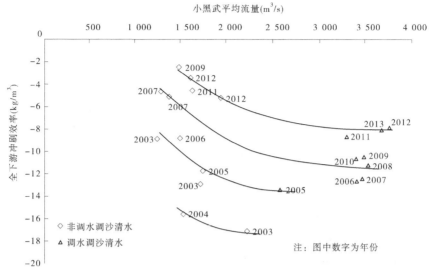

图 4-2　小浪底水库运用以来汛前调水调沙清水过程冲刷效率变化

法计算结果,共冲刷 17.295 亿 m^3。2007 年以来下游河床床沙粗化基本稳定,但冲刷量仍在不断降低。进一步分析 2007—2013 年下游各河段全年的冲刷量及汛前调水调沙清水阶段冲刷量发现(见表 4-1),全年各河段年平均冲刷量均大于汛前调水调沙清水阶段的冲刷量。其中全年艾山—利津河段年均冲刷量最小,为 0.106 亿 t,汛前调水调沙清水阶段仍然以艾山—利津河段最小,平均为 0.090 亿 t,全年除去汛前调水调沙清水阶段后,其他时段仍表现为冲刷,冲刷量为 0.016 亿 t。也就是说,若没有汛前调水调沙清水大流量过程,艾山—利津河段基本能够维持冲淤平衡。

因此,在目前下游最小平滩流量已达到 4 200 m^3/s,而下游河道、冲刷效率仍然降低的情况下,建议可以暂时取消汛前调水调沙第一阶段清水大流量泄放过程。

表 4-6 统计了 2007 年以来历次汛前调水调沙清水阶段水量,平均 13 d,平均下泄水量 38.52 亿 m^3,平均流量为 3 423 m^3/s。若取消第一阶段清水大流量泄放过程,改为按 1 500 m^3/s 流量泄放,则水库下泄水量变为 16.85 亿 m^3,可节约水资源 21.67 亿 m^3。

表 4-6　2007—2013 年历次汛前调水调沙清水阶段小浪底水库下泄水量

年份	天数(d)	泄放清水水量(亿 m^3)	平均流量(m^3/s)
2007	10	29.49	3 413
2008	10	30.27	3 503
2009	13	38.37	3 416
2010	16	45.58	3 298
2011	15	42.26	3 261
2012	14	43.41	3 589
2013	13	40.28	3 586
平均	13	38.52	3 423

2. 为维持下游中水河槽不萎缩需不定期开展清水大流量的汛前调水调沙

对于艾山—利津河段非汛期淤积的 0.05 mm 以上的粗颗粒泥沙，主要希望通过汛前调水调沙第一阶段清水大流量过程解决其淤积问题。

2007—2013 年，下游河道汛期共冲刷淤泥沙 3.492 亿 t，冲刷的 0.05 mm 以上粗颗粒泥沙占总冲刷量的 43%，冲刷主要集中在花园口—高村和高村—艾山河段，分别为总冲刷量的 48% 和 41%，各河段全沙和分组泥沙冲淤量见表 4-7。

表 4-7　2007—2013 年汛期(6 ～ 10 月)分河段分组沙冲淤量统计　（单位:亿 t）

类别	河段	全沙	< 0.025 mm	0.025 ~ 0.05 mm	> 0.05 mm
总冲淤量	小浪底—花园口	0.255	0.543	0.001	- 0.289
	花园口—高村	- 1.693	- 0.678	- 0.450	- 0.565
	高村—艾山	- 1.426	- 0.636	- 0.239	- 0.551
	艾山—利津	- 0.628	- 0.284	- 0.230	- 0.114
	全下游	- 3.492	- 1.055	- 0.918	- 1.519
年均冲淤量	小浪底—花园口	0.037	0.078	0	- 0.041
	花园口—高村	- 0.242	- 0.097	- 0.064	- 0.081
	高村—艾山	- 0.204	- 0.091	- 0.034	- 0.079
	艾山—利津	- 0.090	- 0.041	- 0.033	- 0.016
	全下游	- 0.499	- 0.151	- 0.131	- 0.217

艾山—利津河段汛期也发生冲刷，但总冲刷量仅占全下游的 18%。2007—2013 年汛期艾山—利津河段年均冲刷泥沙 0.090 亿 t，粒径大于 0.05 mm 的泥沙年均冲刷 0.016 亿 t，而非汛期年均淤积 0.073 亿 t，年均淤积粗颗粒泥沙 0.041 亿 t(见表 4-4，因缺少 2012 年和 2013 年非汛期的级配资料，实际淤积量可能更大)。因此，从全年来看，2007—2013 年艾山—利津河段仍然是发生冲刷的，但是粗颗粒泥沙在该河段是发生淤积的。

2007—2013 年汛前调水调沙清水阶段，下游各河段均发生冲刷，且各河段的冲刷量基本相当，艾山—利津的冲刷量与其他河段相比并没有明显减少(见表 4-8)。

表 4-8　2007—2013 年汛前调水调沙清水阶段分河段分组沙冲刷量　（单位:亿 t）

类别	河段	全沙	< 0.025 mm	0.025 ~ 0.05 mm	> 0.5 mm
总冲刷量	小浪底—花园口	- 0.691	- 0.277	- 0.148	- 0.266
	花园口—高村	- 0.723	- 0.300	- 0.223	- 0.200
	高村—艾山	- 0.666	- 0.306	- 0.141	- 0.219
	艾山—利津	- 0.632	- 0.201	- 0.200	- 0.231
	全下游	- 2.712	- 1.084	- 0.712	- 0.916

类别	河段	全沙	< 0.025 mm	0.025 ~ 0.05 mm	> 0.5 mm
年均冲刷量	小浪底—花园口	- 0.099	- 0.040	- 0.021	- 0.038
	花园口—高村	- 0.104	- 0.043	- 0.032	- 0.029
	高村—艾山	- 0.095	- 0.044	- 0.020	- 0.031
	艾山—利津	- 0.091	- 0.029	- 0.029	- 0.033
	全下游	- 0.389	- 0.156	- 0.102	- 0.131

汛前调水调沙清水阶段艾山—利津河段年均冲刷粒径大于 0.05 mm 的粗颗粒泥沙 0.033 亿 t,较汛期的大。由此可见,粗颗粒泥沙不仅在非汛期淤积,除汛前调水调沙清水阶段以外均是发生淤积的。汛前调水调沙清水阶段大流量是艾山—利津河段冲刷粗颗粒泥沙的主要时段。不开展汛前调水调沙清水大流量下泄过程,粗颗粒泥沙将在艾山—利津河段发生持续淤积,该河段将会由冲淤平衡转为淤积。

汛前调水调沙泄放清水大流量的冲刷效率相对较大,当下游最小平滩流量降低到 4 000 m³/s 及以下时,需要开展清水大流量的汛前调水调沙,以冲刷恢复下游河道需要的中水河槽。即根据下游最小过流能力情况,通过不定期开展清水大流量的汛前调水调沙,以维持黄河下游不小于 4 000 m³/s 的中水河槽。

(三)新形势下汛前调水调沙模式

基于上述分析,在新的水沙条件、下游边界条件及水资源需求形势下,建议将近期汛前调水调沙模式优化为:没有清水大流量过程仅有人工塑造异重流排沙过程的汛前调水调沙模式与不定期开展清水大流量及人工塑造异重流的汛前调水调沙模式相结合。

每年定期开展汛前调水调沙,当下游最小平滩流量在 4 000 m³/s 以上时,其模式为:没有清水大流量过程仅有人工塑造异重流排沙过程的汛前调水调沙;当下游最小平滩流量低于 4 000 m³/s 时,其模式为:带有清水大流量过程及人工塑造异重流的汛前调水调沙,清水流量以接近下游最小平滩流量为好,水量以下游需要扩大的平滩流量大小而定。

在这种优化的汛前调水调沙模式下,不仅可以节约一定的水资源用于下游河道两岸地区的生产和生活,还可以维持下游河道中水河槽不萎缩,同时还可以继续发挥汛前调异重流排沙对小浪底水库的减淤作用。

(四)无清水大流量泄放过程的汛前调水调沙方案计算

设计采用小浪底、武陟和黑石关水沙条件和 2013 年汛前调水调沙实际过程,作为方案 1(见图 4-3);在方案 1 的基础上,将汛前调水调沙大流量过程取消,下泄流量按 1 500 m³/s 控制作为方案 2(见图 4-4)。

计算结果(见表 4-9、表 4-10)显示,取消汛前调水调沙清水大流量后,清水阶段的冲

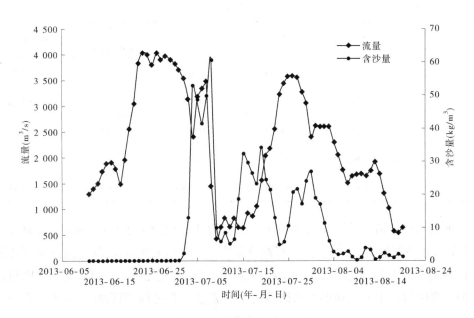

图 4-3　进入下游设计水沙方案 1

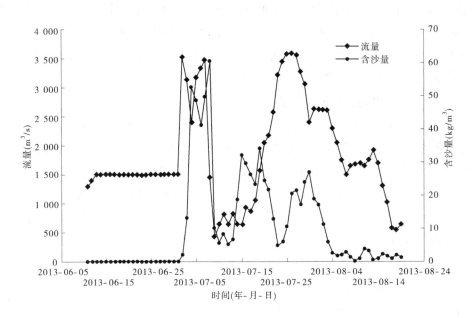

图 4-4　进入下游设计水沙方案 2

刷将减小 0.138 亿 t,而艾山—利津河段由冲刷 0.036 9 亿 t 转为淤积 0.003 1 亿 t;整个汛前调水调沙阶段,艾山—利津河段将从冲刷 0.033 8 亿 t 转为淤积 0.014 9 亿 t。

表 4-9　方案 1 条件下不同河段、不同时段冲淤量　　　　　　　（单位:万 t）

河段	日期(月-日)				
	06-11—06-18	06-19—07-03	07-04—07-13	07-14—08-19	06-11—08-19
小浪底—花园口	−214	−461	496	−131	−310
花园口—高村	−153	−278	407	−109	−133
高村—艾山	−158	−638	−113	−669	−1 578
艾山—利津	−50	−369	31	−161	−549
全下游	−575	−1 746	821	−1 070	−2 570

表 4-10　方案 2 条件下不同河段、不同时段冲淤量　　　　　　（单位:万 t）

河段	日期(月-日)				
	06-11—06-18	06-19—07-03	07-04—07-13	07-14—08-19	06-11—08-19
小浪底—花园口	−195	−224	644	−127	98
花园口—高村	−133	−36	576	−150	257
高村—艾山	−128	−137	−59	−789	−1 113
艾山—利津	−28	31	118	−243	−122
全下游	−484	−366	1 279	−1 309	−880

若取消汛前调水调沙第一阶段清水大流量过程,艾山—利津河段也将由冲刷转为冲淤平衡(或微淤)。

（五）对汛前调水调沙的补充建议

建议在汛期来水较丰年份,当发生自然洪水时,小浪底水库对自然洪水进行调节再塑造,使得进入下游的流量为全下游均可发生冲刷的流量过程(不小于 4 000 m^3/s),达到维持下游河道过流能力的目的。同时,减少非汛期下泄 800 ~ 1 500 m^3/s 流量级的历时,以减少非汛期艾山—利津河段的淤积,尽量保持黄河下游的最小过流能力不降低。

近两年非汛期小浪底水库下泄 800 ~ 1 500 m^3/s(上冲下淤明显的流量级)流量天数显著增加,导致非汛期艾山—利津河段淤积加重。

2012 年、2013 年非汛期下泄大于 800 m^3/s(主要为 800 ~ 1 500 m^3/s)流量的天数显著增加(见图 4-5)。非汛期艾山—利津河段的淤积量与小黑武(指小董、黑石关、武陟三个水文站,下同)日均流量大于 800 m^3/s 的天数有一定关系(见图 4-6)。

非汛期艾山—利津河段的淤积与艾山以上河段的冲刷量大小密切相关,上段冲刷量大,则该河段淤积量也大(见图 4-7)。另外,随着床沙的粗化,艾山以上发生相同冲刷量时,艾山—利津河段的淤积量增多。

非汛期艾山以上河段冲刷量与来水平均流量关系密切,在一定时段内冲刷量与平均流量大小呈线性关系(见图 4-8)。

上述分析表明,近两年非汛期艾山—利津河段淤积量较大的主要原因是非汛期下泄

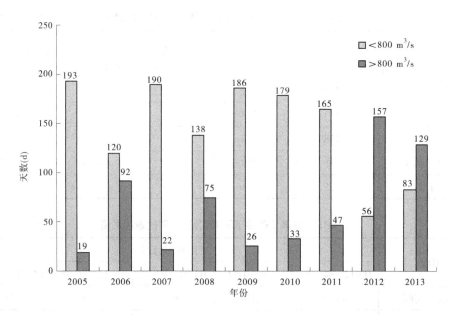

图4-5 2005年以来非汛期(11月至次年5月)小浪底站不同流量级天数

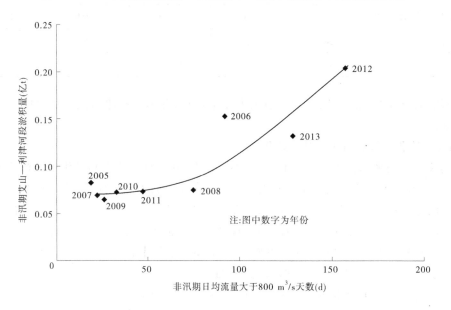

图4-6 2005年以来非汛期(11月至次年5月)艾山—利津河段
淤积量与小黑武日均流量大于800 m³/s天数关系

800~1 500 m³/s流量的天数较多。在目前汛期来水条件下,采用不带有清水大流量过程的汛前调水调沙模式,在非汛期淤积的泥沙可能无法在汛期被冲刷带走,导致该河段全年处于淤积状态。

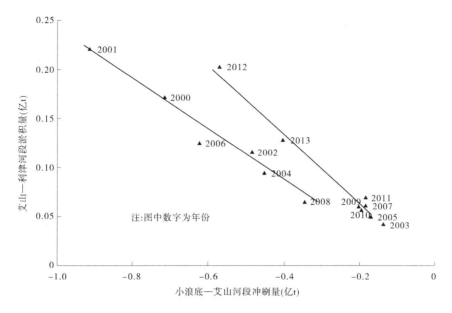

图 4-7　非汛期艾山—利津河段淤积量与艾山以上冲刷量关系

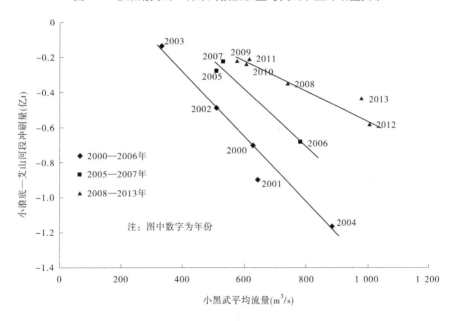

图 4-8　历年 11 月至次年 5 月艾山以上冲刷量与小黑武平均流量关系

第五章　近期小浪底水库汛期调水调沙运用方式探讨

小浪底水库总库容 127.46 亿 m^3，其中拦沙库容 75 亿 m^3。自 1999 年 10 月蓄水运用至 2013 年 10 月的 14 a 内，入库沙量为 46.366 亿 t，出库沙量为 10.112 亿 t，排沙比为 21.8%。按沙量平衡法计算库区淤积量为 36.254 亿 t，断面法计算淤积量为 30.326 亿 m^3，后者达到设计拦沙库容 75 亿 m^3 的 40.4%。

至 2007 年汛后，小浪底水库库区淤积量已达到约 24 亿 m^3。根据《小浪底水利枢纽拦沙初期运用调度规程》，该量值达到了拦沙初期与拦沙后期的界定值，水库运用进入拦沙后期。2007 年以来调水调沙调度期（7 月 11 日至 9 月 30 日，下同）入库沙量占年沙量的 76.1%，排沙比为 19.2%，细泥沙排沙比约 28.4%。为此，需要对小浪底水库近期运用情况及汛期调水调沙调度存在的问题进行分析，提出既考虑水库减淤，又统筹考虑防洪、抗旱、供水、蓄水发电、水资源利用等综合效益的汛期调度建议。

一、研究目标

依据《小浪底水利枢纽拦沙后期（第一阶段）运用调度规程》，遵循"合理拦沙尽可能延长小浪底水库拦沙运用年限的同时，通过对出库水沙过程的调节，尽可能减少下游河道主河槽的淤积，增加并维持河道主槽的过流能力的原则"，通过小浪底水库近年来调水调沙调度期水沙变化、水库调度、排沙效果及其影响因素等方面的分析，对小浪底水库调水调沙调度期的运用方式提出建议。

二、认识及建议

（一）小浪底水库应加强汛期调水调沙

（1）调水调沙调度期内来沙较多，占全年入库沙量的 76.1%。

2007 年以来，汛期[*]（不含汛前调水调沙期，下同）年均入库沙量 2.203 亿 t，占全年入库沙量的 81.2%（见表 5-1）；调水调沙调度期（7 月 11 日至 9 月 30 日，下同），年均入库沙量为 2.066 亿 t，占汛期入库沙量的 93.7%，占全年入库沙量的 76.1%；主汛期（7 月 11日至 8 月 20 日，下同）年均入库沙量 1.136 亿 t，占调水调沙调度期的 55.0%。

（2）2007 年以来排沙比降低。

2007 年以来，汛期洪水较多，为汛期调水调沙提供了条件，但实施调水调沙的机会并不多。2007 年以来，仅 2007 年、2010 年进行过汛期调水调沙，2012 年洪水期间进行过降低水位排沙，其他年份在汛前调水调沙结束后，水库一般蓄水至汛限水位附近，没有进行过降低水位排沙（见图 5-1）。

表 5-1　2007—2013 年不同时段入库沙量及比例统计

年份	沙量（亿 t）					比例（%）			
	全年	汛期*	时段（月-日）			汛期*占全年	（1）占汛期*	（2）占（1）	（3）占（1）
			07-11—09-30（1）	07-11—08-20（2）	08-21—09-30（3）				
2007	3.125	2.449	1.664	1.191	0.473	78.4	68.0	71.6	28.4
2008	1.337	0.533	0.440	0.138	0.302	39.9	82.5	31.4	68.6
2009	1.980	1.433	1.420	0.179	1.241	72.4	99.1	12.6	87.4
2010	3.511	3.086	3.076	1.992	1.083	87.9	99.7	64.8	35.2
2011	1.753	1.475	1.451	0.056	1.395	84.1	98.4	3.9	96.1
2012	3.327	2.877	2.854	1.439	1.415	86.5	99.2	50.4	49.6
2013	3.955	3.571	3.554	2.959	0.595	90.3	99.5	83.3	16.7
平均	2.713	2.203	2.066	1.136	0.929	81.2	93.7	55.0	45.0

注：表 5-1、表 5-2 汛期*以及调水调沙调度期为不含汛前调水调沙期。

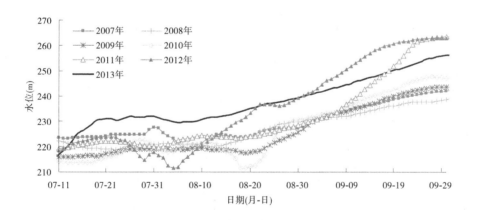

图 5-1　2007—2013 年小浪底水库库水位

　　2007 年以来，汛期（不含汛前调水调沙期，下同）年均出库沙量为 0.398 亿 t，排沙比为 18.1%（见表 5-2）。调水调沙调度期（7 月 11 日至 9 月 30 日，下同），年均出库沙量为 0.396 亿 t，排沙比为 19.2%，细泥沙排沙比为 28.4%（见表 5-3）。主汛期排沙比 33.8%。这样，对下游不会造成大量淤积的细泥沙颗粒淤积在水库中，减少了淤积库容，缩短了水库的使用寿命。

表 5-2　2007—2013 年不同时段出库沙量及排沙比

年份	出库沙量(亿 t)					出库沙量比例(%)				排沙比(%)			
	全年	汛期*	时段(月-日)			(2)/(1)	(3)/(2)	(4)/(3)	(5)/(3)	汛期*	时段(月-日)		
			07-11—09-30	07-11—08-20	08-21—09-30						07-11—09-30	07-11—08-20	08-21—09-30
	(1)	(2)	(3)	(4)	(5)								
2007	0.705	0.471	0.458	0.456	0.003	66.8	97.3	99.6	0.7	19.2	27.6	38.3	0.6
2008	0.462	0	0	0	0	—	—	—	—	0	0	0	0
2009	0.036	0	0	0	0	—	—	—	—	0	0	0	0
2010	1.361	0.808	0.808	0.755	0.052	59.4	100.0	93.4	6.4	26.2	26.3	37.9	4.8
2011	0.329	0	0	0	0	—	—	—	—	0	0	0	0
2012	1.295	0.719	0.719	0.693	0.026	55.5	100.0	96.4	3.6	25.0	25.2	48.1	1.8
2013	1.420	0.788	0.785	0.785	0	55.5	99.6	100.0	—	22.1	22.1	26.5	0
平均	0.801	0.398	0.396	0.384	0.012	49.7	99.5	97.0	3.0	18.1	19.2	33.8	1.3

表 5-3　2007—2013 年 7 月 11 日至 9 月 30 日进出库沙量组成

泥沙分组	入库(亿 t)	出库(亿 t)	淤积量(亿 t)	入库泥沙组成(%)	排沙组成(%)	淤积物组成(%)	排沙比(%)
细泥沙	1.162	0.330	0.832	56.3	83.5	49.8	28.4
中泥沙	0.417	0.043	0.374	20.2	10.8	22.4	10.2
粗泥沙	0.487	0.023	0.464	23.5	5.7	27.8	4.6
全沙	2.066	0.396	1.670	100	100	100.0	19.2

（3）小浪底水库细泥沙排沙比与全沙排沙比呈正相关。

水库运用以来，随着全沙排沙比的增加，各分组沙的排沙比也在增大，其中细泥沙排沙比增大最快，中泥沙次之，粗泥沙增量缓慢。当全年排沙比接近 60% 时，入库细泥沙基本全部排泄出库（见图 5-2）。因此，要想减小库区细泥沙淤积量，需提高水库排沙效果。

目前这种以拦为主的运用方式在获得较好的供水、发电、生态等效益的同时，加速了水库拦沙库容的淤损，降低了拦沙效益，缩短了水库的拦沙寿命。因此，小浪底水库应加强汛期调水调沙。

（二）主汛期适时开展以小浪底水库减淤为目的的汛期调水调沙

（1）主汛期潼关流量 1 500 ~ 2 600 m³/s 时小浪底入库沙量相对集中。

2007 年以来，调水调沙调度期内潼关水文站年均沙量为 1.383 亿 t，其中主汛期、8 月 21 日至 9 月 30 日年均沙量分别为 0.824 亿 t、0.559 亿 t，分别占调水调沙调度期的

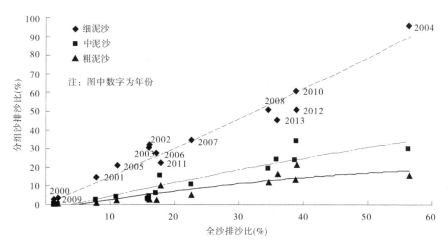

图 5-2   2000—2013 年全沙、分组沙排沙比关系

59.6%、40.4%。泥沙主要集中在洪水期,潼关日均流量大于 1 500 m³/s 时,两个时段来沙分别为 0.605 亿 t、0.349 亿 t,分别占该时段来沙量的 73.4%、62.5%。主汛期时段内潼关流量 1 500~2 600 m³/s 时沙量为 0.414 亿 t,占该时段来沙量的 50.2%(见表 5-4、表 5-5)。

2007 年以来,调水调沙调度期内三门峡水文站年均沙量为 2.066 亿 t,主汛期和 8 月 21 日至 9 月 30 日两个时段内,三门峡年均输沙量分别为 1.137 亿 t、0.929 亿 t,分别占调水调沙调度期输沙量的 55.0%、45.0%。由于潼关流量大于 1 500 m³/s 时三门峡水库敞泄冲刷,小浪底水库入库沙量大幅度增加,主汛期和 8 月 21 日至 9 月 30 日潼关流量大于 1 500 m³/s 时,小浪底水库入库沙量分别为 0.961 亿 t、0.729 亿 t,分别占该时段来沙量的 84.6%、78.5%。主汛期潼关流量 1 500~2 600 m³/s 时沙量最多,为 0.697 亿 t,占该时段来沙量的 61.3%。

潼关流量大于 1 500 m³/s 时,三门峡水库敞泄排沙,使得小浪底水库入库沙量大幅增加,主汛期潼关流量介于 1 500~2 600 m³/s 时,潼关沙量均超过 0.3 亿 t,三门峡沙量更大,均在 0.8 亿 t 以上(见图 5-3)。

(2)主汛期小浪底水库入库沙量集中在潼关流量大于 1 500 m³/s 且含沙量超过 50 kg/m³ 的洪水过程。

2007 年以来潼关共出现 5 场流量大于 1 500 m³/s 且含沙量大于 50 kg/m³ 的洪水,2007—2013 年主汛期潼关输沙量共 5.771 亿 t(见表 5-6),流量大于 1 500 m³/s 且含沙量超过 50 kg/m³ 的洪水过程期间潼关沙量为 4.177 亿 t;而三门峡对应输沙量分别为 7.954 亿 t、6.639 亿 t,即潼关出现流量大于 1 500 m³/s 且含沙量超过 50 kg/m³ 的洪水过程期间,小浪底水库入库沙量占主汛期的 83.5%。因此,潼关出现流量大于 1 500 m³/s 且含沙量超过 50 kg/m³ 的洪水时,应开展以小浪底水库减淤为目的的汛期调水调沙。

(3)近期能够实施调水调沙的机会不多。

小浪底水库运用初期,调水调沙调度期潼关站洪水多为高含沙小洪水。2007 年以来,潼关洪水增加,含沙量有所降低(见表 5-7、图 5-4)。2007 年以前,调水调沙调度期潼

表 5-4 主汛期潼关水文站不同流量级时潼关、三门峡输沙量

年份	$Q_{潼}<1500\ m^3/s$ 潼关 输沙量(亿t)	潼关 占比(%)	三门峡 输沙量(亿t)	三门峡 占合计(%)	$1500\ m^3/s\leq Q_{潼}<2600\ m^3/s$ 潼关 输沙量(亿t)	潼关 占合计(%)	三门峡 输沙量(亿t)	三门峡 占合计(%)	$2600\ m^3/s\leq Q_{潼}<4000\ m^3/s$ 潼关 输沙量(亿t)	潼关 占合计(%)	三门峡 输沙量(亿t)	三门峡 占合计(%)	$Q_{潼}\geq4000\ m^3/s$ 潼关 输沙量(亿t)	潼关 占合计(%)	三门峡 输沙量(亿t)	三门峡 占合计(%)	各流量级合计 潼关 合计(亿t)	三门峡 合计(亿t)
2007	0.466	56.3	0.408	34.2	0.362	43.7	0.783	65.8									0.828	1.191
2008	0.238	100	0.138	100													0.238	0.138
2009	0.210	100	0.179	100													0.210	0.179
2010	0.219	17.7	0.194	9.7	1.016	82.3	1.798	90.3									1.235	1.992
2011	0.123	100	0.056	100													0.123	0.056
2012	0.182	18.6	0.146	10.1	0.521	53.3	0.965	67.1	0.276	28.2	0.328	22.8					0.979	1.439
2013	0.092	4.3	0.101	3.4	1.001	46.4	1.333	45.1	0.874	40.5	1.353	45.7	0.191	8.8	0.172	5.8	2.158	2.959
年均	0.219	26.6	0.175	15.4	0.414	50.2	0.697	61.3	0.164	19.9	0.240	21.1	0.027	3.3	0.025	2.2	0.824	1.137

注：表中2012年扣除汛前调水调沙。

表 5-5 8月21日至9月30日潼关水文站不同流量级时潼关、三门峡输沙量

年份	$Q_{潼}<1500\ m^3/s$ 潼关 输沙量(亿t)	潼关 占比(%)	三门峡 输沙量(亿t)	三门峡 占合计(%)	$1500\ m^3/s\leq Q_{潼}<2600\ m^3/s$ 潼关 输沙量(亿t)	潼关 占合计(%)	三门峡 输沙量(亿t)	三门峡 占合计(%)	$2600\ m^3/s\leq Q_{潼}<4000\ m^3/s$ 潼关 输沙量(亿t)	潼关 占合计(%)	三门峡 输沙量(亿t)	三门峡 占合计(%)	$Q_{潼}\geq4000\ m^3/s$ 潼关 输沙量(亿t)	潼关 占合计(%)	三门峡 输沙量(亿t)	三门峡 占合计(%)	各流量级合计 潼关 合计(亿t)	三门峡 合计(亿t)
2007	0.433	73.5	0.357	75.4	0.156	26.5	0.116	24.6									0.589	0.473
2008	0.321	100	0.302	100													0.321	0.302
2009	0.333	66.6	0.336	27.1	0.167	33.4	0.905	72.9									0.500	1.241
2010	0.108	17.3	0.104	9.6	0.385	61.9	0.612	56.5	0.129	20.8	0.368	33.9					0.622	1.084
2011	0.116	15.0	0.059	4.2	0.168	21.7	0.264	18.9	0.278	35.9	0.738	52.9	0.211	27.3	0.334	23.9	0.773	1.395
2012					0.089	12.3	0.138	9.7	0.446	61.6	0.982	69.4	0.189	26.2	0.295	20.8	0.724	1.415
2013	0.162	41.8	0.242	40.7	0.225	58.2	0.352	59.3									0.387	0.594
年均	0.210	37.5	0.200	21.5	0.170	30.4	0.341	36.7	0.122	21.8	0.298	32.1	0.057	10.2	0.090	9.7	0.559	0.929

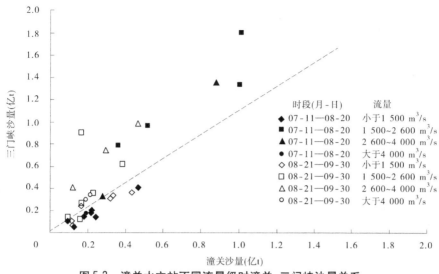

图 5-3　潼关水文站不同流量级时潼关、三门峡沙量关系

表 5-6　潼关出现流量大于 1 500 m³/s、含沙量大于 50 kg/m³ 的洪水时各站沙量及比例

年份	时段 （月-日）	潼关输沙量 （亿 t）	三门峡输沙量 （亿 t）	洪水期占 07-11—08-20 比例（%）	
				潼关	三门峡
2007	07-11—08-20	0.828	1.191		
	07-29—08-08	0.369	0.834	44.6	70.0
2008	07-11—08-20	0.238	0.138		
2009	07-11—08-20	0.210	0.179		
	07-11—08-20	1.235	1.992		
2010	07-24—08-03	0.469	0.901	38.0	45.2
	08-11—08-21	0.738	1.079	59.8	54.2
2011	07-11—08-20	0.123	0.056		
2012	07-11—08-20	0.979	1.439		
	07-24—08-06	0.683	1.152	69.8	80.1
2013	07-11—08-20	2.158	2.959		
	07-11—08-05	1.918	2.673	88.9	90.3

关流量大于等于 1 500 m³/s 的洪水年均出现 8.7 d，仅 2003 年出现过流量大于 2 600 m³/s 的洪水。2007 年以后潼关流量大于等于 1 500 m³/s 的洪水年均达到 28.5 d，2010 年以来年均为 43.3 d，其中 2012 年、2013 年分别达到 66 d、51 d；流量大于 2 600 m³/s 的洪水年均 7.6 d。

　　2007 年以前，潼关日均含沙量超过 50 kg/m³ 的洪水年均出现 11.8 d，含沙量超过 100 kg/m³ 的年均 4.4 d；流量大于等于 1 500 m³/s 且含沙量超过 50 kg/m³ 的洪水共出现 10 d。2007 年以后，潼关含沙量超过 50 kg/m³ 的洪水年均出现 2.0 d，含沙量超过 100 kg/m³ 的洪水仅出现 2 d。

表 5-7　2000—2013 年调水调沙调度期潼关不同流量、含沙量级天数

年份	$Q_{潼}<1500$ m³/s 天数(d)	$Q_{潼}<1500$ 不同含沙量级天数(d) $S_{潼}\geqslant50$ kg/m³	$Q_{潼}<1500$ 不同含沙量级天数(d) $S_{潼}\geqslant100$ kg/m³	$1500\leqslant Q_{潼}<2600$ 天数(d)	$1500\leqslant Q_{潼}<2600$ $S_{潼}\geqslant50$ kg/m³	$1500\leqslant Q_{潼}<2600$ $S_{潼}\geqslant100$ kg/m³	$2600\leqslant Q_{潼}<4000$ 天数(d)	$2600\leqslant Q_{潼}<4000$ $S_{潼}\geqslant50$ kg/m³	$2600\leqslant Q_{潼}<4000$ $S_{潼}\geqslant100$ kg/m³	$Q_{潼}\geqslant4000$ 天数(d)	$Q_{潼}\geqslant4000$ $S_{潼}\geqslant50$ kg/m³	$Q_{潼}\geqslant4000$ $S_{潼}\geqslant100$ kg/m³
2000	82	10	1	0	0	0	0	0	0	0	0	0
2001	79	14	5	3	2	2	0	0	0	0	0	0
2002	82	20	11	0	0	0	0	0	0	0	0	0
2003	49	10	3	20	5	3	13	1	0	0	0	0
2004	79	12	0	3	3	2	0	0	0	0	0	0
2005	71	3	2	11	0	0	0	0	0	0	0	0
2006	71	3	2	11	0	0	0	0	0	0	0	0
2007	71	0	0	11	1	0	0	0	0	0	0	0
2008	82	1	0	0	0	0	0	0	0	0	0	0
2009	67	1	0	15	0	0	0	0	0	0	0	0
2010	50	1	0	29	4	2	3	0	0	4	0	0
2011	58	0	0	13	0	0	7	0	0	4	0	0
2012	16	1	0	36	1	0	26	0	0	1	0	0
2013	31	0	0	42	3	0	8	1	1	0	0	0
2000—2006 年均	73.3	10.3	3.4	6.8	1.4	1.0	1.9	0.1	0	0	0	0
2007—2013 年均	53.6	0.6	0	20.9	1.3	0.3	6.3	0.1	0	1.3	0	0
2010—2013 年均	38.8	0.5	0	30.0	2.0	0.5	11.0	0.3	0	2.3	0	0

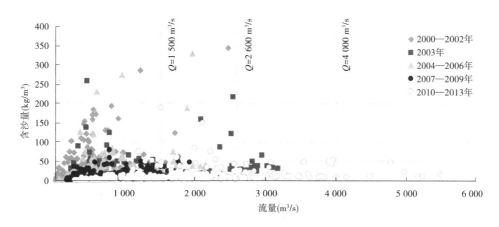

图 5-4　2000—2013 年调水调沙调度期潼关流量、含沙量关系

2007 年以来,主汛期潼关流量大于 1 500 m³/s 且含沙量超过 50 kg/m³ 的洪水仅出现 9 d,分别为 2007 年 1 d、2010 年 4 d、2012 年 1 d、2013 年 3 d;含沙量超过 100 kg/m³ 的仅 2 d,出现在 2010 年,因此能够实施调水调沙的机会不多。

(4)洪水特点及目前洪水排沙调度存在的问题。

2007 年以来,潼关共发生过 5 场流量大于 1 500 m³/s、含沙量大于 50 kg/m³ 的洪水(见表 5-8)。5 场洪水期间入库沙量共 6.652 亿 t,出库沙量 2.608 亿 t,排沙比 39.2%。分析 5 场洪水过程及水库调度可知,洪水初期,入库输沙率较大,入库沙量也较大,一般占整

表 5-8　流量大于 1 500 m³/s、含沙量大于 50 kg/m³ 的洪水期间小浪底水库特征参数

年份			2007	2010	2010	2012	2013
洪水过程	时段(月-日)		07-29—08-08	07-24—08-03	08-11—08-21	07-24—08-06	07-11—08-05
	历时(d)		11	11	11	14	26
	沙量(亿 t)	入库	0.834	0.901	1.092	1.152	2.673
		出库	0.426	0.258	0.508	0.660	0.756
	三角洲顶点高程(m)		221.9	219.6	219.6	214.6	208.9
	小浪底水库排沙比(%)		51.0	28.6	46.5	57.3	28.3
入库输沙率大于 100 t/s 时	时段(月-日)		07-29—07-31	07-26—07-29	08-12—08-16	07-29—08-01	07-14、15、19、20、23—30
	历时(d)		3	4	5	4	12
	沙量(亿 t)	入库	0.672	0.868	0.965	0.621	2.135
		出库	0.231	0.218	0.303	0.348	0.480
	排沙水位(m)		226.4	222.0	219.5	216.6	230.1
	小浪底水库排沙比(%)		34.4	25.1	31.4	56.0	22.5
	入库沙量占排沙期比例(%)		80.6	96.3	88.4	53.9	79.9

场洪水沙量的80%以上,如2007年7月29日、30日,入库输沙率分别达到212 t/s、368 t/s(见图5-5、图5-6)。在此期间,5场洪水均存在库水位相对较高,下泄流量小于入库的现

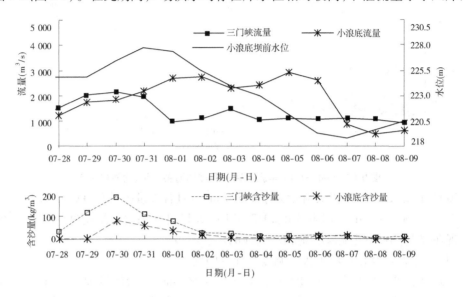

图5-5　2007年7月29日至8月8日小浪底水库进出库水沙过程及坝前水位

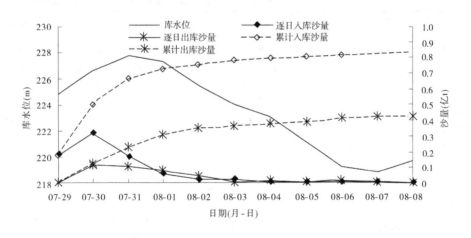

图5-6　2007年7月29日至8月8日小浪底水库逐日进出库沙量过程及坝前水位

象。水位较高意味着高含沙洪水运行时壅水输沙距离较长,下泄流量小于入库流量说明到达坝前的高含沙洪水不能及时排泄出库,这种调度大大降低了水库排沙效果。从表5-8可知,入库输沙率大于100 t/s时,5场洪水滞留沙量均较大,占整场洪水滞留沙量的55%以上,最大达到1.655亿t(2013年);入库输沙率大于100 t/s时排沙比较小,一般30%左右。

对比分析排沙比大于 100% 的 2010—2013 年汛前调水调沙洪水过程可以发现，2010—2013 年之所以取得较好的排沙效果，一方面是三门峡水库在调水调沙初期下泄大流量清水使得小浪底水库库区发生大量冲刷；另一方面是三门峡水库下泄高含沙水流期间，小浪底水库出库水量基本大于入库水量，降低了高含沙水流入库期间泥沙的滞留。由表 5-9 可知，高含沙水流期间入库沙量一般占调水调沙排沙期入库沙量的 70.5% 以上，而在此期间，小浪底水库加大下泄流量，尽可能减少泥沙滞留，排沙比一般大于 70%。

表 5-9 2010—2013 年汛前调水调沙排沙期小浪底水库特征参数

	年份		2010	2011	2012	2013
整个排沙期	时段(月-日)		07-04—07-07	07-04—07-07	07-02—07-12	07-02—07-09
	历时(d)		4	4	11	8
	沙量(亿 t)	入库	0.418	0.273	0.448	0.377
		出库	0.553	0.329	0.576	0.632
	小浪底水库排沙比(%)		132.3	120.5	128.6	167.6
入库输沙率大于 100 t/s 时	时段(月-日)		07-05	07-05	07-05—07-06	07-06—07-07
	历时(d)		1	1	2	2
	沙量(亿 t)	入库	0.295	0.201	0.411	0.368
		出库	0.253	0.152	0.288	0.269
	排沙水位(m)		220.60	218.10	220.17	216.47
	小浪底水库排沙比(%)		85.8	75.6	70.0	73.1
	入库沙量占排沙期比例(%)		70.5	73.7	91.8	97.5

高含沙洪水期间水库排沙效果直接影响整场洪水的排沙效果。因此，在水沙、地形条件一定的情况下，要想取得较好的洪水排沙效果，不仅应在高含沙洪水运行至回水末端之前降低库水位以缩短库区壅水输沙距离，还要保证运行至坝前的高含沙洪水能够及时排泄出库。

(5)目前地形为提高水库排沙效果提供了必要条件。

水库运用以来，随着库区淤积的发展，三角洲顶点不断向坝前推进，至 2013 年 10 月三角洲顶点移至距坝 11.32 km 的 HH09 断面，三角洲顶点高程为 215.06 m，坝前淤积面高程约为 185 m(见图 5-7)。三角洲顶点以下库容为 2.520 亿 m³，前汛期汛限水位 230 m 以下为 11.038 亿 m³，后汛期汛限水位 248 m 以下为 37.091 亿 m³(见表 5-10)。

表 5-10 2013 年 10 月各特征水位及对应库容

高程(m)	总库容(亿 m³)	高程(m)	总库容(亿 m³)	高程(m)	总库容(亿 m³)	高程(m)	总库容(亿 m³)
210	1.579	215.06	2.520	228.35	9.579	248	37.091
215	2.495	225.63	7.579	230	11.038	275	97.134

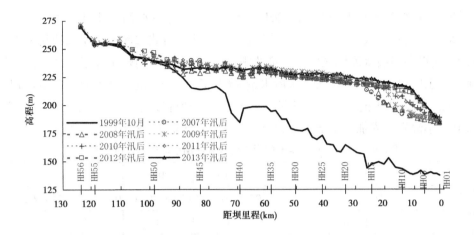

图 5-7 小浪底水库历年汛后纵剖面

调水调沙排沙期,当库水位接近或低于 215 m 时,形成的异重流在三角洲顶点附近潜入,由于三角洲顶点距坝仅有 11.42 km,形成异重流之后很容易排沙出库,同时三角洲洲面发生溯源冲刷,洲面冲刷的泥沙补充形成异重流的沙源,可以提高水库排沙效果。

(6)主汛期适时开展汛期调水调沙。

为减缓水库淤积,提出主汛期适时开展汛期调水调沙的建议。

若三门峡水库 6 月以来没有发生敞泄排沙,则当预报潼关流量大于等于 1 500 m³/s 持续 2 d 时,小浪底水库开始进行调水调沙,塑造有利于下游输沙塑槽的洪水过程。小浪底水库按控制花园口站流量等于 4 000 m³/s 开始预泄,直至低水位(210～215 m)。根据后续来水情况尽量将三门峡水库敞泄时间放在小浪底水库水位降至低水位后,三门峡水库敞泄排沙时小浪底水库维持低水位排沙。当潼关流量小于 1 500 m³/s 且三门峡出库含沙量小于 50 kg/m³ 时,或者小浪底水库保持低水位持续 4 d 且三门峡出库含沙量小于 50 kg/m³ 时,水库开始蓄水,小浪底水库按满足灌溉、发电用水并考虑下游河道生态用水要求控制出库流量。

若三门峡水库当年发生过敞泄排沙,则当预报潼关流量大于等于 1 500 m³/s 持续 2 d、含沙量大于 50 kg/m³ 时,小浪底水库开始进行调水调沙,水库调度运用同上。

按上述调水调沙,小浪底出库水沙过程在初始时是大流量清水过程,对维持下游河槽过流能力有利,后期是小水高含沙过程,会在黄河下游河道淤积,主要是淤积在花园口以上河段,可待下次调水调沙恢复。

(三)开展相机凑泄造峰调水调沙,塑造下游中水河槽

(1)根据《小浪底水库拦沙后期防洪减淤运用方式研究》成果,调水调沙调度期,当潼关水文站、三门峡水文站平均流量大于 2 600 m³/s 且水库可调节水量大于等于 6 亿 m³ 时,水库开展相机凑泄造峰调水调沙。

①主汛期,满足相机凑泄造峰条件时,开展相机凑泄造峰调水调沙。

小浪底水库运用以来,主汛期仅 2012 年和 2013 年出现过潼关日均流量大于 2 600 m³/s 的洪水,分别为 4 d 和 9 d,2011 年之前潼关未出现过,见表 5-11。

表 5-11　潼关站不同量级洪水出现天数　　　　　　　　　　　　　（单位:d）

时段(月-日)	07-11—08-20				08-21—09-30			
潼关站 流量(m³/s)	<1 500	1 500 ~ 2 600	2 600 ~ 4 000	>4 000	<1 500	1 500 ~ 2 600	2 600 ~ 4 000	>4 000
2000 年	41				41			
2001 年	40	1			39	2		
2002 年	41				41			
2003 年	41				8	20	13	
2004 年	41				38	3		
2005 年	38	3			33	8		
2006 年	41				30	11		
2007 年	35	6			36	5		
2008 年	41				41			
2009 年	41				26	15		
2010 年	30	11			20	18	3	
2011 年	41				17	13	7	4
2012 年	16	21	4		0	15	22	4
2013 年	8	24	8	1	23	18		

2012 年、2013 年主汛期潼关日均流量大于 2 600 m³/s 时,三门峡水文站入库沙量分别为 0.328 亿 t、1.525 亿 t,分别占主汛期小浪底入库沙量的 22.8%、51.6%。

主汛期,当水库可调水量超过 6 亿 m³ 时,库水位介于 225.63 m 与汛限水位之间。较后汛期来说,库水位相对较低,能够取得一定的排沙效果。

若想开展相机凑泄造峰调水调沙,必须同时满足潼关水文站、三门峡水文站平均流量大于 2 600 m³/s 且水库可调节水量大于等于 6 亿 m³,因此主汛期内能够开展相机凑泄造峰的机会很少。所以,当满足相机凑泄造峰条件时,应开展相机凑泄造峰调水调沙。

②8 月 21 日至 9 月 30 日,视水沙条件开展相机凑泄造峰调水调沙。

8 月 21 日至 9 月 30 日,出现潼关流量大于 2 600 m³/s 的时机也不多,小浪底运用 14 a 以来仅 2003 年、2010 年、2011 年和 2012 年出现过。潼关流量大于 2 600 m³/s 时输沙量较大,2010 年、2011 年和 2012 年 8 月 21 日至 9 月 30 日潼关日均流量大于 2 600 m³/s 时,三门峡输沙量分别为 0.368 亿 t、1.072 亿 t 和 1.277 亿 t,分别占该时段小浪底入库沙量的 33.9%、76.8% 和 90.2%。但是,由于小浪底水库从 8 月 21 日起,蓄水位向后汛期过渡,蓄水量相对较大。同时黄河水资源相对短缺,为了满足用水要求,该时段内是否开展相机凑泄造峰调水调沙,应视具体情况而定。若年内已经开展过相机凑泄造峰或不完全蓄满造峰调水调沙,同时下游最小过流能力超过 4 000 m³/s,则可以不开展本次调水调沙。若年内未开展过相机凑泄造峰和不完全蓄满造峰调水调沙,为了检验下游河道工程的适应性,则开展调水调沙。

③调度原则依据《小浪底水库拦沙后期防洪减淤运用方式研究》规定的内容。

(2)小花间发生小于 4 000 m³/s 洪水时,建议小浪底水库根据蓄水情况开展凑泄造峰调水调沙。

当小花间发生小于 4 000 m³/s 洪水时,若小浪底水库蓄水相对较多,凑泄花园口站流量 4 000 m³/s,历时 4 ~ 6 d。若小浪底水库蓄水相对较少,凑泄花园口站流量 2 600 m³/s,历时 6 d 左右。小浪底水库凑泄塑造对下游河道减淤、冲刷,以及下游河槽维持较为有利的流量过程。

(四)主汛期开展不完全蓄满造峰调水调沙

根据水库目前淤积情况、主汛期水库运用情况以及近期水沙条件,若当年未开展相机凑泄造峰调水调沙,建议主汛期开展以减缓水库淤积和检验下游工程适应性及河道过流能力为目的汛期不完全蓄满造峰调水调沙。

1. 不完全蓄满造峰调水调沙含义

近期主汛期汛限水位为 230 m,相应可调水量为 9.46 亿 m³,无法满足蓄满造峰蓄水 13 亿 m³ 的要求。在这种情况下,为了减轻水库淤积、维持下游中水河槽及检验下游工程适应性,提出不完全蓄满造峰调水调沙,即当小浪底水库可调节水量大于等于 8 亿 m³ 时,小浪底水库开始进行不完全蓄满造峰调水调沙。

2. 不完全蓄满造峰调水调沙

若当年未开展相机凑泄造峰调水调沙,则当小浪底水库可调节水量大于等于 8 亿 m³ 时,小浪底水库开始进行不完全蓄满造峰调水调沙。首先按控制花园口水文站流量 3 500 ~ 4 000 m³/s 泄放,直至小浪底水库水位降至三角洲顶点时,三门峡水库敞泄排沙,小浪底水库改为按控制花园口水文站流量 2 600 m³/s 泄放;当小浪底水库水位降至 210 m 时,维持 210 m 排沙;当潼关流量小于 1 500 m³/s 且三门峡水库出库含沙量小于 50 kg/m³ 时,或者小浪底水库维持 210 m 持续 4 d 且三门峡水库出库含沙量小于 50 kg/m³ 时,水库开始蓄水。之后小浪底水库按满足灌溉、发电用水并考虑下游河道生态用水要求控制出库流量。

按上述调水调沙,小浪底水库的初始出库水沙过程为大流量清水,对维持下游河槽过流能力有利,后期是小水高含沙过程,会在黄河下游河道淤积,主要是淤积在花园口以上河段,可待下次调水调沙恢复。

(五)蓄满造峰调水调沙

8 月 21 日水库由开始蓄水向后汛期汛限水位 248 m 过渡,根据近期水沙条件分析,8 月 21 日之后水量较丰,蓄满造峰的机遇增加。

若年内未开展过相机凑泄造峰和不完全蓄满造峰调水调沙,或者下游平滩流量低于 4 000 m³/s,则建议在上游来水较丰时,开展蓄满造峰调水调沙,采用《小浪底水库拦沙后期防洪减淤运用方式研究》规定的调度原则。

(六)加强浑水水库沉降观测以开展适时排沙

小浪底水库浑水水库沉降分 4 个阶段:第一阶段,水中泥沙颗粒尤其是细泥沙颗粒开始碰撞接触后,逐渐形成絮体或絮团,并以浑液面形式整体下沉,沉降较快;第二阶段,浑水水库含沙量增加，整个浑水水库呈现干扰网体沉降状态；第三阶段，泥沙絮体颗粒进一步靠近与互相接触，絮团的网状结构很快出现并在较短的时间内形成网状整体，泥沙颗粒的相对运动逐渐变弱甚至消失，各种大小不同的颗粒以整体形式下沉，这时不存在泥沙的分选与相对运动，浑液面沉速进一步减小，此时的浑水层即为"浮泥"层；第四阶段则是沉降结束，沉降物逐渐压密。"浮泥"层多为细泥沙，沉降密实速度极其缓慢。如 2009 年 9 月 30 日至 2010 年 7 月 1 日，浑水水库经历干扰网体沉降和整体密实下沉状态，浑液面下降 0.2 m，浑水厚度仍达到 4.2 m。

　　建议加强对坝前浑水水库、入库浑水及其运动状态的观测，适时开启排沙洞排泄坝前高含沙浑水，以减少细颗粒泥沙在库区的淤积。

第六章　宁蒙河道水沙组合对河道冲淤的影响

宁蒙河道在 1986 年以后河槽淤积萎缩、防洪防凌问题凸显,迫切需要采取相应对策。同时上游水力水电资源亟待开发利用,但地方开发方案与现今的黄河规划又有较大分歧。而惟有搞清宁蒙河道淤积原因、提出针对性解决方案,才是减少分歧、共同解决问题的基础。因此,本次研究从宁蒙河道防洪防凌最重要河段入手,分析不同水流过程的作用,着力剖析淤积萎缩原因,为治理方案提供建议。

一、研究目标

综合分析宁蒙河道不同水沙条件的冲淤调整规律,提出宁蒙河道重点防洪河段三湖河口—头道拐河段泥沙淤积原因及治理和水库调控的建议。

二、研究成果

(一)三湖河口—头道拐是防洪重点河段

1. 长时期淤积的河段

根据断面法计算,近期宁夏河段年均淤积量不到 0.1 亿 t(见表 6-1),为 0.098 亿 t。内蒙古巴彦高勒—三湖河口河段长时期年均淤积量也仅 0.002 亿 t,淤积并不严重,淤积较大的三湖河口—河口镇河段,年均淤积超过 0.2 亿 t(见表 6-2)。根据沙量平衡法计算结果,1952—2012 年也以三湖河口—头道拐河段淤积量最大,61 a 淤积总量达到 15.818 亿 t,占全河道的 63.0%(见表 6-3)。

表 6-1　宁夏河段 1993 年 5 月至 2009 年 8 月断面法计算的冲淤总量　(单位:亿 t)

河段	主槽	滩地	全断面
下河沿—白马(入库)	−0.098	0.124	0.026
青铜峡坝下—石嘴山	0.666	0.748	1.414
下河沿—石嘴山	0.568	0.872	1.440

表 6-2　三盛公—河口镇河段 1962—2012 年断面法冲淤量　(单位:亿 t)

项目	巴彦高勒—三湖河口	三湖河口—河口镇	巴彦高勒—河口镇
总量	0.087	10.073	10.160
年均	0.002	0.201	0.203

表6-3　宁蒙河道长时期(1952—2012年)分河段冲淤量

河段	冲淤总量(亿t)	年均冲淤量(亿t)	占全河段比例(%)
下河沿—青铜峡	3.151	0.052	12.6
青铜峡—石嘴山	1.422	0.023	5.7
石嘴山—巴彦高勒	3.824	0.063	15.2
巴彦高勒—三湖河口	0.889	0.015	3.5
三湖河口—头道拐	15.818	0.259	63.0
下河沿—石嘴山	4.573	0.075	18.2
石嘴山—头道拐	20.531	0.337	81.8
下河沿—头道拐	25.104	0.412	100

2.近期淤积量大、过流能力低

由三湖河口—头道拐河段各时期淤积量(见表6-4)可见,淤积主要集中于1952—1960年和1987—1999年,分别占总淤积量的33.1%和36.4%,近期淤积较多。

表6-4　三湖河口—头道拐河段长时期(1952—2012年)冲淤量

时期	冲淤总量(亿t)	年均冲淤量(亿t)	占总量比例(%)
1952—1960年	5.237	0.582	33.1
1961—1968年	1.229	0.154	7.8
1969—1986年	0.913	0.051	5.8
1987—1999年	5.761	0.443	36.4
2000—2012年	2.678	0.206	16.9
1952—2012年	15.818	0.259	100

由20世纪80年代以来的历年汛前平滩流量过程可见(见图6-1),1986年以来内蒙古河段的平滩流量减少,在2003—2005年前后达到最小值1 300~1 400 m³/s,此后有所恢复,经2012年大水后,2013年汛前巴彦高勒站恢复到3 090 m³/s,而三湖河口站较小,仅2 350 m³/s。

根据实测资料分析,2012年汛后宁夏的下河沿—枣园(青铜峡库尾)河段平滩流量为2 800~4 100 m³/s(见图6-2),青铜峡—石嘴山河段的平滩流量为2 400~4 100 m³/s(见图6-3);内蒙古的巴彦高勒—三湖河口下约33 km河段平滩流量平均为2 500 m³/s,最小约为1 600 m³/s,三湖河口以下36~120 km的84 km为内蒙古主槽平滩流量最小的河段,最小值为1 440 m³/s(见图6-4),三湖河口以下约122 km到头道拐平滩流量平均约为2 300 m³/s,最小平滩流量为1 500 m³/s。

宁蒙河段经过2012年大洪水以后,2013年河道略有冲刷,但河道过流能力变化不大。由此看来,三湖河口—头道拐河段仍是宁蒙河道现状过流能力最小的河段。

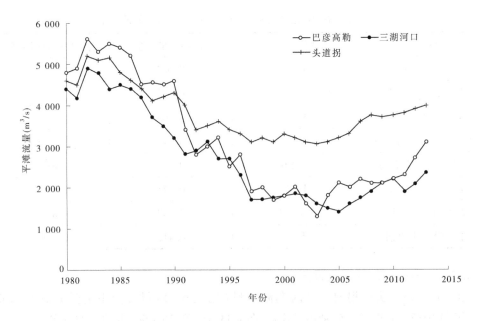

图 6-1　内蒙古河段典型水文站主槽平滩流量

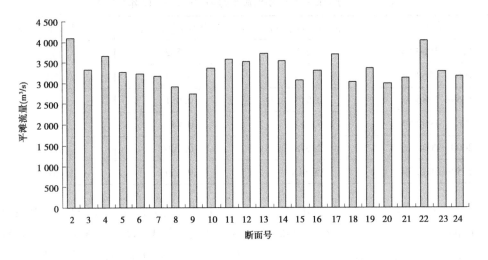

图 6-2　下河沿—枣园(青铜峡库尾)河段平滩流量

(二)三湖河口—头道拐河段输沙能力与流量的关系

将宁蒙河道分为 5 个河段,分别为下河沿—青铜峡、青铜峡—石嘴山、石嘴山—巴彦高勒、巴彦高勒—三湖河口、三湖河口—头道拐,其中,下河沿—青铜峡河段比降大,长时期河道基本能维持平衡(见表 6-5);石嘴山—巴彦高勒河段峡谷段居多,虽然有风沙加入,冲淤调整量也不大;水库下游的青铜峡—石嘴山和巴彦高勒—三湖河口河段在年内一定时期能够冲刷;处于河道最下段的三湖河口—头道拐河段来沙多且常趋于饱和(见图 6-5、图 6-6),加之河道比降小,因此更易于淤积。

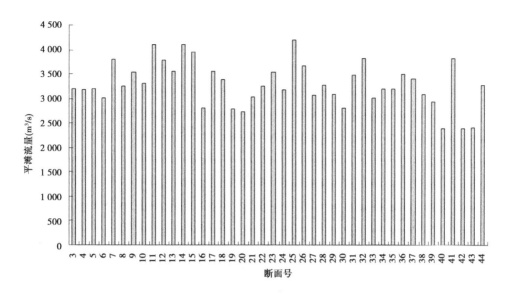

图6-3 青铜峡—石嘴山河段平滩流量

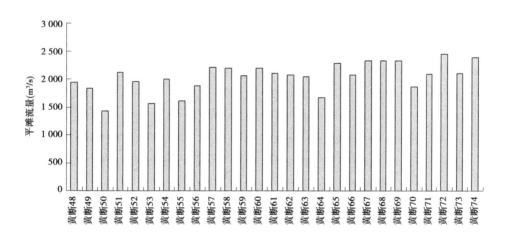

图6-4 内蒙古河段平滩流量最小河段各断面平滩流量

表6-5 宁蒙河道1960—2012年年均冲淤量年内分布　　　　　　（单位：亿t）

时段	下河沿— 青铜峡	青铜峡— 石嘴山	石嘴山— 巴彦高勒	巴彦高勒— 三湖河口	三湖河口— 头道拐	下河沿— 头道拐
全年	0.042	− 0.053	0.070	− 0.012	0.202	0.249
洪水期	0.054	0.106	− 0.023	− 0.032	0.062	0.167
平水期	− 0.012	− 0.159	0.093	0.020	0.140	0.082
汛期	0.035	0.094	0.006	− 0.027	0.171	0.279
非汛期	0.007	− 0.147	0.064	0.015	0.031	− 0.030

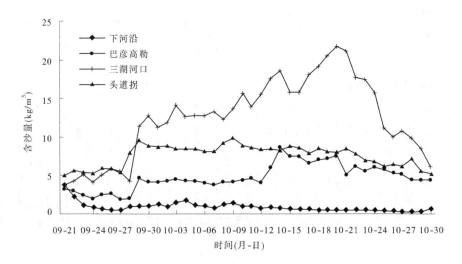

图 6-5　1975 年洪水宁蒙河段含沙量沿程变化

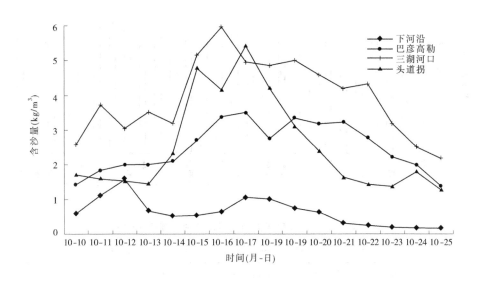

图 6-6　1989 年洪水宁蒙河段含沙量沿程变化

经过上游河段的调整,进入该河段的水沙搭配关系相对稳定(见图 6-7),因此要想多输沙少淤积必须有大流量,要实现冲刷必须大流量低含沙量水流。统计分析表明(见表 6-6),该河段冲刷的水沙条件大致在洪水期平均流量 2 000 m³/s 以上、含沙量在 10 kg/m³ 以下。

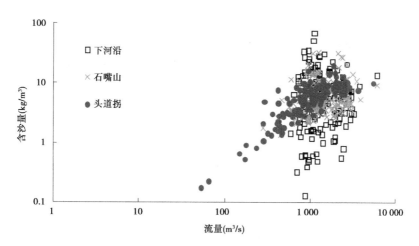

图 6-7　宁蒙河道代表站水沙搭配关系

表 6-6　三湖河口—头道拐河段洪水期各水沙条件下冲淤状况

下河沿 + 清水河场次洪水特征值		场次洪水河段冲淤量
流量级（m³/s）	含沙量级（kg/m³）	（亿 t）
<1 000	<7	0.015
	7 ~ 10	0.008
	10 ~ 20	0.036
	>20	0.072
1 000 ~ 1 500	<7	0.003
	7 ~ 10	0.007
	10 ~ 20	0.015
	>20	0.065
1 500 ~ 2 000	<7	−0.016
	7 ~ 10	0.237
	10 ~ 20	0.003
	>20	−0.025
2 000 ~ 2 500	<7	−0.067
	7 ~ 10	−0.074
	10 ~ 20	0.028
	>20	
>2 500	<7	−0.071
	7 ~ 10	−0.006
	10 ~ 20	0.062
	>20	0.076

从宁蒙河道各河段在低含量条件下各流量级的冲淤调整可见(见图6-8),三湖河口—头道拐河段随着进口(下河沿+清水河)流量的增加,冲淤效率呈现淤积少—淤积多—淤积少—冲刷的变化特点,500~1 000 m³/s正是淤积效率最高的流量级,这是低含沙量小流量水流在下河沿—头道拐980 km河段内的正常演变,即存在"上冲下淤"的调整过程,在三湖河口以上冲刷的泥沙小流量无法挟带出头道拐,在河段尾部段三湖河口—头道拐淤积。

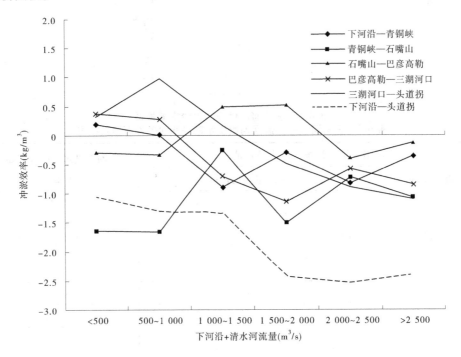

图6-8 低含量条件下分河段各流量级冲淤效率

(三)三湖河口—头道拐河段淤积加重的主要原因

三湖河口—头道拐河段在20世纪50年代和1987—1999年发生淤积,但是20世纪50年代虽然经历了该时期年均来沙2.338亿t(下河沿站)的大沙量,但9 a内有6 a最大洪峰流量在3 300 m³/s以上,维持了较大的河槽;1987—1999年淤积量大且淤积集中于主槽,利用淤积断面计算,1991—2000年主槽淤积量占到全断面的88%,主槽的淤积造成过流面积减小、行洪行凌能力低下(见图6-9、图6-10)。

要保持三湖河口—头道拐河段有较大的输沙能力需要大流量,但是1987—1999年汛期洪水非常少,2 000 m³/s以上流量年均仅5 d(见图6-11),河道难以冲刷,因此洪水期以淤积为主,淤积量年均达到0.217亿t(见表6-7),远高于多年平均的0.062亿t。同时可看到,三湖河口—头道拐河段平水期的年均淤积量0.226亿t,也较多年平均0.140亿t偏多61%,原因也是在于流量过程的变化。由图6-11可见,1987—1999年全年历时最长的正是"上冲下淤"最严重的500~1 000 m³/s流量级,年均高达228 d,占到全年时间的63%,因此该时期平水期淤积也偏大。

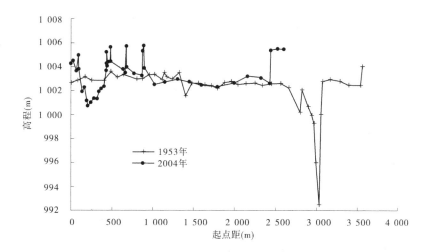

图 6-9　内蒙古河段不同年份河道断面对比

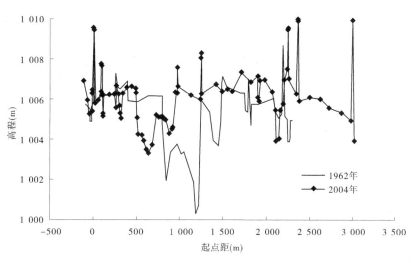

图 6-10　内蒙古河段代表断面(黄断 65)不同年份对比

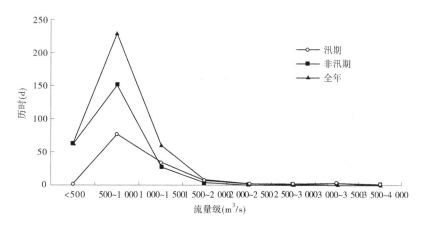

图 6-11　下河沿站 1987—1999 年各流量级历时

表 6-7　宁蒙河道 1987—1999 年平均冲淤量年内分配　　　　（单位：亿 t）

时段	下河沿—青铜峡	青铜峡—石嘴山	石嘴山—巴彦高勒	巴彦高勒—三湖河口	三湖河口—头道拐	下河沿—头道拐
全年	0.043	0.142	0.085	0.224	0.443	0.937
洪水期	0.022	0.283	−0.025	0.114	0.217	0.611
平水期	0.021	−0.141	0.110	0.110	0.226	0.326
汛期	0.014	0.284	0.057	0.135	0.378	0.868
非汛期	0.029	−0.142	0.028	0.089	0.065	0.069
汛期平水期	−0.009	0	0.082	0.021	0.160	0.254

（四）1986 年以来难以高效维持河槽冲淤平衡的原因

漫滩洪水对冲积性河道的维持起到非常重要的作用。由图 6-12 可见，内蒙古河道漫滩洪水大部分是淤滩刷槽的，统计的 9 场漫滩洪水合计主槽冲刷约 8 亿 t、滩地淤积近 10 亿 t；主槽冲刷效率在 1.25～17.46 kg/m³，平均为 7.22 kg/m³，明显高于非漫滩洪水的冲刷作用。同时由图 6-13 可见，漫滩洪水刷深主槽、淤高滩地，塑造较好的河道形态、扩大了河道过流能力。而 1987—1999 年没有一场漫滩洪水，淤积都发生在主槽里，导致过流能力急剧降低。

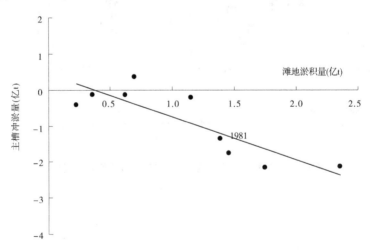

图 6-12　内蒙古河道滩槽冲淤量的关系

（五）孔兑来沙偏多加重了 1986 年以来河道淤积

内蒙古十大孔兑是指较大的 10 条直接入黄洪水沟，是内蒙古河段的主要产沙支流。由于泥沙来自暴雨洪水挟带的砒砂岩风化物和中游库布齐沙漠风沙，大量粗泥沙短时间内以高含沙洪水或近似泥石流的形式汇入干流，干流水流难以输送，对河道冲淤影响较大，甚至多次形成沙坝威胁河道防洪。1987—1999 年遭遇了孔兑 1989 年特大来沙，造成孔兑来沙量较大。1989 年是有记录以来的最大沙量年份（见图 6-14），十大孔兑来沙总量为 2.052 亿 t，为多年（1960—2011 年）平均 0.188 亿 t 的近 11 倍，其中有实测资料的毛不拉孔兑、西柳沟、罕台川三大孔兑来沙总和为1.260 6亿t,洪峰流量、最大含沙量和来沙量都非常大(见表6-8)。因此,该时期孔兑来沙量较大达到4.157亿t,占河段干流进口站三湖河口沙量的比例也最高,达到99%(见表6-9)。

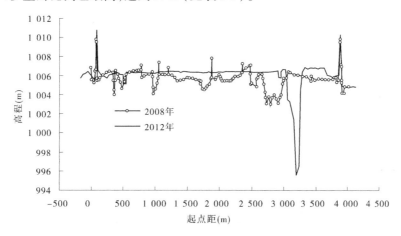

图6-13　内蒙古河段漫滩洪水前后典型断面(黄断66)

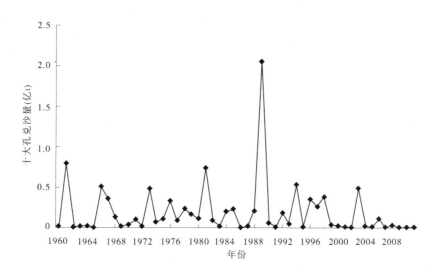

图6-14　十大孔兑逐年沙量过程

表6-8　1989年三大孔兑水沙特征

支流(水文站)	最大洪峰流量 (m³/s)	最大含沙量 (kg/m³)	年沙量 (亿t)
毛不拉(图格日格)	5 600	1 500	0.716 0
西柳沟(龙头拐)	6 940	1 240	0.474 9
罕台川(红塔沟)	3 090	433	0.069 7

表 6-9　各时期孔兑来沙占干流来沙的比例

时段	三湖河口汛期沙量（亿 t）	三大孔兑汛期		十大孔兑全年	
		沙量（亿 t）	占三湖河口比例（%）	沙量（亿 t）	占三湖河口比例（%）
1961—1968 年	12.790	0.679	5	1.854	14
1969—1986 年	13.167	1.529	12	3.070	23
1987—1999 年	4.193	2.291	55	4.157	99
2000—2011 年	2.970	0.389	13	0.693	23
1961—2011 年	33.120	4.888	15	9.774	30

计算冲淤量时把孔兑沙量扣除掉,以简单估算孔兑来沙对三湖河口—头道拐河段冲淤的影响(见表6-10)。计算结果表明,孔兑来沙对该河段冲淤影响非常大,在水沙条件有利的1961—1986年,若没有孔兑加沙,河段可能由淤转冲;而在淤积的1987—2012年淤积量减小,尤其是扣除孔兑来沙较多的1987—1999年,淤积量减少显著。

表 6-10　三湖河口—头道拐河段扣除孔兑来沙量冲淤估算表

时段	河段总来沙量（亿 t）	十大孔兑沙量（亿 t）	孔兑来沙占总来沙比例(%)	考虑孔兑来沙的冲淤量（亿 t）	不考虑孔兑来沙的冲淤量（亿 t）
1961—1968 年	16.103	1.854	12	1.229	−0.625
1969—1986 年	17.286	3.070	18	0.913	−2.157
1987—1999 年	6.932	4.157	60	5.761	1.604
2000—2012 年	7.184	0.728	10	2.678	1.949
1961—2012 年	47.505	9.809	21	10.581	0.771

注:总来沙量为三湖河口、昆都仑河、哈德门沟、五当沟及区间风沙之和。

为进一步评价孔兑来沙的影响,利用水动力学模型计算了干流不同流量级洪水与孔兑洪水是否遭遇的河段冲淤情况。干流以青铜峡站1989年8月19日至9月9日的洪水过程为初始条件,设计了平均流量1 000 m^3/s(方案1)、2 000 m^3/s(方案2)和3 500 m^3/s(方案3)三个水沙过程,水量和沙量保持一致,分别为45亿 m^3和0.2亿 t;孔兑采用西柳沟1966年8月12—14日的洪水过程,水、沙量分别为0.235亿 m^3、0.166亿 t,平均流量11.9 m^3/s,平均含沙量704 kg/m^3,最大流量3 660 m^3/s,最大含沙量1 380 kg/m^3。计算结果表明(见表6-11),干流各流量条件下孔兑来沙加入后河道淤积都明显增加,增加的淤积量是无孔兑来沙时淤积量的1.6~3.2倍;增加淤积0.173亿~0.196亿 t,超过了孔兑来沙量0.166亿 t。

表 6-11 孔兑加沙对三湖河口—头道拐河段冲淤影响计算结果

对比条件	干流洪水平均流量（m³/s）	冲淤量（亿 t）		
		主槽	滩地	全断面
无孔兑	1 000	0.054	0	0.054
	2 000	-0.240	0.356	0.116
	3 500	-0.349	0.465	0.116
有孔兑	1 000	0.227	0	0.227
	2 000	-0.118	0.430	0.312
	3 500	-0.242	0.548	0.306
有孔兑-无孔兑	1 000	0.173	0	0.173
	2 000	0.122	0.074	0.196
	3 500	0.107	0.083	0.190

不同流量洪水与孔兑遭遇对干流河道淤积的影响程度不同。已有研究表明,干流流量较大时期遭遇孔兑洪水来沙,淤积量小,即使形成沙坝淤堵干流,淤积体也较小。利用数学模型计算了干流不同流量洪水与孔兑遭遇的冲淤量情况(见表 6-11),洪水期干流平均流量从 1 000 m³/s 增加到 3 500 m³/s,主槽由淤积 0.227 亿 t 转为冲刷 0.242 亿 t,大流量河道不会淤积。

该河段低含沙洪水才能冲刷,含沙量稍高即发生淤积。1987—1999 年清水河等支流较水土保持治理后来沙有所恢复,加之水流较小,因此含沙量增高、来沙系数增加,水沙搭配更不协调(见表 6-12)。

表 6-12 宁蒙河道石嘴山站各时期水沙条件及主要支流来沙量

时段	水量（亿 m³）	沙量（亿 t）	含沙量（kg/m³）	来沙系数（kg·s/m⁶）	祖厉河沙量（亿 t）	清水河沙量（亿 t）
1952—1960 年	175.7	1.761	10.0	0.006 0	0.828	0.402
1961—1968 年	228.4	1.515	6.6	0.003 1	0.667	0.206
1969—1986 年	162.3	0.714	4.4	0.002 9	0.452	0.177
1987—1999 年	100.0	0.614	6.1	0.006 5	0.406	0.400
2000—2012 年	101.4	0.360	3.6	0.003 8	0.165	0.203
1952—2012 年	146.7	0.877	6.0	0.004 3	0.828	0.402

三、对宁蒙河道泥沙治理及水库调控的建议

(1)1987—1999 年三湖河口—头道拐河道河槽萎缩、过流能力低下、防洪防凌问题突出的重要原因在于大流量减少而 500 ~ 1 000 m³/s 小流量历时加长。在上游水库的开发

任务主要是灌溉、发电等的条件下,洪水期泄放大流量、平水期压减流量以减少河段淤积可能难以实现,因此需要在宁蒙河道上游建设承担转换兴利与综合利用任务的节点水库,以维持宁蒙河道长期的防洪防凌安全。

(2)孔兑来沙是三湖河口—头道拐河段淤积的主要原因,减少孔兑和支流来沙是减少宁蒙河道淤积的根本之策,建议加强黄河上游十大孔兑水利水土保持等综合治理的力度。

(3)要实现恢复宁蒙河道过流能力,需要依靠塑造低含沙洪水过程冲刷河道,以扩大主槽过流面积,同时稀释支流来沙。为维持一定的平滩流量,可采用两种洪水调控模式:一是连续多年泄放低含沙洪水,冲刷河道;另一种是进行洪水的多年调节,在来水较少的年份为满足兴利需求可不泄放洪水过程,遇到较大洪水不可避免漫滩时,水库尽可能少蓄水甚至不蓄水,形成足够程度的漫滩洪水,冲刷前一个时期的河道淤积,增加滩槽高差,恢复河槽过流能力。对于三湖河口—头道拐河段,洪水期平均流量由 1 000 m³/s 增加到 2 000 m³/s 时主槽由淤转冲,由 2 000 m³/s 增加到 3 500 m³/s 时主槽冲刷量大为增加,滩地淤积效果也较好。因此,从河道演变的角度考虑,利用漫滩洪水维持河槽的效果要远高于非漫滩洪水。

第七章　主要认识与建议

一、主要认识

(一)黄河河情

(1)2013 年流域汛期降雨偏多,但区域分布不均。干支流水沙量仍然偏少,但潼关水文站年沙量为近期较大值;山陕区间降雨偏多,但实测水沙量较少。

(2)2013 年黄河干流仅一场编号洪水,中游山陕区间汾川河新市河水文站、渭河支流千河千阳水文站、三小区间支流西阳河桥头水文站出现较大洪水,延安出现百年一遇降雨,延河甘谷驿水文站 25 日 12 时 24 分洪峰流量 926 m^3/s。

(3)水库对洪水具有显著的调节作用,龙羊峡水库、刘家峡水库和小浪底水库最大入库流量削峰率分别为 56%、26% 和 29%;三门峡水库库区淤积,运用年内潼关高程抬升0.18 m,其中非汛期淤积抬升 0.49 m,为 2003 年以来最大值,汛期下降 0.31 m,潼关高程仍保持在较低状态,渭河下游和北洛河继续冲刷。小浪底水库全年排沙比为 35.9%,库区淤积 2.826 亿 m^3,干支流分别占 56% 和 44%,库区淤积三角洲顶点推移减缓,三角洲尾部段比降变陡。

(4)黄河下游河道冲刷 1.330 亿 m^3,与小浪底水库运用以来年均冲刷 1.270 亿 m^3 基本持平,但利津水文站水位已经连续 4 a 下降不明显,泺口以下平滩流量恢复缓慢,目前最小平滩流量 4 200 m^3/s。宁蒙河段经过 2012 年大洪水以后,2013 年河道调整稳定,略有冲刷。宁蒙河道滩地阻水建筑物增多,对河道边界条件有一定改变。

(二)泾河东川流域近期水沙变化调查

(1)东川流域 2008 年以来水沙减幅偏小的主要原因是大暴雨洪水较多;水土保持治理措施弱、配置不合理;缺乏一定规模的淤地坝等拦沙工程措施;林草措施减水量和拦沙减蚀量呈下降趋势。同时,以石油开采、道路建设为代表的人为水土流失也是主要原因之一。

(2)东川流域目前存在的主要问题是:水土流失治理力度和水土保持措施治理标准都不够,措施配置不合理;生产建设项目人为水土流失尚未得到有效控制,水土流失预防监督力度不够。

(三)中游典型支流泥沙输移与沉积河道环境调查

(1)马莲河水库、橡胶坝等拦蓄工程建设对径流调控影响并不是很大,河道泥沙输移的水动力环境未因拦蓄工程调控发生明显变化;秃尾河水库拦蓄工程建设对径流调控影响较大,河道水动力明显降低。

(2)水库及橡胶坝拦沙、河道取水对调查的两条支流计算区间河道冲淤有一定影响。马莲河流域水库年均拦沙量占流域沙量的 1% 左右,秃尾河水库年均拦沙量占流域沙量的 3.7% 左右。两条支流在 1996 年后径流量开始明显减少,调查河段在 1996 年后也相应表现为淤积抬升的趋势。相对支流水库拦沙减淤而言,支流径流的减少及河道沿程取水对河道冲淤影响作用更大。

(四)汛前调水调沙模式

(1)汛前调水调沙有必要继续开展。

汛前调水调沙对下游河道冲刷作用显著、对艾山—利津河段作用更大。

汛前调水调沙异重流排沙对小浪底水库减淤作用显著,对下游河道淤积影响不大。

(2)近期汛前调水调沙可暂时取消第一阶段清水大流量泄放过程,继续开展人工塑造异重流排沙。

小浪底水库运用以来,随着下游河道的冲刷发展,河床粗化,河道冲刷效率逐步降低。全下游的年平均冲刷效率已经从 2004 年的 6.8 kg/m³ 降低到 2013 年的 1.7 kg/m³。汛前调水调沙清水大流量的冲刷效率从 2004 年的 16.8 kg/m³ 降低到 2013 年的 8.2 kg/m³。

汛前调水调沙的后期,人工塑造异重流排沙在下游河道发生淤积,主要集中在花园口以上河段,占全下游的 79%,淤积的泥沙中粗颗粒泥沙较少,仅占 17%。汛前调水调沙第二阶段人工塑造异重流对下游过流能力较小河段的影响不大,应继续开展。

(3)建议新形势下的汛前调水调沙模式为:不带清水大流量过程的以人工塑造异重流为核心的汛前调水调沙模式,与不定期开展带有清水大流量过程的人工塑造异重流的汛前调水调沙相结合。

(4)汛期利用自然洪水塑造有利水沙过程冲刷下游河道;非汛期尽量减少 800 ~ 1 500 m³/s 流量级历时和水量,以减少艾山—利津河段非汛期的淤积。

近两年非汛期小浪底水库下泄 800 ~ 1 500 m³/s(上冲下淤明显的流量级)流量天数显著增加,导致非汛期艾山—利津河段淤积加重。艾山—利津河段非汛期淤积的 0.05 mm 以上的粗颗粒泥沙,主要依靠汛前调水调沙第一阶段清水大流量过程冲刷。

(五)近期小浪底水库汛期调水调沙运用方式

(1)小浪底水库应加强汛期调水调沙。2007 年以来,汛期年均入库沙量 2.203 亿 t,占全年入库沙量的 81.2%,调水调沙调度期年均入库沙量为 2.066 亿 t,占全年入库沙量的 76.1%;主汛期年均入库沙量 1.136 亿 t,占调水调沙调度期 55.0%。汛期年均出库沙量为 0.398 亿 t,排沙比为 18.1%;调水调沙调度期年均出库沙量为 0.396 亿 t,排沙比为 19.2%,细泥沙排沙比为 28.4%;主汛期排沙比为 33.8%。

(2)随着全沙排沙比的增加,各分组沙的排沙比也在增大。当全年排沙比接近 60% 时,入库细泥沙基本全部排泄出库。

(3)主汛期潼关流量为 1 500 ~ 2 600 m³/s 时小浪底入库沙量最为集中。2007 年以来,调水调沙调度期三门峡水文站年均沙量为 2.066 亿 t,主汛期三门峡水文站年均沙量占调水调沙调度期沙量 2.066 亿 t 的 45.0% 以上。主汛期潼关流量为 1 500 ~ 2 600 m³/s 时沙量最为集中,为 0.697 亿 t,占该时段来沙量的 61.3%。主汛期潼关流量介于 1 500 ~ 2 600 m³/s 时,潼关沙量均超过 0.3 亿 t,三门峡沙量更大,均在 0.8 亿 t 以上。

(4)主汛期小浪底入库沙量集中在潼关流量大于 1 500 m³/s 且含沙量超过 50 kg/m³ 的洪水过程。

(5)高含沙洪水时段的排沙效果直接影响到整场洪水的排沙效果。在水沙、地形条件一定的情况下,要想取得较好的洪水排沙效果,不仅要在高含沙洪水运行至回水末端之前降低库水位以缩短库区壅水输沙距离,还要保证运行至坝前的高含沙洪水能够及时排泄出库。

(6)目前的地形为取得较好的水库排沙效果提供了必要条件。2013年10月三角洲顶点移至距坝11.42 km的HH09断面,其顶点高程为215.06 m。调水调沙排沙期的库水位接近或低于215 m时,形成的异重流在三角洲顶点附近潜入,由于三角洲顶点距坝短,形成异重流之后很容易排沙出库;同时三角洲洲面发生溯源冲刷,洲面冲刷的泥沙补充形成异重流的沙源,可以提高水库排沙效果。

(六)宁蒙河道水沙组合对河道冲淤的影响

(1)三湖河口—头道拐河段处于宁蒙河道的最下段,大流量低含沙洪水是冲刷的必要条件。在含沙量较低(下河沿站含沙量小于7 kg/m³)条件下,流量(下河沿站)分别为1 500 ~ 2 000 m³/s、2 000 ~ 2 500 m³/s、大于2 500 m³/s时,河段是冲刷的,冲刷效率分别为0.5 kg/m³、0.9 kg/m³和1.1 kg/m³;而流量减少到小于500 m³/s、500 ~ 1 000 m³/s和1 000 ~ 1 500 m³/s时,在三湖河口以上冲刷的较粗泥沙在三湖河口以下发生淤积,导致出现"上冲下淤"现象,三个流量级的淤积效率分别为0.3 kg/m³、1.0 kg/m³和0.2 kg/m³,500 ~ 1 000 m³/s流量级的淤积强度最大。

(2)1986年以来龙刘水库将洪水期较大流量调为平均过程下泄,造成三湖河口以下1 500 m³/s以上流量历时仅占全年的1.5%,减少了该河段多输沙或冲刷的机会,而淤积强度最大的500 ~ 1 000 m³/s流量级历时却达到全年的63%。因此,龙刘水库调节年内流量过程对三湖河口以下河道造成双重影响,在全年近65%的时间内都是增淤的。

(3)大流量缺失、平水期历时增加是其主要原因,孔兑来沙偏多是三湖河口—头道拐河段淤积量大的重要原因之一。

(4)在2012年大漫滩洪水"淤滩刷槽",有效增大主槽过流能力(平滩流量增大200 ~ 600 m³/s)以后,2013年河道略有冲刷调整,河道过流能力变化不大,目前三湖河口—头道拐河段仍是宁蒙河道现状过流能力最小的河段。

二、建议

(一)关于水土保持方面的建议

(1)继续加大水土保持综合治理力度,提高坝库配置比例。

东川流域近期生态修复、封禁治理、坡耕地改造等大规模水土保持生态建设虽然减水减沙作用比较明显,但在遭遇连续强降雨的情况下,流域来沙量出现增大趋势,洪水最大含沙量仍然较高。因此,今后需要在"保护优先"的原则下,继续加大流域南部重点治理区水土保持综合治理力度,尤其是需要提高坝库配置比例。

(2)加强人为水土流失预防监督,杜绝陡坡耕种。

鉴于东川流域石油资源富集,油井开采、道路修筑等引起的人为水土流失严重,必须加强预防监督工作,并采取切实措施防治井场道路的水土流失。同时,要坚决杜绝流域上游部分地区存在的陡坡耕种现象,加强流域北部重点监督区水土流失预防监督工作。

(3)适度开展"坡改梯"工程。

东川流域截至 2013 年底梯田面积已达 366 240 亩,流域总人口约 13.0 万人,人均梯田面积已经达到 2.8 亩/人,建议今后以退耕还林和生态修复为主,适度开展"坡改梯"工程。

（4）尽快治理山体滑坡、崩塌。

东川流域"2013·7·9—15"暴雨造成的地质灾害非常严重,共发生山体滑坡 403处,崩塌 82 处,泥石流 135 处。如果以后再发生特大暴雨,这些土体进入河道后势必增加流域来沙量。建议尽快治理流域滑坡、崩塌,可在发生滑坡、崩塌的坡面上部补栽根系较发达的灌木或乔木,以增加植物根系的固土黏结力;同时在体积较大的滑坡、崩塌体上栽种林草植被,抑制滑坡和崩塌的再次发生,最大限度降低次生灾害。

（二）对 2014 年汛前调水调沙模式的建议

（1）建议 2014 年开展以人工塑造异重流排沙为主体的汛前调水调沙试验。在之前调水调沙模式的基础上,取消汛前调水调沙第一阶段的清水大流量过程,保留第二阶段人工塑造异重流排沙过程。

在目前水沙条件和下游河道河床粗化冲刷效率降低的条件下,若不实施汛前调水调沙清水大流量下泄过程,艾山—利津河段全年将会由冲刷状态转为基本平衡状态,下游最小过流能力基本能够维持。

（2）建议不定期开展带有清水大流量过程的汛前调水调沙,以下游最小过流能力不低于 4 000 m³/s 来控制,当最小过流能力接近 4 000 m³/s 时,开展汛前调水调沙清水大流量过程;流量接近下游最小平滩流量时,水量以河道需要冲刷扩大的量级来控制。

在目前水沙条件和下游河道河床粗化、冲刷效率降低的条件下,不实施汛前调水调沙清水大流量下泄过程,艾山—利津河段将会由冲刷状态转为基本冲淤平衡状态。但是,若不开展汛前调水调沙第一阶段清水大流量过程,粒径大于 0.05 mm 的粗颗粒泥沙在艾山—利津河段发生持续淤积,最终导致该河段全年将由冲淤平衡转为淤积。随着来水来沙条件的变化,下游河道在一定时段内可能发生淤积,最小过流能力可能降低。为此需要不定期开展带有清水大流量过程的汛前调水调沙,塑造和维持下游的中水河槽。

（3）建议在汛期发生自然洪水的来水较丰年份,小浪底水库对自然洪水进行调节再塑造,使得进入下游的流量为全下游均可发生冲刷（2 600～4 000 m³/s）,适时塑造和维持下游河道的过流能力。同时,减少非汛期下泄 800～1 500 m³/s 流量级的历时,以减少非汛期艾山—利津河段的淤积。

（三）对汛期调水调沙运用方式的建议

（1）按照《小浪底水利枢纽拦沙后期（第一阶段）运用调度规程》,实施"蓄满造峰""相机造峰""高含沙洪水"调控运用。2014 年小浪底水库汛限水位为 230 m,至最低运用水位 210 m 之间的蓄水量约 10 亿 m³,在中游不发生洪水的条件下,加上河道来水,也基本满足蓄满造峰的水量要求,建议头道拐水文站出现较大流量过程时,小浪底水库开始进行调水调沙,塑造对黄河下游塑槽有利的洪水过程。

同时建议,在小浪底水库水位降至 210 m 后时,三门峡水库敞泄排沙,小浪底水库维持 210 m 排沙,并尽量延长小水情况下的排沙历时,使水库多排沙、多排对下游河道淤积影响很小的细颗粒泥沙,以减缓水库的淤积、维持较大的有效库容,并提高水库拦沙减淤效益。当三门峡水库敞泄 1 d 且出库含沙量小于 50 kg/m³时,小浪底水库按满足灌溉、发电用水并考虑下游河道生态用水要求控制出库流量。

(2)需要进一步加强小浪底水库对汛期小洪水期调水调沙的试验研究,使水库尽量多排沙。为此,建议当中游发生流量大于 1 500 m³/s、含沙量大于 100 kg/m³量级洪水,三门峡水库敞泄排沙时,小浪底水库按黄河下游塑槽需求塑造洪水过程,待水位降至 210 m 时,同汛前调水调沙运用。

(3)在后汛期 8 月 21 日至 9 月 30 日相机进行调水调沙。2014 年后汛期汛限水位 248 m 以下库容 37.4 亿 m³,水库蓄水量较大。根据近期水沙条件分析,8 月 21 日之后水量较丰,蓄满造峰的机遇增加。当下游河道前期发生较大淤积,且上游来水较丰时,相机进行调水调沙,小浪底水库按下游最小平滩流量泄水,可塑造对维持黄河下游河槽更为有利的流量过程。

(4)建议加强对坝前浑水水库、入库浑水及其运动状态的观测,适时开启排沙洞排泄坝前高含沙浑水,以减少细颗粒泥沙在库区的淤积。

(四)对宁蒙河道泥沙治理及水库调控的建议

(1)在龙刘水库(群)开发任务主要是灌溉、发电等的前提下,恢复洪水期 1 500 m³/s 以上大流量过程、平水期压减流量至 500 m³/s 以下,以减少三湖河口—头道拐河段淤积的目标较难实现,因此需要在宁蒙河道上游建设承担转换兴利与水资源综合利用任务的节点水库,通过对其上游水库群下泄流量过程的反调节,减少宁蒙河道,重点是三湖河口—头道拐河段的淤积,维持宁蒙河道的防洪防凌安全、长治久安。

(2)孔兑来沙对三湖河口—头道拐河段冲淤影响最大,减少孔兑和支流来沙是减缓宁蒙河道淤积的根本之策,建议加强黄河上游十大孔兑水利水土保持等综合治理力度。

(3)漫滩洪水具有"淤滩刷槽"作用,其恢复和维持河槽的效果远高于非漫滩洪水,因此在河槽具备一定过流能力、进入河槽维持阶段,可以考虑利用节点水库进行上游洪水泥沙的多年调节:枯水年份不泄放洪水,遭遇上游较大洪水时调节洪水过程形成高效塑槽的漫滩洪水。

此方案需要调节能力较大的节点水库,同时若与南水北调西线工程结合,能更好地开发利用上游水资源。

第二部分　专题研究报告

第一专题 2013 年黄河河情变化特点

　　根据报汛资料,分析了 2012—2013 年的黄河情势。本年度河情主要特点为:汛期山陕区间降雨偏多,但实测水沙量较少,潼关年水沙量分别为 311.05 亿 m^3、3.040 亿 t;支流延河流域内延安出现百年一遇降雨,甘谷驿站洪峰流量 926 m^3/s;水库对洪水径流具有显著的调节作用,龙羊峡、刘家峡和小浪底水库削峰率分别为 56%、26% 和 17%,实测最大日均流量兰州和花园口分别减少 55% 和 26%;三门峡水库库区淤积,全年潼关高程抬升 0.18 m。小浪底水库年排沙比为 36%,库区淤积 2.826 亿 m^3,干支流分别占 56% 和 44%,库区淤积三角洲顶点推移减缓,三角洲尾部段比降变陡;西霞院水库以下河道冲刷泥沙 1.33 亿 m^3,但利津已经连续 4 a 下降不明显,泺口以下平滩流量恢复缓慢,目前下游最小平滩流量 4 200 m^3/s,位于彭楼—陶城铺河段;宁蒙河段经过 2012 年大洪水以后,2013 年河道趋于稳定,略有冲刷调整。

第一章 黄河流域降雨及水沙特点

一、流域汛期降雨偏多,区域不均匀

(一)主要来沙区降雨偏多

根据黄河水情报汛资料统计,2013 年 7—10 月黄河流域降雨量 375 mm,较多年(1956—2000 年,下同)同期均值偏多 9%;降雨量区域分布不均,兰州—龙门区间以及泾渭河(泾河和渭河,下同)、北洛河地区降雨量较多年均值偏多,龙门以下地区除大汶河区域外均偏少。山陕区间降雨量偏多 65%,兰州—托克托区间(简称兰托区间)、北洛河偏多 28%~33%,泾渭河、汾河偏多 15%~18%;伊洛河和小花干流均偏少 44%,龙三区间干流偏少 24%,三小区间、黄河下游均偏少 15%,兰州以上、沁河偏少 5% 左右(见图 1-1)。

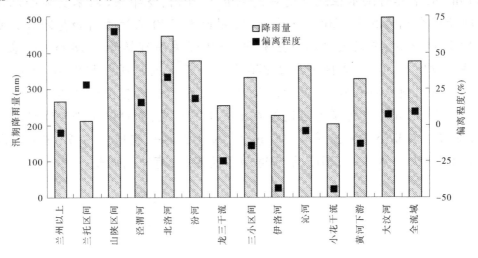

图 1-1　2013 年汛期黄河流域各区间降雨量

汛期降雨量最大值发生在山陕区间南片的延河甘谷驿,降雨量为 898 mm(见表 1-1)。

(二)降雨偏多月份

由表 1-1 可看出,6 月全流域降雨量 60 mm,较多年同期偏多 12%,其中兰托区间和山陕区间分别偏多 146% 和 48%。

7 月全流域降雨量 229 mm,占汛期降雨量的 61%,较多年同期偏多 133%。7 月降雨量除小花干流区间偏少外,其余区域不同程度偏多(见图 1-2),特别是山陕区间、泾渭河、北洛河偏多程度超过 100%。其中,山陕区间降雨量达到 275 mm,偏多程度达到 172%。

表1-1　2013年黄河流域区间降雨量

区域	6月				汛期各月降雨量（mm）				汛期			
	雨量（mm）	距平（%）	最大雨量 量值（mm）	最大雨量 地点	7月	8月	9月	10月	雨量（mm）	距平（%）	最大雨量 量值（mm）	最大雨量 地点
兰州以上	67	-6	112	黑林（二）	115	74	64	14	267	-6	497	下巴沟
兰托区间	67	146	141	红山口	92	63	49	8	212	28	438	店上村
山陕区间	76	48	204	阳坪	275	90	96	17	478	65	898	甘谷驿
泾渭河	66	2	245	社棠	233	57	89	25	404	15	686	麦积山
北洛河	45	-23	101	荔原堡	290	59	77	20	446	33	654	荔原堡
汾河	77	28	164	静乐	227	59	71	21	378	18	503	京香
龙三干流	26	-57	60	张留庄	187	32	15	20	254	-24	512	关谷庙
三小区间	25	-60	50	曹村	257	32	8	34	331	-14	741	下川
伊洛河	36	-51	133	张坪	154	28	10	35	227	-44	497	张坪
沁河	45	-35	157	五龙口	271	36	29	26	362	-5	651	白狐峪
小花干流	39	-36	74	黄庄	130	26	9	39	204	-44	460	石塔子
黄河下游	19	-72	53	添口	261	46	9	10	326	-14	510	添口
大汶河	40	-54	90	雪野水库	393	85	14	4	496	7	796	鹿野
全流域	60	12	245	社棠	229	62	62	22	375	9	898	甘谷驿

注：表中均值为1956—2000年。

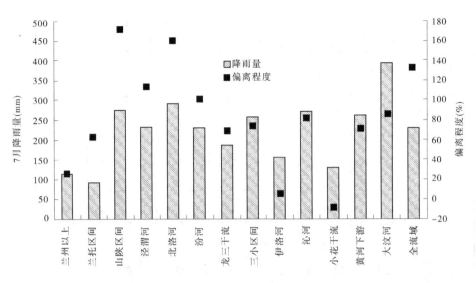

图 1-2　2013 年 7 月黄河流域各区间降雨量

　　7 月山陕区间降雨量主要集中在山陕区间南片的延河、清涧河和汾川河,甘谷驿站 7 月 3 日降雨量达到 89 mm,延川站 7 月 11 日降雨量达到 132 mm,临镇站 7 月 9 日降雨量达到 85 mm。

　　(三)典型降雨过程

　　2013 年汛期黄河流域发生 10 次明显降雨,其中 5 次在 7 月,3 次在 8 月。

　　(1)7 月 3 日,兰州以上、山陕区间部分地区,泾渭河局部降中到大雨,个别暴雨;三花区间局部地区降大到暴雨,个别大暴雨,沁河董封雨量站日雨量 150 mm;黄河下游大部降小到中雨,个别大雨。

　　(2)7 月 7—9 日,黄河流域中下游出现一次降雨过程。8 日山陕区间、泾渭洛河和黄河下游降中到大雨,局部暴雨,个别雨量站大暴雨;9 日,黄河中游山陕区间、泾渭洛河上游、汾河上游降中到大雨,个别站暴雨,伊洛河上游、三小区间和沁河降大到暴雨,个别站大暴雨,其中西阳河下川雨量站 9 日日雨量 158 mm。

　　(3)7 月 17—18 日,再次出现一次降雨过程。17 日黄河流域普降小到中雨,其中山陕区间南部、泾渭洛河、汾河上游降大到暴雨,三小区间局部暴雨,个别大暴雨;18 日龙三干流个别站大到暴雨,三花区间部分降中到大雨,局部暴雨,黄河下游部分地区降小到中雨,局部大到暴雨,大汶河部分地区降大到暴雨。

　　(4)7 月 21—22 日,黄河中游出现一次较强降雨过程。21 日山陕区间、泾渭洛河部分地区降中到大雨,局部暴雨到大暴雨,灵台雨量站日雨量 194 mm;22 日山陕区间、泾渭河部分地区,龙三干流和三花间大部降小到中雨,局部大到暴雨,北洛河、汾河部分地区和黄河下游大部降大到暴雨。

　　(5)7 月 24—26 日,山陕区间、泾渭洛汾河部分地区降小到中雨,局部大到暴雨;25 日,山陕区间、泾渭洛汾河部分地区降小到中雨,局部大雨,个别站暴雨,其中北洛河黄陵站日雨量 139 mm,龙三干流、三小区间个别站降大到暴雨;黄河下游干流和大汶河个别站降中到大雨或暴雨;26 日,黄河上游大部、山陕区间、泾渭洛河、汾河部分地区降小到中雨,局部大到暴雨。

(6)8月10—11日,黄河流域出现一次降雨过程。10日兰州以上部分地区降小到中雨,个别站暴雨;兰托区间、山陕区间、泾渭河、汾河局部降小到中雨,个别站大雨;11日山陕区间、泾渭洛河汾河和龙三干流部分地区降小到中雨,个别站暴雨到大暴雨,清凉寺沟师庄雨量站日雨量103 mm;三花区间部分地区降小到中雨,局部大雨;黄河下游和大汶河部分地区降中到大雨。

(7)8月21日,黄河上游局部地区降小到中雨,个别站大暴雨,北川河桥头雨量站日雨量174 mm,为有资料以来最大值;山陕区间局部小到中雨,个别站大到暴雨,窟野河桑盖雨量站日雨量95 mm。

(8)8月23—24日,黄河中游出现一次降雨过程。23日泾渭洛汾河局部降小到中雨,个别大到暴雨,泾河花所镇雨量站日雨量97 mm;24日山陕区间大部、泾渭河局部降小到中雨,个别站大雨;北洛河部分、汾河大部、伊洛河局部降小到中雨。

(9)9月15—17日,黄河流域山陕区间北部出现一次降雨过程,大部分地区降大到暴雨,个别站降大暴雨。15日降雨主要集中在无定河和黄河干流吴堡水文站附近,最大日雨量为湫水河寨则坪雨量站75 mm;16日雨区北移,降雨主要集中在窟野河、秃尾河和黄河干流府谷水文站附近,最大日雨量为榆溪河乌兰陶勒盖雨量站110 mm;17日山陕区间降雨减弱,主雨区继续北移。

(10)9月18日,黄河中游大部分地区再降中到大雨,局部暴雨。雨区主要集中在泾渭河上中游地区。其中,渭河林家村至魏家堡干流两侧及支流千河流域降暴雨,暴雨区面积约6 000 km^2,最大日雨量为渭河赤沙镇雨量站84 mm。

二、流域水沙特点

(一)流域水沙仍然偏少

2013年干流主要控制水文站唐乃亥、头道拐、龙门、潼关、花园口和利津等站年水量分别为199.23亿 m^3、212.09亿 m^3、247.48亿 m^3、311.05亿 m^3、348.44亿 m^3 和258.80亿 m^3(见表1-2),与多年平均相比,除兰州站和小浪底站略偏多外,其余偏少程度在10%左右(见图1-3)。

表1-2　2013年黄河流域主要控制水文站水沙量统计

站名	全年		汛期		汛期占年(%)	
	水量 (亿 m^3)	沙量 (亿 t)	水量 (亿 m^3)	沙量 (亿 t)	水量	沙量
唐乃亥	199.23	0.111	109.91	0.091	55	82
兰州	331.06	0.133	144.74	0.112	44	84
头道拐	212.09	0.612	91.27	0.366	43	60
吴堡	235.18	0.449	105.51	0.373	45	83

站名	全年		汛期		汛期占年(%)	
	水量 (亿 m³)	沙量 (亿 t)	水量 (亿 m³)	沙量 (亿 t)	水量	沙量
龙门	247.48	1.848	120.73	1.759	49	95
三门峡入库	323.20	3.569	171.66	3.376	53	95
潼关	311.05	3.040	159.22	2.608	51	86
三门峡	322.66	3.954	174.29	3.947	54	100
小浪底	363.96	1.420	133.70	1.420	37	100
进入下游	382.57	1.426	144.28	1.426	38	100
花园口	348.44	1.204	132.62	0.957	38	79
夹河滩	339.07	1.561	135.87	1.208	40	77
高村	334.31	1.812	132.38	1.211	40	67
孙口	326.32	1.806	135.61	1.238	42	69
艾山	310.61	1.980	137.07	1.367	44	69
泺口	286.04	1.922	134.00	1.441	47	75
利津	258.80	1.785	130.85	1.359	51	76
华县	60.87	1.432	39.27	1.336	65	93
河津	8.71	0.007	6.31	0.004	72	57
湺头	6.08	0.277	5.35	0.277	88	100
黑石关	11.65	0	4.43	0	38	
武陟	6.95	0.006	6.15	0.006	88	100

注:表中三门峡入库为龙门+华县+河津+湺头,进入下游为小浪底+黑石关+武陟。

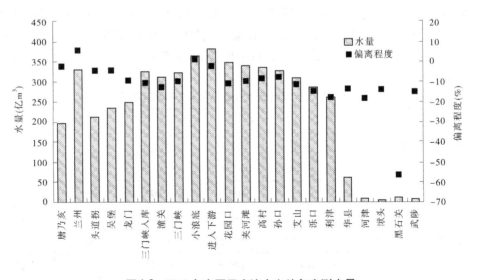

图1-3 2013年主要干支流水文站年实测水量

主要支流控制水文站华县(渭河)、河津(汾河)、湺头(北洛河)、黑石关(伊洛河)、武陟(沁河)来水量分别为60.87亿 m³、8.71亿 m³、6.08亿 m³、11.65亿 m³和6.95亿 m³,与多年平均相比,除黑石关偏少56%外,其余偏少14%~18%。

干流沙量主要控制水文站头道拐、龙门、潼关、花园口和利津等年沙量分别为0.612亿 t、1.848亿 t、3.040亿 t、1.204亿 t 和1.785亿 t(见表1-2),较多年均值分别偏少44%、76%、75%、88%和78%(见图1-4)。

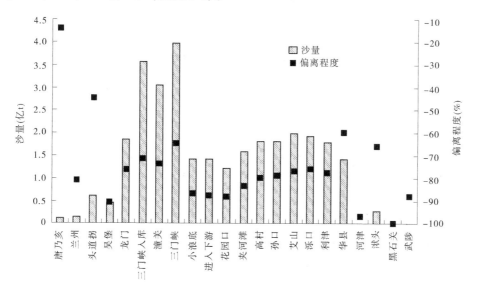

图1-4　2013年主要干支流水文站年实测沙量

主要支流控制水文站华县(渭河)和湺头(北洛河)年沙量分别为1.432亿 t 和0.277亿 t,较多年均值分别偏少为60%和66%。

2013年潼关年沙量3.040亿 t,为2006年以来最大值(见图1-5)。

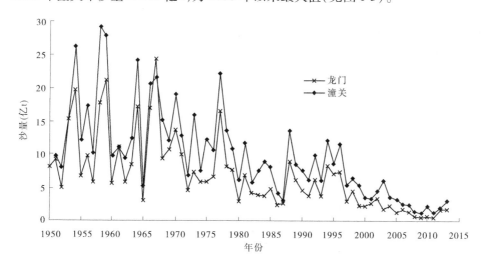

图1-5　龙门和潼关水文站历年实测沙量过程

(二)主要水文站流量级分布

2013 年全年龙门以上干流各水文站未发生 4 000 m³/s 以上日流量过程,潼关、花园口、利津 4 000 m³/s 以上日流量级历时分别为 1 d、1 d 和 4 d(见表 1-3),均出现在 7 月。唐乃亥、兰州、头道拐、龙门、潼关、花园口和利津小于 1 000 m³/s 日流量级历时占全年的比例分别为 88%、45%、84%、73%、64%、64% 和 81%,与上年的 73%、43%、74%、67%、61%、32% 和 84% 相比,明显增加;而 7 个水文站 3 000 m³/s 以上日流量级历时分别为 0 d、0 d、0 d、0 d、7 d、23 d 和 28 d,与上年的 7 d、9 d、1 d、2 d、19 d、16 d 和 8 d 相比,潼关以上减少,花园口以下明显增加。

表 1-3　2013 年干流主要水文站各流量级出现天数　　　　　(单位:d)

时段	流量级 (m³/s)	唐乃亥	兰州	头道拐	龙门	潼关	花园口	利津
全年	<1 000	323	165	308	265	235	235	295
	1 000~2 000	23	200	57	99	107	93	34
	2 000~3 000	19	0	0	1	16	14	8
	3 000~4 000	0	0	0	0	6	22	24
	≥4 000	0	0	0	0	1	1	4
汛期	<1 000	86	18	83	46	34	79	82
	1 000~2 000	18	105	40	76	66	19	12
	2 000~3 000	19	0	0	1	16	11	6
	3 000~4 000	0	0	0	0	6	14	19
	≥4 000	0	0	0	0	1	0	4

(三)干流仅一场编号洪水,部分支流出现较大洪水

2013 年主要水文站全年最大流量除头道拐、吴堡出现在桃汛期,小浪底和花园口、夹河滩出现在汛前调水调沙期间外,其余基本出现在 7 月(见图 1-6)。

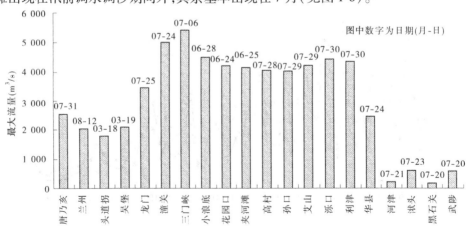

图 1-6　2013 年主要水文站最大流量

汛期出现多次洪水过程,但其中编号洪水仅一场,即黄河上游唐乃亥7月31日22分出现第1号洪峰2 560 m³/s,中游山陕区间汾川河新市河水文站7月25日11时45分出现洪峰1 750 m³/s、三小区间支流西阳河桥头水文站7月10日7时42分出现洪峰1 750 m³/s,均为建站以来最大洪水。延河流域延安水文站出现百年一遇降雨,甘谷驿水文站25日12时24分洪峰流量926 m³/s(详见本专题第七章延河流域2013年7月暴雨情况调查),受7月21—22日降雨影响,渭河支流千河千阳水文站7月22日6时36分洪峰流量1 370 m³/s,为有实测资料以来的第2位,咸阳水文站23日7时48分洪峰流量3 210 m³/s。陇海线天水至宝鸡间铁路21日发生泥石流漫道等次生灾害,22日陇海线天水至兰州间甘谷段也出现多处险情,21趟列车停运。

1. 上游洪水

受持续降雨影响,自7月8日起黄河河源区各主要水文站流量缓慢上涨,7月31日22时30分,唐乃亥洪峰流量达2 560 m³/s,为2013年黄河第1号洪水,洪水经过龙羊峡水库和刘家峡水库调蓄后,加上区间来水,兰州8月7日21时18分最大流量达到2 000 m³/s(见图1-7)。

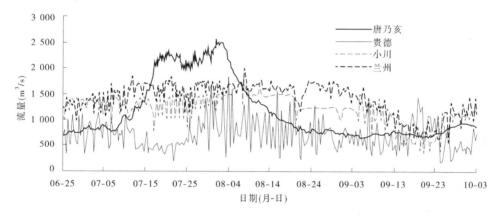

图1-7 2013年上游洪水过程

2. 山陕区间洪水

汛期龙门洪峰流量2 000 m³/s以上的洪水有4场(见图1-8),洪峰流量分别为2 360 m³/s、3 010 m³/s、3 400 m³/s和2 020 m³/s。

受降雨影响,清涧河延川水文站洪峰流量685 m³/s(7月12日7时18分),最大含沙量598 kg/m³(7月12日8时);昕水河大宁水文站洪峰流量220 m³/s(7月12日14时),最大含沙量462 kg/m³(7月12日15时18分);延水河甘谷驿水文站洪峰流量630 m³/s(7月12日15时),最大含沙量250 kg/m³(7月12日15时)。干流来水及未控区间来水汇合后传播至龙门,洪峰流量达到2 360 m³/s(13日2时48分),最大含沙量127 kg/m³(7月13日8时18分)。

黄河干流府谷水文站7月19日11时6分洪峰流量1 600 m³/s,支流延水河甘谷驿水文站7月22日10时12分洪峰流量420 m³/s,汾川河新市河水文站洪峰流量364 m³/s(7月22日16时18分),仕望川大村水文站洪峰流量267 m³/s(7月22日21时42分),干支流来水汇合后传播至龙门,洪峰流量达到3 110 m³/s(7月22日19时24分),最大含沙

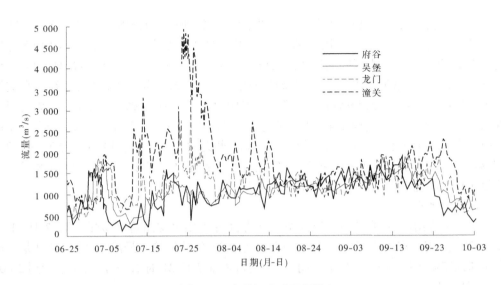

图 1-8　2013 年黄河山陕区间洪水

量 99.4 kg/m³(7 月 23 日 2 时)。

受 7 月 24—25 日山陕南部强降雨影响,山陕区间南部数条支流涨水,其中汾川河临镇水文站洪峰流量 500 m³/s(7 月 25 日 9 时 50 分),为 1975 年以来最大洪水,最大含沙量 658 kg/m³(7 月 25 日 8 时);新市河水文站洪峰流量 1 750 m³/s(7 月 25 日 11 时 45 分),为 1966 年建站以来最大洪水,最大含沙量 338 kg/m³(7 月 25 日 16 时 54 分);屈产河裴沟水文站洪峰流量 335 m³/s(25 日 14 时 36 分),最大含沙量 587 kg/m³(7 月 25 日 14 时 36 分);清涧河延川水文站洪峰流量 512 m³/s(25 日 10 时 12 分),最大含沙量 452 kg/m³(7 月 25 日 9 时 30 分);延水河甘谷驿水文站洪峰流量 926 m³/s(25 日 12 时 24 分),最大含沙量 400 kg/m³(7 月 25 日 14 时);昕水河大宁水文站洪峰流量 430 m³/s(25 日 16 时 28 分),最大含沙量 568 kg/m³(7 月 25 日 17 时)。干支流来水及未控区间来水汇合后传播至龙门,洪峰流量达到 3 400 m³/s(25 日 16 时 30 分),最大含沙量 257 kg/m³(7 月 26 日 0 时)。干流洪水加上渭河洪水退水,黄河潼关洪峰流量 4 510 m³/s(26 日 14 时)。

受 8 月 10—11 日降雨影响,山陕区间南部部分支流涨水,清凉寺沟杨家坡水文站 11 日 16 时 46 分洪峰流量 410 m³/s,漱水河林家坪 11 日 20 时洪峰流量 160 m³/s,延水河甘谷驿水文站 11 日 13 时 42 分洪峰流量 205 m³/s,无定河白家川水文站 12 日 6 时 18 分洪峰流量 370 m³/s,干支流来水及未控区间来水汇合后传播至黄河龙门水文站,12 日 16 时 6 分洪峰流量 2 020 m³/s。干流洪水加上渭河洪水,黄河潼关水文站 13 日 14 时洪峰流量 2 280 m³/s。

3. 泾渭河洪水

2013 年汛期渭河华县洪峰流量大于 1 500 m³/s 的洪水有 2 场(见图 1-9),分别为 2 470 m³/s 和 1 640 m³/s。

受 7 月 21—22 日降雨影响,渭河上游林家村 7 月 22 日 16 时 36 分洪峰流量 2 020 m³/s,渭河支流千河千阳水文站 7 月 22 日 6 时 36 分洪峰流量 1 370 m³/s,为有实测资料以来第 2 位,渭河魏家堡水文站 22 日 18 时 12 分洪峰流量 2 640 m³/s,咸阳水文站 23 日

7 时 48 分洪峰流量 3 210 m³/s。其时泾河桃园水文站 23 日 8 时 36 分洪峰流量 1 010 m³/s，最大含沙量 414 kg/m³。泾渭河洪水交汇，渭河临潼水文站 23 日 21 时洪峰流量 3 910m³/s，华县水文站洪峰流量2 470 m³/s(24 日 13 时)，最大含沙量 94 kg/m³(7 月 24 日 8 时)。

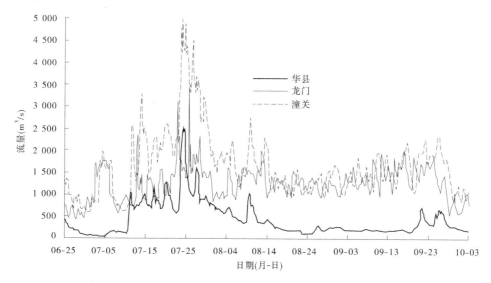

图 1-9　2013 年渭河洪水过程

受 7 月 24—25 日降雨影响，渭河上游林家村水文站 7 月 26 日 4 时洪峰流量 730 m³/s，魏家堡水文站 26 日 11 时洪峰流量 998 m³/s，咸阳水文站 26 日 23 时 12 分洪峰流量 1 270 m³/s；泾河桃园水文站 26 日 15 时 30 分洪峰流量 763 m³/s，最大含沙量 271 kg/m³。泾渭河洪水汇合，渭河临潼水文站 27 日 7 时 30 分洪峰流量 1 460 m³/s，华县水文站 27 日 17 时 6 分洪峰流量 1 530 m³/s，最大含沙量 74.4 kg/m³(7 月 28 日 20 时)。

汛期中游潼关水文站洪峰流量大于 3 000 m³/s 的洪水有 2 场(见图 1-9)，分别为 3 300 m³/s、4 990 m³/s。

7 月 14 日 1 时 9 分潼关水文站出现第一场洪水，洪峰流量为 3 300 m³/s，最大含沙量 79.9 kg/m³(7 月 12 日 14 时)，该场洪水主要来源于山陕区间的支流，龙门水文站最大洪峰流量2 360 m³/s；7 月 23 日 23 时 36 分潼关水文站出现第二场洪水，洪峰流量 4 990 m³/s，该场洪水主要来源于山陕区间的支流以及渭河流域，其中龙门水文站最大洪峰流量 3 450 m³/s，渭河华县水文站最大洪峰流量 2 470 m³/s。

4.三花间洪水

7 月 8—9 日三小区间部分地区降大到暴雨，局部大暴雨。受强降雨影响，三小区间支流西阳河桥头水文站出现 1996 年建站以来最大洪水，7 月 10 日 7 时 42 分洪峰流量 1 370 m³/s。

7 月 17—18 日，三花区间部分降中到大雨，局部暴雨。受降雨影响，沁河润城水文站 7 月 19 日 9 时 16 分洪峰流量 580 m³/s，五龙口水文站 19 日 17 时 24 分洪峰流量 610 m³/s，武陟水文站 7 月 20 日 12 时洪峰流量 570 m³/s。

5. 大汶河洪水

7 月 29 日大汶河部分地区降大到暴雨,受其影响,大汶河北支北望水文站 7 月 30 日 7 时洪峰流量 948 m³/s,大汶河临汶水文站 30 日 9 时洪峰流量 1 100 m³/s,戴村坝水文站站 31 日 3 时洪峰流量 950 m³/s。受进库洪水影响,东平湖水库向黄河泄洪,历时 32 d,水量 9.30 亿 m³,最大日均流量 524 m³/s(8 月 1 日)。

6. 花园口站洪水

花园口站大于 3 000 m³/s 的洪水有两场(见图 1-10),分别出现在小浪底水库汛前调水调沙期和汛期防洪运用期间。第一场主要为小浪底水库泄水,第二场主要来自潼关以上。

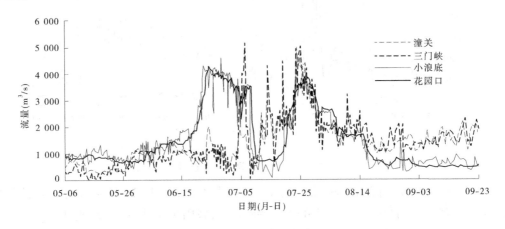

图 1-10　黄河下游洪水过程

三、汛期山陕区间降雨偏多、实测水沙量偏少

河龙区间汛期降雨量 478 mm,实测水量(1998 年以后为河曲—龙门,1998 年以前为河口镇—龙门,沙量区间相同)26.37 亿 m³,实测沙量 1.637 亿 t,与多年(1956—2000 年)平均相比,降雨量偏多 65%,实测来水量偏少 7%,实测来沙量偏少 74%。

1969 年以前降雨量—实测水量、实测水量—实测沙量有着较好的相关关系,实测水量随着降雨量、实测沙量又随着实测水量的增减而增减(见图 1-11、图 1-12)。2000 年以后降雨量与实测水量关系改变,同一降雨量条件下,实测水量减少;随着降雨量增加,实测水量增加很少(见图 1-11)。2013 年降雨量为 2000 年以来最大值,但实测水量仅是 1969 年以前相同降雨量下的 37%。

2000 年以前各时期河龙区间实测水沙关系基本在同一趋势带,但 2000 年以后实测水沙关系明显分带,相同水量条件下沙量显著减少(见图 1-12)。2013 年降雨量与实测水量关系虽然偏离,但水沙关系仍然符合 2000 年以来的变化规律。

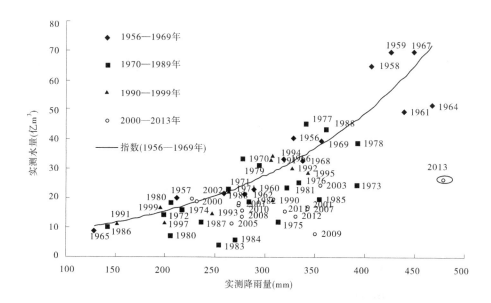

图 1-11　汛期河龙区间降雨量与水量关系

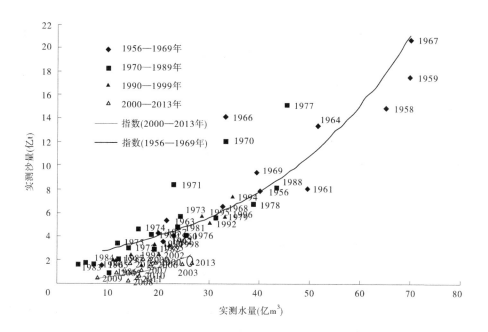

图 1-12　汛期河龙区间水沙关系

第二章　主要水库调蓄对干流水量的影响

截至 2013 年 11 月 1 日,黄河流域八座主要水库蓄水总量 302.04 亿 m³(见表 2-1),其中龙羊峡水库、刘家峡水库和小浪底水库蓄水量分别为 208.08 亿 m³、26.24 亿 m³ 和 51.21 亿 m³,分别占蓄水总量的 69%、9% 和 17%。与上年同期相比,蓄水总量减少 61.91 亿 m³,主要是龙羊峡水库和小浪底水库减少,其减少量分别占总减少量的 40% 和 54%。

表 2-1　2013 年主要水库蓄水情况　　　　　　　　　　(单位:亿 m³)

水库	2013 年 11 月 1 日蓄水量	非汛期蓄水变量	汛期蓄水变量	年蓄水变量	前汛期蓄水变量	后汛期蓄水变量
龙羊峡	208.08	-54.86	29.94	-24.92	29.86	0.08
刘家峡	26.24	5.23	-3.39	1.84	-1.63	-1.76
万家寨	0.65	-0.92	-1.78	-2.70	-2.20	0.42
三门峡	4.61	0.05	0.57	0.62	-3.48	4.05
小浪底	51.21	-74.79	40.90	-33.89	17.39	23.51
东平湖老湖	3.74	-0.06	0.59	0.53	0.86	-0.27
陆浑	3.26	-1.03	-0.87	-1.90	-0.30	-0.57
故县	4.25	-1.38	-0.11	-1.49	-0.18	0.07
合计	302.04	-127.76	65.85	-61.91	40.32	25.53

注:"-"为水库补水。

一、龙羊峡水库运用及对洪水的调节

龙羊峡水库是多年调节水库。2013 年 11 月 1 日库水位 2 589.43 m,相应蓄水量 208.08 亿 m³,较上年同期水位下降 6.81 m,蓄水量减少 24.92 亿 m³。该水库全年最低水位 2 580.11 m,最高水位 2 596.30 m(见图 2-1),较上年最低(2 579.02 m)和最高(2 596.29 m)水位分别高出 1.09 m 和 0.01 m。8 月 5 日至 9 月 30 日长达 57 d 超过汛限水位(2013 年预案值),其中前汛期超过 27 d,最高水位 2 589.44 m(8 月 30 日),超过汛限水位 1.44 m;9 月超过 30 d,最高水位 2 589.61 m(9 月 16 日),超过汛限水位 1.61 m。全年运用分三个阶段:2012 年 11 月 1 日至 2013 年 5 月 25 日,主要为防凌、发电、灌溉运用,库水位由 2 596.42 m 下降到 2 580.11 m,水库补水 56.58 亿 m³;5 月 26 日至 7 月 9 日,库水位变化不大;7 月 10 日至 11 月 1 日,防洪蓄水运用,库水位由 2 580.57 m 上升到 2 589.24 m,水库蓄水量增加 30.17 亿 m³。

龙羊峡水库前汛期进库最大日流量 2 460 m³/s(8 月 2 日),经过水库调节,相应出库

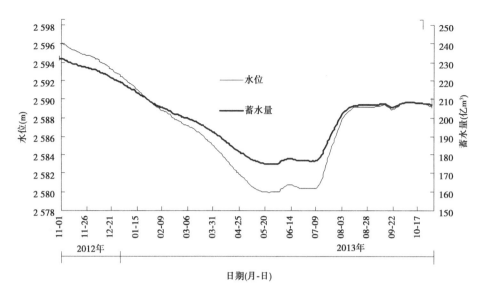

图 2-1 2013 年龙羊峡水库蓄水量、水位变化过程

最大日流量 1 070 m³/s(8 月 3 日),削峰率 56%(见图 2-2),洪水历时 42 d,进库洪量 55.84 亿 m³,相应出库洪量 26.10 亿 m³,削洪率 53%。

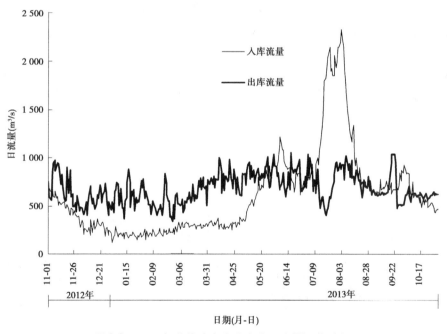

图 2-2 2013 年龙羊峡水库进出库日流量调节过程

二、刘家峡水库运用及对洪水的调节

刘家峡水库是不完全年调节水库。2013 年 11 月 1 日库水位 1 721.5 m,相应蓄水量 26.24 亿 m³,较上年同期水位上升 1.84 m,蓄水量增加 1.84 亿 m³,全年最低水位 1 719.97 m,最高水位 1 734.09 m(见图 2-3),较上年最低(1 719.61 m)升高 0.36 m,较上

年最高(1 734.65 m)下降0.56 m。8月3—13日和9月19—30日超过汛限水位(2013年预案值),其中9月27日水位1 730.33 m,超过汛限水位3.33 m。

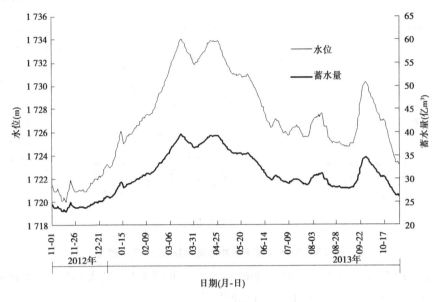

图2-3　2013年刘家峡水库库水位、蓄水量变化过程

　　刘家峡水库出库过程主要根据防凌、防洪、灌溉和发电需要控制。由图2-4可以看出,2012年11月1—15日为考虑封河需要,出库流量1 100 m³/s左右,并于11月上旬末将刘家峡库水位降至1 721 m左右,2012年11月16—25日为保证内蒙古河段封河安全,出库流量由1 080 m³/s下降到550 m³/s,2012年11月25日至2013年2月15日出库流

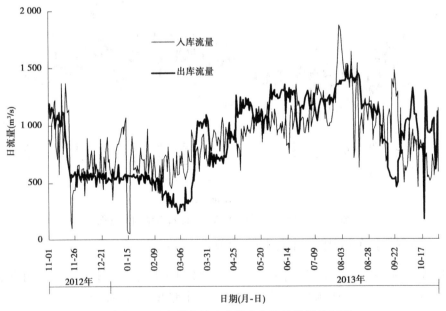

图2-4　2013年刘家峡水库进出库日流量调节过程

量 550 m³/s 左右,2013 年 2 月 16 日至 3 月 15 日为开河运用,出库流量在 350 m³/s 左右。2013 年 3 月 16 日至 5 月 20 日为满足宁蒙河段用水,出库流量在 1 000 m³/s 左右。2013 年 5 月 21 日至 6 月 30 日为迎接汛期防洪,出库流量在 1 300 m³/s 左右。

汛期进库 3 场洪水日最大流量分别为 1 870 m³/s(7 月 31 日)、1 640 m³/s(8 月 12 日)、1 480 m³/s(9 月 21 日),经过水库调节,相应出库流量分别为 1 390 m³/s、1 480 m³/s、545 m³/s,削峰率分别为 26%、10% 和 63%。

三、万家寨水库运用及对洪水的调节

万家寨水库主要任务是发电和灌溉,对水沙过程的调节主要在桃汛期、调水调沙期和灌溉期。

宁蒙河段开河期间,头道拐站形成了较为明显的桃汛洪水过程,洪峰流量为 1 820 m³/s,最大日均流量为 1 730 m³/s。为了配合利用桃汛洪水过程冲刷降低潼关高程,在确保内蒙古河段防凌安全的情况下,利用万家寨水库蓄水量(见图 2-5)及龙口水库配合进行补水,其间共补水约 2.16 亿 m³,出库(河曲水文站)最大瞬时流量 2 570 m³/s,最大日均流量1 860 m³/s(见图 2-6)。

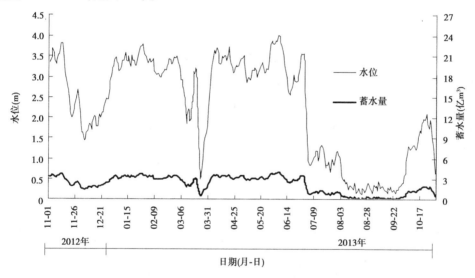

图 2-5　2013 年万家寨水库库水位、蓄水量变化

在调水调沙期,为冲刷三门峡库区非汛期淤积泥沙,塑造三门峡水库出库高含沙水流过程,以增加调水调沙后期小浪底水库异重流后续动力,自 6 月 29 日 16 时起,万家寨水库与龙口水库联合调度运用,出库流量按 1 500 m³/s 均匀下泄,直至万家寨水库水位降至966 m,龙口水库水位降至汛限水位 893 m 后,按不超汛限水位控制运用。7 月 2 日晚万家寨水库、龙口水库均已降至汛限水位以下,转入正常防洪运用。从 6 月 29 日 16 时至 7 月 3 日 8 时,出库流量控制在 1 500 m³/s 左右,大流量下泄历时约 88 h。

四、三门峡水库运用及对洪水的调节

2013 年三门峡水库运用原则仍为非汛期水位按 318.0 m 控制,汛期平水期控制水位

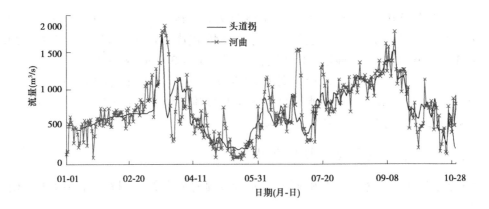

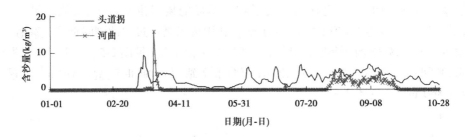

图 2-6　2013 年万家寨水库进出库水沙过程

不超过 305 m、流量大于 1 500 m^3/s 敞泄排沙。非汛期平均蓄水位 317.57 m,最高日均水位 319.17 m。桃汛冲刷潼关高程试验期间,水库降低水位运用,最低降至 313.64 m。汛期坝前平均水位 306.83 m,其中从 7 月 4 日开始配合调水调沙到 10 月 8 日的平均水位为 304.61 m。

非汛期水库蓄水运用,进出库流量过程较为接近(见图 2-7),进库(潼关,下同)含沙量范围在 0.5~17.3 kg/m^3,进库泥沙基本淤积在库内。

小浪底水库调水调沙期,利用三门峡水库 318 m 以下蓄水量塑造洪峰,7 月 4—7 日,进库最大瞬时流量为 2 060 m^3/s,最大瞬时含沙量为 3.8 kg/m^3,出库最大瞬时流量为 5 430 m^3/s,最大日均流量为 3 900 m^3/s,水库基本泄空,水位降低后开始排沙,出库最大瞬时含沙量 274 kg/m^3,最大日均含沙量为 119 kg/m^3,排沙比为 2 473%。汛期平水期按 305 m 控制运用,进出库流量及含沙量过程均差别不大;洪水期水库敞泄运用时(坝前水位低于 300 m),进出库流量相近,而出库含沙量远大于进库,其余时段进出库含沙量变化不明显(见图 2-8),表 2-2 为低水位时进出库含沙量对比。

表 2-2　2013 年水库敞泄进出库含沙量对比

项目	7 月 7 日	7 月 14 日	7 月 19 日	7 月 26 日
坝前最低水位(m)	290.42	293.61	294.44	298.63
出库最大含沙量(kg/m^3)	119.0	103.0	164.0	71.2
相应进库含沙量(kg/m^3)	3.53	41.8	30.7	41

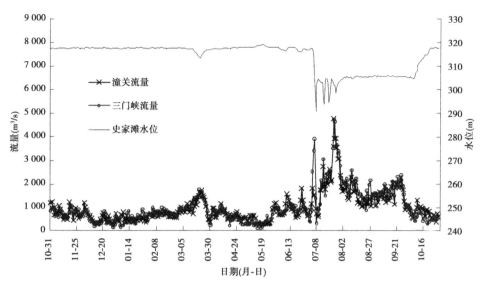

图 2-7   2013 年三门峡水库进出库流量和蓄水位过程

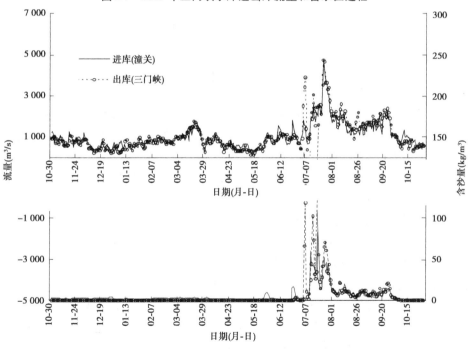

图 2-8   2013 年三门峡水库进出库日均流量、含沙量过程

五、小浪底水库运用及对洪水的调节

2013 年小浪底水库以满足黄河下游防洪、减淤、防凌、防断流以及供水等为主要目标,进行了防洪和春灌蓄水、调水调沙及供水等一系列调度。2013 年水库日均最高水位达到 270.04 m(11 月 19 日),为历年同时期日均水位的最高值,日均最低水位达到 212.19 m(7 月 4 日),库水位及蓄水量变化过程见图 2-9。

2013 年水库运用可划分为三个大的阶段:

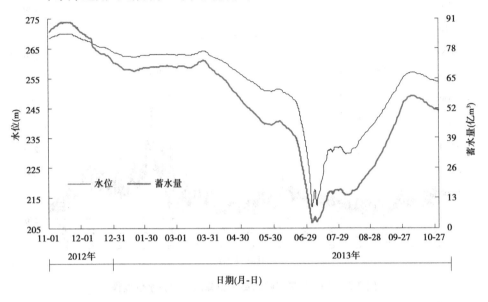

图 2-9　2013 年小浪底水库库水位及蓄水量变化过程

第一阶段 2012 年 11 月 1 日至 2013 年 6 月 19 日,水库以蓄水、防凌、供水为主。其中,2012 年 11 月 1—20 日,水库蓄水,水位最高达到 270.04 m,相应蓄水量 89.62 亿 m³。2012 年 11 月 21 日至 2013 年 1 月 12 日,为保证黄河下游工农业生产、城市生活及生态用水,水库向下游补水,补水 20.66 亿 m³,蓄水量减至 68.94 亿 m³,库水位降至 262.35 m。2013 年 1 月 13 日至 3 月 26 日,库水位保持在 262 m 左右,蓄水量维持在 68.19 亿~72.7 亿 m³。2013 年 3 月 27 日至 6 月 19 日,水库再次向下游补水,至 6 月 19 日,水库补水 33.29 亿 m³,蓄水量减至 39.30 亿 m³,库水位降至 247.18 m,下降 16.72 m。

第二阶段 6 月 19 日至 7 月 9 日为汛前调水调沙生产运行期。该阶段分为水库清水下泄期和排沙期。小浪底水库清水下泄期从 2013 年 6 月 19 日 8 时至 7 月 3 日 8 时,水库加大清水下泄流量,冲刷并维持下游河槽过洪能力,至 7 月 3 日 8 时人工塑造异重流开始时,坝上水位已由 247.38 m 降至 217.12 m,水位下降 30.26 m,蓄水量由 39.30 亿 m³ 降至 4.69 亿 m³,下泄水量 34.61 亿 m³。随着小浪底库水位的不断降低,在三门峡水库下泄 500 m³/s 左右流量的作用下便有异重流排沙出库,7 月 2 日 8 时小浪底站含沙量 1.95 kg/m³,7 月 3 日 20 时该站含沙量 17.4 kg/m³,其间最大含沙量未超过 20 kg/m³。7 月 3 日 8 时三门峡水库开始加大泄量进行人工塑造异重流,到人工塑造异重流正式开始前(7 月 4 日 0 时),小浪底水库排泄低含沙浑水的持续历时达 40 h。三门峡水库下泄大流量开始后,小浪底水库出库含沙量逐步增加,7 月 4 日 14 时 30 分小浪底水库出库含沙量达到阶段性最大,为 101.0 kg/m³,7 月 4 日 15 时小浪底出库流量增至 2 610 m³/s。本时段形成的高含沙异重流使前期形成的异重流得到持续。其间库水位一度降至 211.93 m(7 月 4 日 10 时),对应最小蓄水量 2.65 亿 m³;至 7 月 9 日 0 时调水调沙结束,小浪底水库库水位为 212.42 m,蓄水量为 2.81 亿 m³,比调水调沙期开始时减少 36.49 亿 m³。汛前调水调沙期间,进库最大流量 5 430 m³/s,出库最大流量 4 490 m³/s(见表 2-3),削峰率 17%。

表 2-3　2013 年小浪底水库洪水期进出库水沙特征参数

特征参数			汛前调水调沙 6 月 19 日至 7 月 9 日		汛期洪水 7 月 11 日至 8 月 22 日	
			进库	出库	进库	出库
水量(亿 m³)			21.69	58.34	86.04	66.60
沙量(亿 t)			0.384	0.632	2.973	0.785
流量	瞬时	最大值(m³/s)	5 430	4 490	5 360	3 800
		出现时间	7 月 6 日 6 时 24 分	6 月 28 日 10 时 18 分	7 月 24 日 20 时	7 月 23 日 10 时 24 分
	日均	最大值(m³/s)	3 900	4 040	4 740	3 590
		出现时间	7 月 6 日	6 月 23 日	7 月 24 日	7 月 26 日
	时段平均(m³/s)		1 195	3 215	2 315	1 792
含沙量	瞬时	最大值(kg/m³)	274	103	366	77
		出现时间	7 月 6 日 18 时	7 月 8 日 3 时	7 月 19 日 6 时	7 月 19 日 10 时
	日均	最大值(kg/m³)	119.0	60.4	164.0	34.2
		出现时间	7 月 7 日	7 月 8 日	7 月 19 日	7 月 19 日
	时段平均(kg/m³)		17.7	10.8	34.6	11.8
库水位	最大值(m)/出现时间		247.30/6 月 19 日 8 时		236.23 /8 月 22 日 20 时	
	最小值(m)/出现时间		211.93/7 月 4 日 10 时		216.56/7 月 11 日 0 时	
	日均起止水位(m)		247.18 ~ 212.96		216.97 ~ 236.08	

第三阶段 7 月 9 日至 10 月 31 日。水库以蓄水为主,前汛期蓄水 17.39 亿 m³,占进库水量的 16%,至 10 月 7 日 8 时,水位上升至 256.83 m,相应蓄水量 57.25 亿 m³。其中,7 月 18 日至 8 月 10 日,水位基本维持在 230 m 左右;10 月 8—31 日,水库向下游供水 5.96 亿 m³,水位下降 2.98 m。洪水期间,坝前最高水位 236.23 m,进库最大流量 5 360 m³/s,出库最大流量 3 800 m³/s(见表 2-3),削峰率 29%。

经过小浪底水库调节,进出库流量及含沙量过程发生了较大的改变。图 2-10 为小浪底水库进出库日均流量、含沙量过程。

2013 年日均进库流量大于 3 000 m³/s 流量级出现天数为 10 d,主要出现在 7 月下旬,最长持续 7 d,最大日均进库流量 4 740 m³/s(7 月 24 日)。水库排沙集中出现在汛前调水调沙期和汛期洪水期间,最长持续 99 d,最大日均含沙量 164.0 kg/m³(7 月 6 日)。进出库各级流量及含沙量持续时间及出现天数见表 2-4 及表 2-5。

出库流量小于 1 000 m³/s 的天数有 220 d(见表 2-4),主要集中在非汛期和汛期 8 月

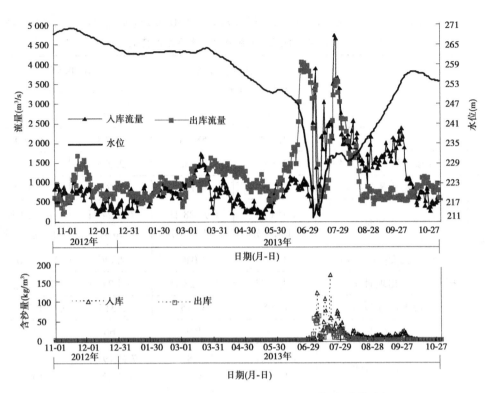

图 2-10　2013 年小浪底水库进出库日均流量、含沙量过程

16 日以后;流量介于 1 000 ~ 2 000 m³/s 的时段主要集中在春灌期 3—5 月;出库流量大于 2 000 m³/s 的天数有 35 d,主要集中在汛前调水调沙期和汛期洪水期间,年内最大日均出库流量 4 040 m³/s(6 月 23 日)。年内小浪底水库大部分时间下泄清水,水库下泄清水天数达到 313 d,年内排沙天数为 52 d(见表 2-5),最大日均出库含沙量为 60.4 kg/m³(7 月 8 日)。

表 2-4　2013 年小浪底水库进出库各级流量持续时间及出现天数　　　　　(单位:d)

流量级(m³/s)		$Q \leqslant 500$	500 ~ 800	800 ~ 1 000	1 000 ~ 2 000	2 000 ~ 3 000	> 3 000
进库	出现	84	84	79	79	29	10
	持续	13	9	9	15	6	7
出库	出现	11	128	81	110	12	23
	持续	4	21	7	39	7	13

注:表中持续天数为全年该级流量连续出现最长时间。

表 2-5　2013 年小浪底水库进出库含沙量持续时间及出现天数　　　　　(单位:d)

含沙量级 (kg/m³)	> 100		50 < S ≤ 100		0 < S ≤ 50		0	
	持续	出现	持续	出现	持续	出现	持 续	出现
进库	1	3	3	6	76	96	237	260
出库	0	0	1	2	45	50	243	313

注:表中持续天数为全年该级含沙量连续出现最长时间。

六、大型水库运用对干流水量的调节

龙羊峡水库、刘家峡水库控制了黄河径流主要来源区,对整个流域水量影响比较大,小浪底水库是黄河水沙的重要控制枢纽,对下游水沙影响比较大。将这三大水库 2013 年蓄泄水量还原后可以看出(见表 2-6),龙羊峡、刘家峡两库非汛期共补水 49.63 亿 m³,汛期蓄水 26.55 亿 m³,头道拐汛期实测水量 91.27 亿 m³,占头道拐水文站年水量比例 43%,如果没有龙羊峡、刘家峡两库调节,汛期水量为 117.82 亿 m³,汛期水量占全年的比例可以增加到 62%。

表 2-6 2013 年水库运用对干流水量的调节

项目	非汛期(亿 m³)	汛期(亿 m³)	年(亿 m³)	汛期占年(%)
龙羊峡水库蓄泄水量	-54.86	29.94	-24.92	
刘家峡水库蓄泄水量	5.23	-3.39	1.84	
龙羊峡、刘家峡两库合计	-49.63	26.55	-23.08	
头道拐水文站实测水量	120.82	91.27	212.09	43
还原两库后头道拐水量	71.19	117.82	189.01	62
小浪底水库蓄泄水量	-74.79	40.90	-33.89	
花园口水文站实测水量	215.82	132.62	348.44	38
利津水文站实测水量	127.95	130.85	258.80	51
还原龙羊峡、刘家峡、小浪底水库后花园口水量	91.40	200.07	291.47	69
还原龙羊峡、刘家峡、小浪底水库后利津水量	3.53	198.30	201.83	98

花园口和利津汛期实测水量分别为 132.62 亿 m³ 和 130.85 亿 m³,分别占年水量的 38% 和 51%,如果没有龙羊峡水库、刘家峡水库和小浪底水库调节,花园口和利津汛期水量分别为 200.07 亿 m³ 和 198.30 亿 m³,占全年比例分别为 69% 和 98%。特别是利津非汛期实测水量 127.95 亿 m³,如果没有龙羊峡水库、刘家峡水库和小浪底水库调节,仅有 3.53 亿 m³,可见水库联合调度发挥了巨大的经济社会和生态环境效益。

考虑龙羊峡水库、刘家峡水库和小浪底水库调控水流的传播时间,初步还原水库调蓄流量(见图 2-11)可以看出,兰州最大日均流量 3 656 m³/s(8 月 2 日),相应实测流量 1 640 m³/s,洪峰流量减少了 55%;花园口最大日均流量 5 061 m³/s(7 月 26 日),相应实测流量 3 770 m³/s,洪峰流量减少了 26%。

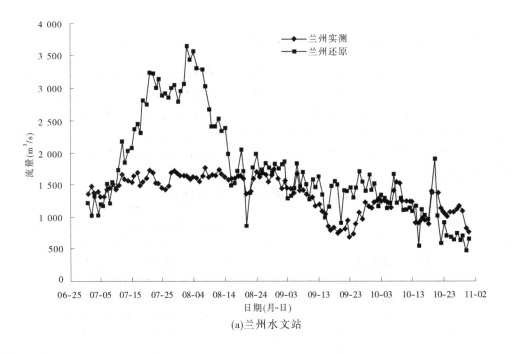

(a)兰州水文站

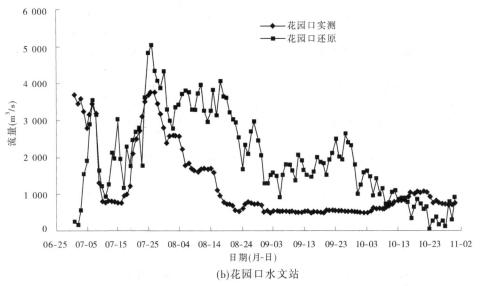

(b)花园口水文站

图 2-11　2013 年汛期流量过程

第三章 三门峡水库冲淤及潼关高程变化

一、水库排沙情况

根据进出库水沙资料统计,2013 年三门峡水库全年进库沙量 3.040 亿 t,排沙量为 3.954 亿 t,其中汛期占 99.8%。

非汛期排沙主要发生在小浪底水库调水调沙期间的 6 月 26—30 日。

三门峡水库汛期排沙量为 3.947 亿 t,水库排沙比 151%,汛期排沙量取决于流量过程和水库敞泄程度。不同时段排沙情况见表 3-1。2013 年水库进行了 4 次敞泄排沙,第一次敞泄为小浪底水库调水调沙期,其余 3 次均发生在进库流量较大的汛期 7 月 10 日至 8 月 6 日洪水过程中,且敞泄过程与大流量过程基本对应。第一次为 7 月 6 日降低水位泄水,出库含沙量显著增大,7 月 7 日库水位在 300 m 以下,2 d 水库排沙 0.368 亿 t,排沙比高达 6 133%,其余 3 次敞泄时段排沙比分别为 240%、415% 和 131%,敞泄期平均排沙比 223%。从洪水期排沙情况看,7 月 12—21 日有 2 次坝前水位低于 300 m 过程,时段出库沙量为 1.232 亿 t,排沙比为 166%;7 月 23—29 日洪水过程中,坝前水位在 298.63 ~ 303.53 m,出库沙量为 1.134 亿 t,排沙比为 125%;8 月 7—15 日洪水过程,坝前水位 304.63 ~ 305.76 m,排沙比 123%;9 月 14—18 日洪水,坝前水位在 305.61 ~ 305.84 m,排沙比 203%。4 次洪水过程出库总沙量为 2.65 亿 t,占汛期出库沙量的 67%,平均排沙比为 143%。在 7—9 月的平水期,进库流量多在 1 000 ~ 2 000 m³/s,含沙量低,虽然水库按 305 m 控制运用,库区仍有一定冲刷,10 月水库基本为蓄水运用,但进库沙量很少,基本没有排沙,平水期平均排沙比为 121%。敞泄期径流量 24.53 亿 m³,仅占汛期水量的 15.4%,但排沙量占汛期的 53.5%,库区冲刷量占汛期的 87%;洪水期排沙量占汛期的 91%,库区冲刷 1.276 亿 t,占汛期冲刷的 95.3%。

可见,2013 年三门峡水库排沙主要集中在汛期洪水期,敞泄期库区冲刷量大,排沙效率高,排沙比大于 100%。

表 3-1 2013 年汛期三门峡水库排沙统计

日期 (月-日)	水库 运用 状态	史家滩 平均水 位(m)	潼关		三门峡		输沙率法 冲淤量 (亿 t)	排沙比 (%)
			水量 (亿 m³)	沙量 (亿 t)	水量 (亿 m³)	沙量 (亿 t)		
07-01—05	蓄水	316.78	5.25	0.015	6.63	0.003	0.012	20
07-06—07	敞泄	297.06	2.17	0.006	4.57	0.368	−0.362	6 133
07-08—13	控制	303.49	6.50	0.202	6.38	0.134	0.068	66
07-14—15	敞泄	294.62	4.10	0.173	4.60	0.416	−0.243	240

日期 （月-日）	水库 运用 状态	史家滩 平均水 位(m)	潼关		三门峡		输沙率法 冲淤量 （亿 t）	排沙比 （%）
			水量 （亿 m³）	沙量 （亿 t）	水量 （亿 m³）	沙量 （亿 t）		
07-16—18	控制	304.27	5.13	0.261	5.54	0.169	0.092	65
07-19—20	敞泄	295.54	4.27	0.115	4.32	0.477	-0.362	415
07-21—22	控制	304.23	3.67	0.051	4.04	0.078	-0.027	153
07-23	滞洪	303.05	3.11	0.052	3.04	0.085	-0.033	163
07-24—27	敞泄	300.84	14.00	0.651	14.43	0.850	-0.199	131
07-28—29	滞洪	303.30	5.30	0.205	5.79	0.199	0.006	97
07-30—06	控制	304.86	12.78	0.214	15.03	0.285	-0.072	133
08-07—15	控制	305.32	13.50	0.170	15.82	0.210	-0.040	124
08-16—09-13	控制	305.59	33.58	0.235	39.83	0.328	-0.093	140
09-14—18	控制	305.73	7.08	0.036	8.01	0.073	-0.037	203
09-19—29	控制	305.59	16.25	0.167	18.10	0.250	-0.083	150
09-30—10-08	控制	305.17	6.43	0.026	6.89	0.020	0.006	77
10-09—31	蓄水	314.84	16.11	0.028	11.28	0	0.028	0
敞泄期		297.78	24.53	0.945	27.92	2.112	-1.166	223
非敞泄期		307.63	134.69	1.663	146.39	1.835	-0.172	110
汛期		306.83	159.22	2.608	174.31	3.947	-1.338	151

二、库区冲淤变化

(一)潼关以下冲淤调整

根据大断面测验资料，2013 年潼关以下库区非汛期淤积 0.506 亿 m³，汛期冲刷 0.104 亿 m³，年内淤积 0.402 亿 m³。

图 3-1 为沿程冲淤强度变化。非汛期除黄淤 14—黄淤 17 断面有略微冲刷外，全河段均呈现淤积状态，淤积强度最大的河段位于黄淤 21—黄淤 29 断面，单位河长淤积量在 500 m³/m 以上，最大为 1 157 m³/m，黄淤 29—黄淤 33 断面淤积强度在 500 m³/m 左右，其余各河段淤积强度均在 500 m³/m 以下。汛期分别以黄淤 17 断面和黄淤 34 断面为界，黄淤 17—坝址河段为淤积，且淤积强度远大于非汛期，黄淤 17—黄淤 34 断面河段发生剧烈冲刷，与非汛期淤积强度偏大相对应，黄淤 34—黄淤 41 断面河段沿程冲淤交替发展，量值较小。从全年来看，除黄淤 17—坝址河段表现为较大幅度的淤积外，黄淤 17 断面以上河段沿程冲淤交替，变化幅度不大。

从各河段的冲淤量来看(见表 3-2)，黄淤 22—黄淤 36 库段具有非汛期淤积、汛期冲

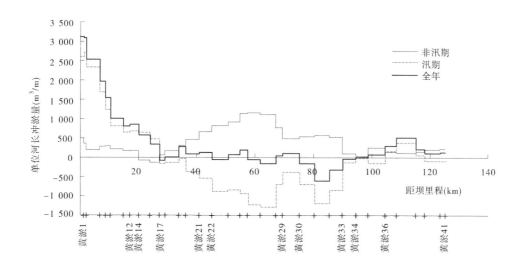

图 3-1   2013 年三门峡水库潼关以下库区冲淤量沿程分布

刷的特点,冲淤变化最大的河段在黄淤 22—黄淤 30,而其他各河段在汛期和非汛期均表现淤积。全年来看,除黄淤 30—黄淤 36 断面间为冲刷外,其他各库段均表现为淤积,其中大坝—黄淤 12 断面淤积量最大,为 0.311 亿 m³,占潼关以下库区的 77%;黄淤 22—黄淤 30 断面淤积量最小,仅 0.003 亿 m³。

表 3-2   2013 年潼关以下库区各河段冲淤量   (单位:亿 m³)

时段	大坝—黄淤 12	黄淤 12—黄淤 22	黄淤 22—黄淤 30	黄淤 30—黄淤 36	黄淤 36—黄淤 41	大坝—黄淤 41
非汛期	0.043	0.065	0.266	0.099	0.033	0.506
汛期	0.268	0.012	−0.263	−0.149	0.028	−0.104
全年	0.311	0.077	0.003	−0.050	0.061	0.402

（二）小北干流冲淤调整

2013 年小北干流河段非汛期冲刷 0.147 亿 m³,汛期淤积 0.180 亿 m³,全年共淤积 0.033 亿 m³。沿程冲淤强度变化如图 3-2 所示。

非汛期除黄淤 41—汇淤 2 断面及黄淤 63—黄淤 66 断面发生明显淤积以外,其他各河段多表现为不同程度的冲刷或微淤,其中黄淤 66—黄淤 68 断面冲刷强度最大,达 1 400 m³/m。汛期沿程冲淤变化与非汛期基本相反,非汛期淤积的河段发生冲刷,冲刷的河段发生淤积,如黄淤 41—汇淤 2、以及黄淤 62—黄淤 66 断面。全年来看,沿程冲淤交替发展,其中黄淤 66 断面以上冲刷强度最大,黄淤 60—黄淤 62 断面淤积强度最大。同时还可以看出,各河段除个别断面冲淤强度大于 500 m³/m 外,大多数断面冲淤强度均在 500 m³/m 以下。

从各河段的冲淤量来看(见表 3-3),非汛期各河段均为冲刷,且自上到下沿程呈递减趋势,汛期黄淤 59—黄淤 68 和黄淤 45—黄淤 50 断面淤积量均较大,全年看上段黄淤 59—

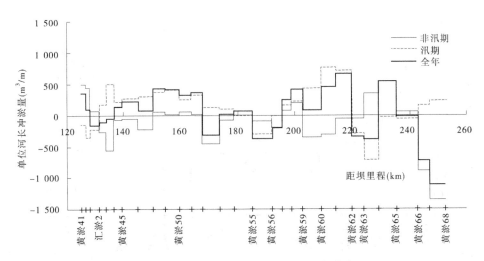

图 3-2 2013 年小北干流河段冲淤量沿程分布

黄淤 68 断面为冲刷,其余河段均表现为淤积,其中黄淤 45—黄淤 50 断面淤积量最大。

表 3-3 2013 年小北干流各河段冲淤量 （单位:亿 m³)

时段	黄淤 41—黄淤 45	黄淤 45—黄淤 50	黄淤 50—黄淤 59	黄淤 59—黄淤 68	黄淤 41—黄淤 68
非汛期	-0.007	-0.012	-0.025	-0.103	-0.147
汛期	0.010	0.069	0.030	0.071	0.180
全年	0.003	0.057	0.005	-0.032	0.033

图 3-3 为 1974 年以来小北干流冲淤量变化过程。从历年累计冲淤量来看,1986—2002 年基本为累计淤积过程,2002 年以后,表现为冲刷过程,但 2013 年小北干流河段略有淤积。

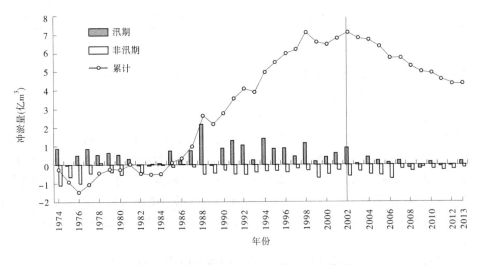

图 3-3 小北干流冲淤量变化过程(黄淤 41—黄淤 68)

(三)渭河及北洛河下游冲淤变化

1.渭河下游冲淤量及分布

根据渭河大断面测验资料,2013 年渭河下游非汛期冲刷 0.025 亿 m³,汛期冲刷 0.063 亿 m³,全年累计冲刷 0.088 亿 m³。沿程冲淤强度变化如图 3-4 所示。

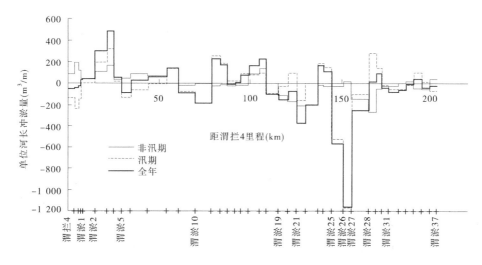

图 3-4　2013 年渭河河道冲淤量沿程分布

非汛期以渭淤 19 断面为界,渭淤 19—渭淤 37 河段以冲刷为主,渭淤 19 断面以下则以淤积为主,就整个河段而言,非汛期冲淤强度不大。汛期各河段有冲有淤,沿程冲淤交替发展,但总体冲淤调整强度大于非汛期,其中在渭淤 26—渭淤 27 断面滩地受挖沙取土的影响,冲刷强度达 1 169 m³/m。全年来看沿程同样表现为冲淤交替,其中渭淤 2—渭淤 5 断面淤积强度最大,渭淤 25—渭淤 27 断面冲刷强度最大。

2.北洛河下游河道冲淤量及分布

2013 年北洛河洛淤 21 断面以下非汛期冲刷 0.005 亿 m³,汛期冲刷 0.030 亿 m³,年内累计冲刷 0.035 亿 m³。冲淤强度变化如图 3-5。该河段的冲淤变化主要发生在汛期,以洛淤 9 为界,上段表现为淤积,下段则以冲刷为主;非汛期各河段冲淤调整很小。全年冲淤分布情况与汛期基本一致。

三、潼关高程年内抬升,但仍保持在较低状态

2012 年汛后潼关高程(指潼关 6 断面 1 000 m³/s 水位)为 327.37 m,非汛期总体淤积抬升,至 2013 年汛前为 327.86 m,淤积抬升 0.49 m,经过汛期的调整,总体冲刷下降 0.31 m,汛后潼关高程为 327.55 m,运用年内潼关高程抬升 0.18 m,年内潼关高程变化过程见图 3-6。

非汛期潼关河段基本不受水库变动回水的直接影响,主要受来水来沙条件和前期河床边界条件影响,基本处于自然演变状态。2012 年汛后潼关高程继续冲刷下降,在 11 月

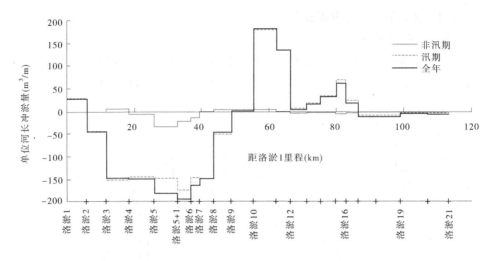

图 3-5　2013 年北洛河河道冲淤量沿程分布

上旬降至 327.21 m,然后开始逐渐回淤抬升,至 12 月初潼关高程升至 327.41 m。从 2013年初至桃汛前,潼关高程保持淤积抬升的趋势,累计抬升 0.22 m,达 327.63 m;之后在 3月上旬桃汛洪水到来之前降至 327.55 m。在桃汛洪水期(3 月 16—28 日),潼关高程在桃汛洪水作用下并没有出现明显的冲刷下降,反而淤积抬升了 0.05 m,这与前期河床边界条件等因子直接相关。桃汛后潼关高程继续抬升,至汛前潼关高程为 327.86 m,非汛期潼关高程累计上升 0.49 m。

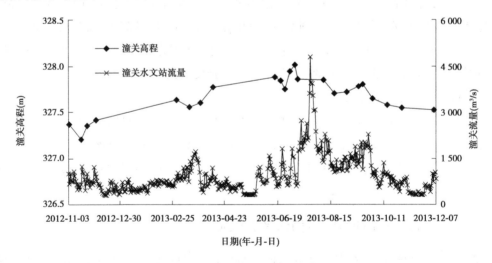

图 3-6　2013 年潼关高程、流量变化过程

在汛初调水调沙期间(7 月 1—9 日),洪水过程流量较小,平均流量为 1 308 m³/s,最大瞬时流量也仅为 1 810 m³/s,潼关高程表现较高,洪水过后为 328.01 m。从 7 月 10 日至 9 月 29 日,在较大的洪水作用下,潼关高程总体表现为冲刷下降,但潼关高程对 4 场洪水的响应过程则各有不同。7 月 10 日至 8 月 6 日洪水虽然洪峰流量大,且历时长,但洪

水前后潼关高程基本未变,产生这一现象的原因是在 7 月 18—22 日渭河和北洛河连续出现高含沙小洪水过程,造成干流洪水沙峰出现在洪峰之前,主槽淤积抬高,大洪水过程冲刷,保持了河床的相对平衡,潼关高程变化不明显。在 8 月 7—15 日洪水过程中,平均流量1 791 m³/s,潼关高程从 327.86 m 降至 327.70 m。在 9 月 14—18 日洪水期,潼关高程略有抬升,洪水后为 327.80 m。从 9 月 19—29 日洪水直至汛末,潼关高程处于冲刷降低状态,洪水后潼关高程下降 0.15 m,降至 327.65 m,到汛末潼关高程为 327.55 m。洪水期潼关高程累计降低 0.21 m,汛期潼关高程共下降 0.31 m,汛期潼关(六)水位流量关系见图 3-7。

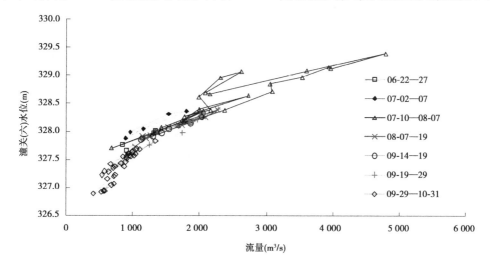

图 3-7 2013 年汛期潼关(六)水位流量关系

图 3-8 为历年潼关高程变化过程。自 1973 年三门峡水库实行蓄清排浑控制运用以来,年际间潼关高程经历了"上升—下降—上升"的往复循环,但总体上呈现淤积抬升的趋势;年内潼关高程基本上遵循非汛期抬升、汛期下降的变化规律。至 2002 年汛后,潼关高程为 328.78 m,达到历史最高值,此后,经过 2003 年和 2005 年渭河秋汛洪水的冲刷,潼

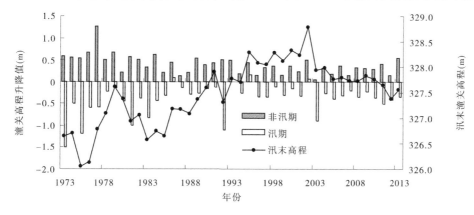

图 3-8 历年潼关高程变化过程

关高程有较大幅度的下降,恢复到 1993—1994 年的水平。2006 年以后开始的"桃汛试验"使得潼关高程保持了较长时段的稳定,2012 年在洪水作用下,潼关高程再次发生大幅下降,降至 327.38 m,为 1993 年以来的最低值,至 2013 年汛后潼关高程为 327.55 m,仍保持在较低状态。

由图 3-8 可以看出,2013 年非汛期潼关高程上升幅度是自 2003 年以来较大的年份。

第四章　小浪底水库库区冲淤变化

一、水库排沙

小浪底水库全年进、出库沙量分别为 3.954 亿 t、1.420 亿 t,进出库泥沙主要集中在汛前调水调沙期和洪水期。汛前调水调沙期和洪水期小浪底水库进库沙量分别为 0.384 亿 t、2.973 亿 t,分别占全年进库沙量的 10%、75%;相应排沙量分别为 0.632 亿 t、0.785 亿 t,分别占全年出库泥沙的 45%、55%;相应排沙比分别为 165%、26%,汛期排沙比为 36%。表 4-1 给出了小浪底水库汛前调水调沙期和洪水期进出库水沙特征值统计。

表 4-1　2013 年小浪底水库进出库水沙量

排沙时段	水量(亿 m³)		沙量(亿 t)		冲淤量(亿 t)	排沙比
	进库	出库	进库	出库		
汛前调水调沙 6 月 19 日至 7 月 9 日	21.69	58.34	0.384	0.632	−0.248	1.65
汛期洪水 7 月 11 日至 8 月 22 日	86.04	66.60	2.973	0.785	2.188	0.26
整个汛期 (7 月 1 日至 10 月 31 日)	174.29	133.70	3.947	1.420	2.527	0.36

二、库区冲淤

根据库区测验资料,利用断面法计算 2013 年小浪底全库区淤积量为 2.826 亿 m³(见表 4-2),利用沙量平衡法计算库区淤积量为 2.534 亿 t。由断面法计算结果可以得到,泥沙的淤积分布有以下特点:

表 4-2　2013 年各时段库区断面法淤积量　　　　　　　　　(单位:亿 m³)

淤积量分布	2012 年 10 月至 2013 年 4 月	2013 年 4 月至 2013 年 10 月	2012 年 10 月至 2013 年 10 月
干流	−0.191	1.780	1.589
支流	−0.170	1.407	1.237
合计	−0.361	3.187	2.826

(1)2013 年全库区泥沙淤积量为 2.826 亿 m³,其中干流淤积量为 1.589 亿 m³,支流淤积量为 1.237 亿 m³,干支流分别占 56% 和 44%。

(2)2013 年度内库区淤积全部集中于 4—10 月,淤积量为 3.187 亿 m³,其中干流淤积量 1.780 亿 m³,占该时期库区淤积总量的 55.86%。表 4-2 给出了断面法计算的 2013 年各时段库区干支流淤积量分布。可以看出,由于泥沙在非汛期密实固结,淤积面高程有所降低,在淤积量计算时显示为冲刷。

(3)全库区年内淤积主要集中在高程 210~230 m,其淤积量达到 2.615 亿 m³;除高程 255~265 m 外发生冲刷,冲刷量为 0.270 亿 m³(见图 4-1)。

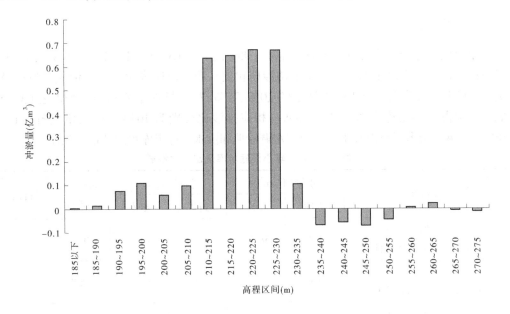

图 4-1 2013 年小浪底水库库区不同高程冲淤量分布

(4)由图 4-2 可以看出,2013 年 4—10 月,HH40 断面以上库段均发生不同程度冲刷;HH40 断面(距坝 69.39 km)以下,除 HH36—HH37 有少量冲刷外,其他库段均发生不同程度淤积,其中 HH03—HH15 断面(含支流)淤积量为 2.101 亿 m³,是淤积的主体。2012 年 10 月至 2013 年 4 月库区大部分河段尤其是库区中下段为冲刷。

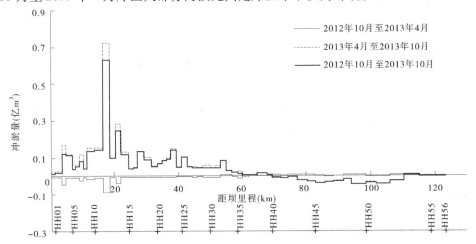

图 4-2 2013 年小浪底水库库区断面间冲淤量分布(含支流)

小浪底水库库区汇入支流较多,平面形态狭长弯曲,总体上是上窄下宽。距坝 68 km 以上为峡谷段,河谷宽多在 500 m 以下;距坝 65 km 以下宽窄相间,河谷宽多在 1 000 m 以上,最宽处约 2 800 m。一般按此形态将水库划分为大坝—HH20 断面、HH20—HH38 断面和 HH38—HH56 断面三个区段。表 4-3 给出了 2012 年 10 月至 2013 年 10 月上述三段冲淤量,淤积主要集中在 HH38(距坝 64.83 km)断面以下库段。

表 4-3　不同库段淤积量　　　　　　　　　　　　　（单位:亿 m³）

时段	河段	大坝—HH20 (0~33.48 km)	HH20—HH38 (33.48~64.83 km)	HH38—HH56 (64.83~123.41 km)	合计
2012 年 10 月至 2013 年 4 月	干流	-0.175	-0.050	0.034	-0.191
	支流	-0.168	-0.002	0	-0.170
2013 年 4 月至 2013 年 10 月	干流	1.364	0.785	-0.369	1.780
	支流	1.181	0.226	0	1.407
2012 年 10 月至 2013 年 10 月	干流	1.189	0.735	-0.335	1.589
	支流	1.013	0.224	0	1.237

(5)2013 年支流淤积量为 1.237 亿 m³,其中 2012 年 10 月至 2013 年 4 月与干流同时期表现基本一致,为 -0.170 亿 m³,而 2013 年 4 月至 2013 年 10 月淤积量为 1.407 亿 m³。支流淤积主要发生在库容较大的畛水、石井河、西阳河、东洋河、沇西河,以及近坝段的煤窑沟、大峪河等支流。2013 年 4—10 月干、支流的淤积量见图 4-3。表 4-4 为淤积量大于 0.02 亿 m³ 的支流。支流淤积主要为干流来沙倒灌所致,淤积集中在沟口附近,沟口向上沿程减少。

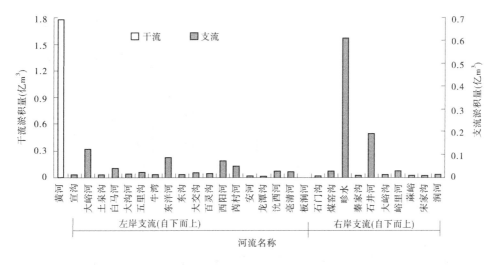

图 4-3　小浪底水库库区 2013 年 4—10 月干、支流淤积量分布

表 4-4　典型支流淤积量变化表　　　　　　　　　（单位:亿 m³）

支流		位置	2012 年 10 月至 2013 年 4 月	2013 年 4 月至 2013 年 10 月	2012 年 10 月至 2013 年 10 月
左岸	大峪河	HH03—HH04	-0.034	0.123	0.089
	白马河	HH07—HH08	-0.013	0.037	0.024
	五里沟	HH12—HH13	-0.001	0.022	0.021
	东洋河	HH18—HH19	0.001	0.085	0.086
	大交沟	HH18—HH19	0	0.019	0.019
	西阳河	HH23—HH24	-0.003	0.069	0.066
	芮村河	HH25—HH26	0	0.048	0.048
	沇西河	HH32—HH33	0	0.025	0.025
	亳清河	HH32—HH33	0.003	0.021	0.024
右岸	煤窑沟	HH04—HH05	0.016	0.025	0.041
	畛水	HH11—HH12	-0.089	0.611	0.522
	石井河	HH13—HH14	-0.029	0.189	0.160
	峪里河	HH25—HH26	0	0.024	0.024

（6）从 1999 年 9 月开始蓄水运用至 2013 年 10 月，小浪底水库全库区断面法计算淤积量为 30.326 亿 m³，其中干流淤积量为 24.299 亿 m³，支流淤积量为 6.027 亿 m³，分别占总淤积量的 80.1% 和 19.9%。1999 年 9 月至 2013 年 10 月小浪底库区不同高程下的累计淤积量分布见图 4-4。

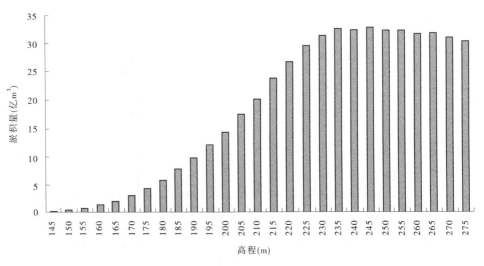

图 4-4　1999 年 9 月至 2013 年 10 月小浪底水库库区不同高程下的累计淤积量分布

三、库区淤积形态

（一）干流淤积形态

1. 纵向淤积形态

2012年11月至2013年6月中旬，三门峡水库下泄清水，小浪底水库无泥沙出库，干流纵向淤积形态在此期间变化不大。

2013年7—10月，小浪底水库库区干流仍保持三角洲淤积形态。表4-5、图4-5给出了三角洲淤积形态要素统计与干流纵剖面。三角洲各库段比降2013年10月较2012年10月均有所调整。三角洲洲面段除HH40以上有少量冲刷外，大部分库段均发生淤积，干流淤积量为1.402亿m³。随着三角洲洲面段泥沙的大量淤积，三角洲顶点由距坝10.32 km的HH08上移至距坝11.42 km的HH09断面，三角洲顶点高程为215.06 m。与上年度末相比，洲面变缓，比降由3.30‰降为2.31‰。其次，三角洲尾部段有少量冲刷，比降变陡，达到11.93‰。

表4-5　干流纵剖面三角洲淤积形态要素统计

时间（年-月）	顶点		坝前淤积段	前坡段		洲面段		尾部段	
	距坝里程（km）	深泓点高程（m）	距坝里程（km）	距坝里程（km）	比降（‰）	距坝里程（km）	比降（‰）	距坝里程（km）	比降（‰）
2012-10	10.32	210.66	0 ~ 4.55	4.55 ~ 10.32	31.66	10.32 ~ 93.96	3.30	93.96 ~ 123.41	7.71
2013-10	11.42	215.06	0 ~ 3.34	3.34 ~ 11.42	30.11	11.42 ~ 105.85	2.31	105.85 ~ 123.41	11.93

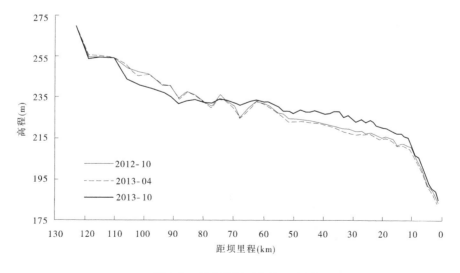

图4-5　干流纵剖面套绘（深泓点）

2. 横断面淤积形态

随着库区的淤积,横断面总体表现为同步抬升趋势。图4-6为2012年10月至2013年10月三次库区横断面套绘,可以看出不同的库段冲淤形态及过程有较大的差异。

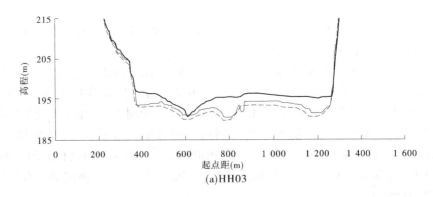

(a)HH03

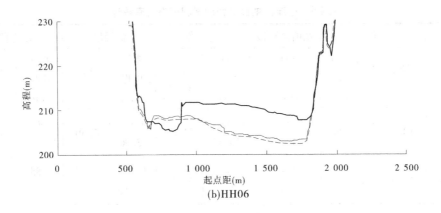

(b)HH06

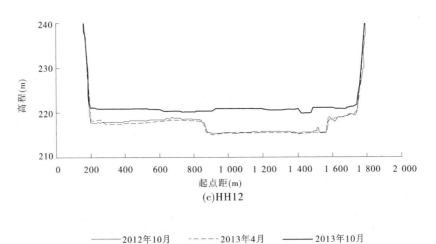

(c)HH12

—— 2012年10月   ----- 2013年4月   —— 2013年10月

图4-6　典型横断面套绘图

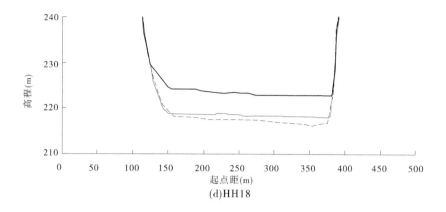

(d)HH18

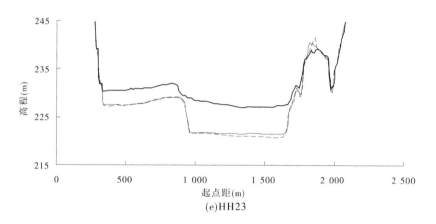

(e)HH23

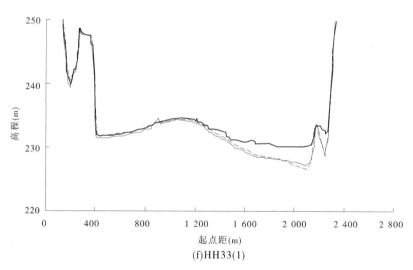

(f)HH33(1)

续图 4-6

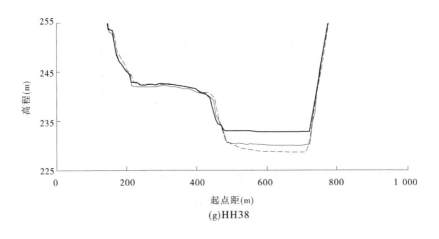

(g)HH38

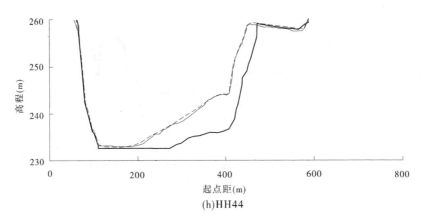

(h)HH44

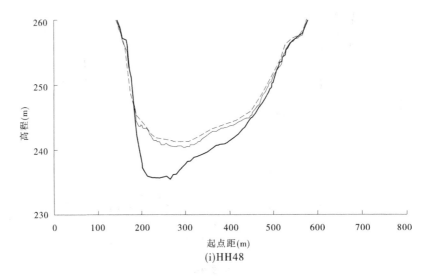

(i)HH48

续图 4-6

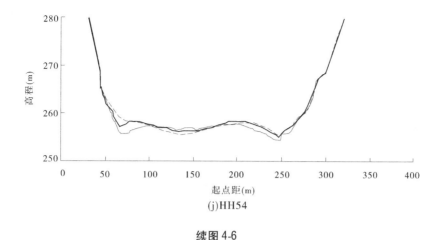

(j)HH54

续图 4-6

2012 年 10 月至 2013 年 4 月,受水库蓄水以及泥沙密实固结的影响,库区淤积面表现为下降,但全库区地形变化不大。

受汛期水沙条件及水库调度等的影响,与 2013 年 4 月地形相比,2013 年 10 月地形变化较大。其中,坝前淤积段与前坡段受水库泄流及调度的影响,横断面呈现不规则形状,存在明显的坍塌及主河槽;位于洲面段的 HH09—HH32 库段淤积最为严重,全断面较大幅度地淤积抬高,如距坝 34.80 km 处的 HH21 断面主槽抬升 8.5 m 以上,该库段干流淤积量达到 1.689 亿 m³。HH33—HH39 库段,滩地变化不大,河槽淤积;HH40—HH52 库段,以冲刷为主;HH52 断面以上库段,地形变化较小。

(二)支流淤积形态

支流河床倒灌淤积过程与天然的地形条件(支流口门的宽度)、干支流交汇处干流的淤积形态(有无滩槽或滩槽高差,河槽远离或贴近支流口门)、来水来沙过程(流量、含沙量大小及历时)等因素密切相关。随干流滩面的抬高,支流沟口淤积面同步上升,支流淤积形态取决于沟口处干流的淤积面高程。2013 年汛期,小浪底水库运用水位较低,在三角洲顶点以上基本为准均匀明流输沙,以下库段大多为异重流输沙。干流浑水倒灌支流,并沿程落淤,表现出支流沟口淤积较厚,沟口以上淤积厚度沿程减少。

图 4-7 给出了部分支流纵、横断面套绘。距坝约 4 km 的大峪河,非汛期由于淤积物的密实而表现为淤积面有所下降;汛期支流内河底高程随干流淤积面的抬升而同步抬升,河口处与干流滩面抬升幅度基本相当。由于泥沙的沿程分选,淤积厚度沿程减小,支流淤积纵剖面呈现一定的倒坡。横断面表现为平行抬升,各断面抬升比较均匀。

距坝约 18 km 的支流畛水,随着非汛期淤积物的密实固结,各淤积面也明显降低,呈现出与大峪河相似的现象。2013 年 4—10 月,畛水淤积泥沙较多,淤积量达到 0.611 亿 m³。受水库运用方式及支流地形等因素影响,畛水 1 断面出现宽度约 200 m、深度达 0.5 m 的河槽,同样的情况在位于库区三角洲洲面段的支流东洋河、西阳河也有发生。不过河槽仅出现在沟口,支流内仍呈水平淤积面,支流拦门沙依然存在。至 2013 年 10 月,畛水沟口滩面高程 219.60 m,而畛水 3 断面河底高程为 215.30 m,畛水 6 断面河底高程仅有 213.90 m,与沟口滩面高差达到 5.70 m。

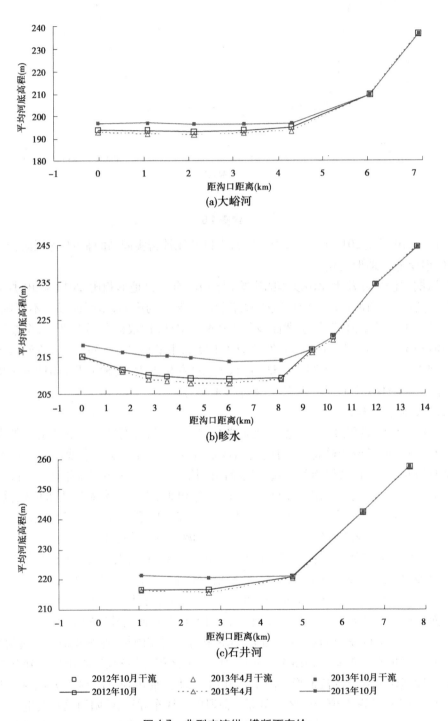

(a)大峪河

(b)畛水

(c)石井河

□　2012年10月干流　　　△　2013年4月干流　　　■　2013年10月干流
―□―　2012年10月　　　······△······　2013年4月　　　―■―　2013年10月

图4-7　典型支流纵、横断面套绘

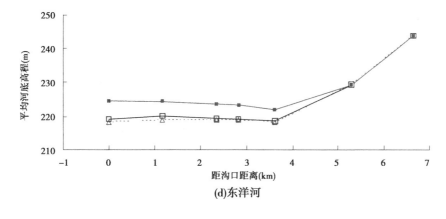

(d)东洋河

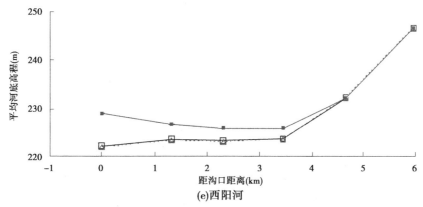

(e)西阳河

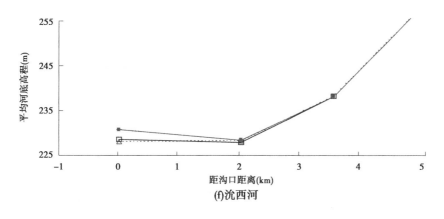

(f)沇西河

续图 4-7

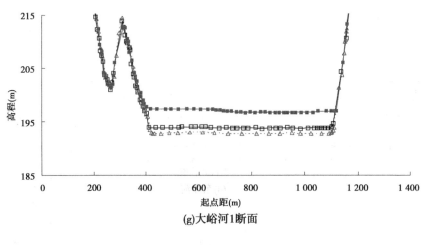

(g)大峪河1断面

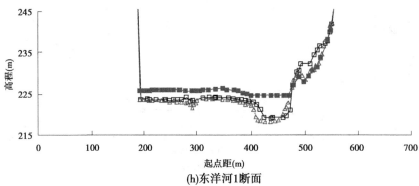

(h)东洋河1断面

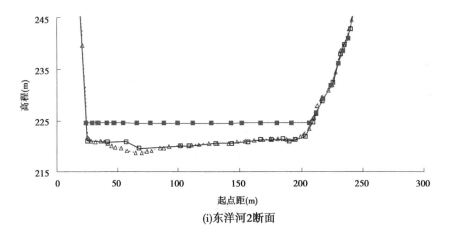

(i)东洋河2断面

续图4-7

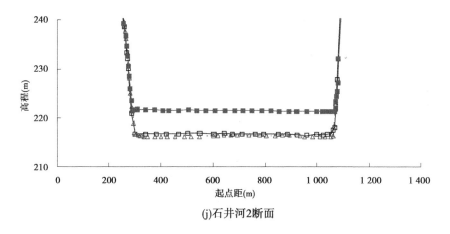

(j)石井河2断面

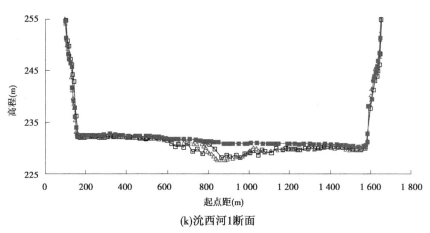

(k)沆西河1断面

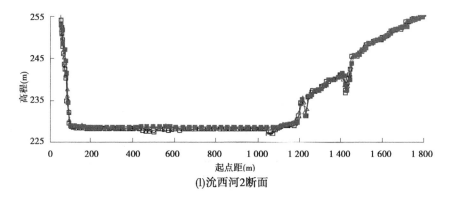

(l)沆西河2断面

续图 4-7

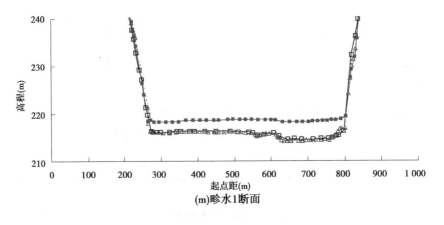

(m)畛水1断面

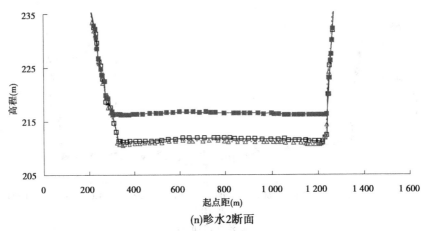

(n)畛水2断面

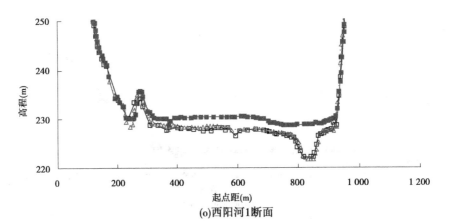

(o)西阳河1断面

续图4-7

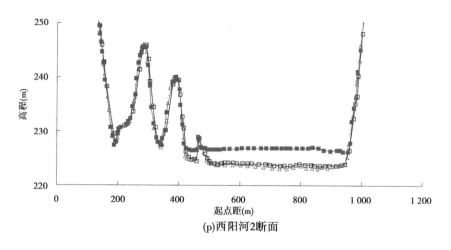

(p)西阳河2断面

续图4-7

四、库容变化

随着水库淤积的发展,水库的库容也随之变化。至2013年10月,水库275 m高程下总库容为97.134亿 m³,其中干流库容为50.481亿 m³,支流库容为46.653亿 m³,干支流分别占52%和48%。表4-6及图4-8给出了各高程下的库区干支流库容分布。起调水位210 m高程以下库容为1.579亿 m³,汛限水位230 m以下库容为11.038亿 m³。

表4-6 2013年10月小浪底水库库容 （单位:亿 m³）

高程(m)	干流	支流	总库容	高程(m)	干流	支流	总库容
190	0.015	0.001	0.016	235	8.676	8.066	16.742
195	0.086	0.021	0.107	240	12.729	11.166	23.895
200	0.245	0.153	0.398	245	17.151	14.742	31.893
205	0.497	0.401	0.898	250	21.913	18.806	40.719
210	0.858	0.721	1.579	255	26.977	23.358	50.335
215	1.355	1.140	2.495	260	32.360	28.377	60.737
220	2.193	2.116	4.309	265	38.093	33.907	72.000
225	3.606	3.546	7.152	270	44.158	39.984	84.142
230	5.584	5.454	11.038	275	50.481	46.653	97.134

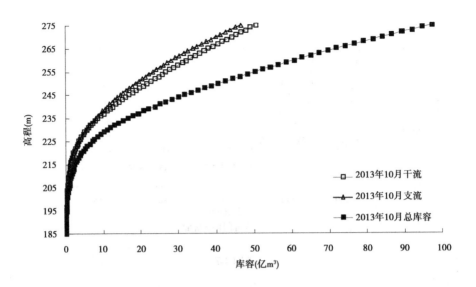

图 4-8 小浪底水库 2013 年 10 月库容曲线

第五章　黄河下游河道冲淤演变

2013 年小浪底水库出库水量 363.96 亿 m³,水库排沙 1.420 亿 t,且全部集中于汛期;全年进入下游水、沙量分别为 382.57 亿 m³ 和 1.426 亿 t,其中汛期水沙量占全年的 38% 和 100%。如此水沙情势,使得黄河下游河道持续发生一定程度的冲刷,并引起个别河段的河势显著调整。

一、洪水特点及冲淤情况

(一)洪水特点

花园口洪峰流量大于 2 000 m³/s 的洪水共 2 场,第 1 场洪水为汛前调水调沙洪水,第 2 场洪水为汛期发生的洪水。2 场洪水历时 50 d,小浪底水库泄水 117.10 亿 m³,排沙 1.324 亿 t。此外,支流大汶河流域发生了一场洪峰流量为 1 100 m³/s 的洪水。

1. 汛前调水调沙洪水

6 月 19 日至 7 月 9 日,历时 21 d,小浪底水库泄水量和排沙量分别为 59.27 亿 m³ 和 0.628 亿 t,西黑武(指西霞院、黑石关和武陟,下同)水、沙量分别为 61.53 亿 m³ 和 0.479 亿 t(见表 5-1)。

表 5-1　洪水水沙量

洪水		第 1 场(汛前调水调沙)	第 2 场(汛期洪水)	合计
时段(花园口)(月-日)		06-19—07-9	07-19—08-16	
历时(d)		21	29	50
小浪底	水量(亿 m³)	59.27	57.83	117.10
	沙量(亿 t)	0.628	0.696	1.324
西霞院	水量(亿 m³)	60.12	54.19	114.31
	沙量(亿 t)	0.445	0.559	1.004
西黑武	水量(亿 m³)	61.53	61.01	122.54
	沙量(亿 t)	0.479	0.564	1.043
	平均流量(m³/s)	3 391	2 435	2 711
	平均含沙量(kg/m³)	7.78	9.24	8.51

在调水调沙第 1 阶段(2013 年 6 月 19 日 9 时至 7 月 4 日 0 时),小浪底水库持续下泄大流量,6 月 28 日 10 时 18 分小浪底水文站出现最大流量 4 490 m³/s(见表 5-2)。花园口水文站最大流量 4 200 m³/s,出现在 6 月 24 日 10 时,7 月 4 日 14 时最大含沙量为 4.42 kg/m³。利津水文站最大流量 3 640 m³/s,出现在 7 月 3 日 11 时,6 月 25 日 8 时 14 分最大含沙量为 12.0 kg/m³。

表 5-2　2013 年汛前调水调沙第 1 阶段黄河下游洪水特征值

水文站	最大流量 (m³/s)	相应时间 (月-日 T 时:分)	相应水位 (m)	最大含沙量 (kg/m³)	相应时间 (月-日 T 时:分)
小浪底	4 490	06-28 T 10:18	137.21		
花园口	4 200	06-24 T 10:00	92.01	4.42	07-04 T 14:00
夹河滩	4 140	06-25 T 14:00	75.55	5.16	07-01 T 20:00
高村	3 880	06/26 T 14:00	61.74	6.34	06-23 T 08:00
孙口	3 820	06-27 T 21:00	47.95	8.91	06-23 T 20:00
艾山	3 740	06-30 T 04:00	40.95	11.1	06-24 T 15:30
泺口	3 700	07-01 T 14:00	30.23	11.1	06-24 T 08:00
利津	3 640	07-03 T 11:00	13.24	12.0	06-25 T 08:14

在调水调沙第 2 阶段(2013 年 7 月 4 日 0 时至 7 月 9 日 0 时),历时 5 d,小浪底 7 月 6 日 21 时最大流量 3 600 m³/s(见表 5-3),7 月 8 日 3 时最大含沙量 103.0 kg/m³;花园口最大流量 3 660 m³/s,最大含沙量 32.1 kg/m³;利津最大流量 3 560 m³/s,最大含沙量 27.3 kg/m³。

表 5-3　2013 年汛前调水调沙第 2 阶段黄河下游洪水特征值

水文站	最大流量 (m³/s)	相应时间 (月-日 T 时:分)	相应水位 (m)	最大含沙量 (kg/m³)	相应时间 (月-日 T 时:分)
小浪底	3 600	07-06 T 21:00	136.46	103.0	07-08 T 03:00
花园口	3 660	07-08 T 08:00	91.68	32.1	07-06 T 05:36
夹河滩	3 520	07-08 T 17:00	75.21	35.2	07-06 T 14:00
高村	3 420	07-08 T 22:00	61.44	27.6	07-09 T 20:00
孙口	3 510	07-09 T 00:00	47.71	27.0	07-08 T 12:30
艾山	3 490	07-09 T 04:00	40.73	29.5	07-08 T 20:00
泺口	3 620	07-10 T 02:00	30.05	28.3	07-11 T 02:00
利津	3 560	07-10 T 09:11	13.24	27.3	07-10 T 11:23

2. 汛期洪水

受降雨及中游来水影响,小浪底水库自 7 月 19 日 9 时起实施防洪运用,23 日 10 时 24 分最大出库流量 3 800 m³/s,花园口最大流量为 27 日 14 时的 3 860 m³/s,加之大汶河洪水致使东平湖老湖排水入黄,黄河下游干流部分水文站出现近年来最大流量过程。7 月 29 日 8 时艾山最大流量 4 240 m³/s,为 2010 年以来最大;7 月 30 日 8 时 30 分泺口最大流量 4 430 m³/s,为 1996 年以来最大;7 月 30 日 20 时利津最大流量 4 360 m³/s(见表 5-4),为 1989 年以来最大。7 月 19 日至 8 月 16 日,小浪底水库泄水量和排沙量分别为 57.83 亿 m³ 和 0.696 亿 t,西黑武水、沙量分别为 61.01 亿 m³ 和 0.564 亿 t,时段平均流量 2 435 m³/s,平均含沙量 9.24 kg/m³。

表 5-4　2013 年汛期洪水特征值

水文站	最大流量 （m³/s）	相应时间 （月-日 T 时:分）	相应水位 （m）	最大含沙量 （kg/m³）	相应时间 （月-日 T 时:分）
小浪底	3 800	07-23 T 10:24	136.73	77.0	07-19 T 10:00
花园口	3 860	07-27 T 14:00	92.06	36.1	07-20 T 20:00
夹河滩	4 050	07-27 T 22:00	75.57	36.1	07-20 T 20:00
高村	4 030	07-28 T 13:30	61.90	31.5	07-22 T 08:00
孙口	4 010	07-29 T 00:00	48.36	31.9	07-22 T 20:00
艾山	4 240	07-29 T 08:00	41.62	32.5	07-23 T 08:00
泺口	4 430	07-30 T 08:30	30.86	31.9	07-24 T 08:00
利津	4 360	07-30 T 20:00	13.76	31.9	07-24 T 08:00

（二）洪水冲淤量及其分布

根据沙量平衡法计算,两场洪水在西霞院—利津河段表现为总体冲刷和个别河段淤积,西霞院—利津河段的冲刷量分别为 0.193 亿 t 和 0.387 亿 t,西霞院—利津河段共冲刷 0.580 亿 t(见表 5-5)。

表 5-5　两场洪水冲淤量统计表　　　　　　　　　　　　（单位:亿 t）

河段	调水调沙洪水	第 2 场洪水	合计
西霞院水库	0.183	0.101	0.284
西霞院—花园口	0.036	-0.019	0.017
花园口—夹河滩	-0.040	-0.201	-0.241
夹河滩—高村	-0.060	0.016	-0.044
高村—孙口	-0.003	-0.051	-0.054
孙口—艾山	-0.101	-0.093	-0.194
艾山—泺口	-0.043	-0.079	-0.122
泺口—利津	0.018	0.040	0.058
西霞院—利津	-0.193	-0.387	-0.580

（1）汛前调水调沙洪水在西霞院—花园口河段微淤 0.036 亿 t,花园口—夹河滩河段微冲 0.040 亿 t,夹河滩—高村河段微冲 0.060 亿 t,高村—孙口河段接近冲淤平衡,孙口—艾山河段冲刷 0.101 亿 t,艾山—泺口河段微冲 0.043 亿 t,泺口—利津河段微淤 0.018 亿 t。

（2）第 2 场洪水在西霞院—花园口河段冲刷 0.019 亿 t,花园口—夹河滩河段冲刷

0.201 亿 t, 夹河滩—孙口河段接近冲淤平衡, 孙口—艾山河段冲刷 0.093 亿 t, 艾山—泺口河段微冲 0.079 亿 t, 泺口—利津河段微淤 0.040 亿 t, 该场洪水在西霞院—利津共冲刷 0.387 亿 t。

二、下游河道冲淤变化

(一)利用沙量平衡法计算的冲淤量

采用逐日平均输沙率资料, 按沙量平衡法计算各河段的冲淤量。计算中考虑了以下情况:

(1)小浪底水库运用以来每年的第 1 场洪水是调水调沙洪水, 均于 7 月之前开始。

(2)断面法施测时间在每年的 4 月和 10 月。为了与断面法冲淤量统计时段一致, 在采用沙量平衡法计算冲淤量时, 改变以往将 7—10 月作为汛期的统计方法, 以和断面法测验日期一致的时段(4 月 16 日至 10 月 15 日)进行统计。2012 年 10 月 14 日至 2013 年 4 月 15 日为非汛期, 2013 年 4 月 16 日至 10 月 15 日为汛期。非汛期和汛期西霞院—利津分别冲刷 0.217 亿 t 和 0.786 亿 t, 运用年冲刷 1.003 亿 t(见表 5-6)。

表 5-6　黄河下游各河段沙量平衡法冲淤量　　　　　　　　　　　　　(单位:亿 t)

河段	非汛期	汛期	合计
西霞院水库	0	0.345	0.345
西霞院—花园口	−0.137	−0.013	−0.150
花园口—夹河滩	−0.053	−0.312	−0.365
夹河滩—高村	−0.147	−0.126	−0.273
高村—孙口	0.047	−0.076	−0.029
孙口—艾山	−0.049	−0.214	−0.263
艾山—泺口	0.100	−0.108	−0.008
泺口—利津	0.022	0.063	0.085
西霞院—利津	−0.217	−0.786	−1.003

(二)利用断面法计算的冲淤量

根据黄河下游河道 2012 年 10 月、2013 年 4 月和 2013 年 10 月三次统测大断面资料, 计算了 2013 年非汛期和汛期各河段的冲淤量(见表 5-7)。全年汊 3 以上河段共冲刷 1.330 亿 m^3, 冲刷均发生在主槽内。与小浪底水库运用以来(2000—2012 年)年均冲刷 1.270 亿 m^3 基本持平, 其中非汛期和汛期分别冲刷 0.451 亿 m^3 和 0.879 亿 m^3, 66% 的冲刷量集中在汛期; 从非汛期冲淤的沿程分布看, 具有"上冲下淤"的特点, 高村以上河段冲刷, 高村以下河段淤积; 汛期西霞院—利津各河段均为冲刷。就整个运用年来看, 各河段均发生了冲刷, 其中 70% 的冲刷量集中在西霞院—高村河段。

表 5-7　2013 运用年下游各河段断面法冲淤量计算成果　　　　（单位：亿 m³）

河段	非汛期（年-月）	汛期（年-月）	运用年（年-月）	全年各河段占
	2012-10—2013-04	2013-04—2013-10	2012-10—2013-10	下游比例（%）
西霞院—花园口	-0.494	-0.030	-0.524	39
花园口—夹河滩	-0.095	-0.171	-0.266	20
夹河滩—高村	-0.093	-0.046	-0.139	10
高村—孙口	0.047	-0.138	-0.091	7
孙口—艾山	0.020	-0.055	-0.035	3
艾山—泺口	0.071	-0.136	-0.065	5
泺口—利津	0.058	-0.212	-0.154	12
利津—汊 3	0.035	-0.091	-0.056	4
合计	-0.451	-0.879	-1.330	
占运用年比例（%）	34	66	100	

（三）纵向冲淤分布特点

根据断面观测资料分析,2013 年西霞院以下各河段冲刷增加的面积平均分别为 390 m²（西霞院—花园口）、264 m²（花园口—夹河滩）、198 m²（夹河滩—高村）、70 m²（高村—孙口）、37 m²（孙口—艾山）、59 m²（艾山—泺口）和 70 m²（泺口—利津）,夹河滩以上河段增加较多,孙口—艾山河段增加最少（见图 5-1）。

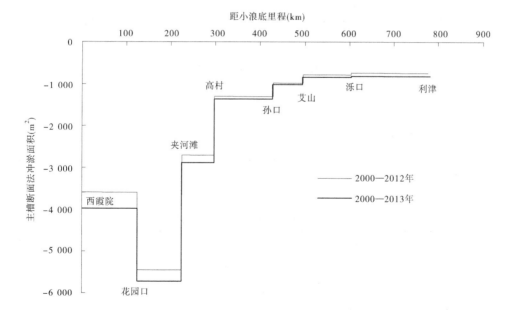

图 5-1　下游河道冲淤量沿程分布

从 1999 年 10 月小浪底水库投入运用到 2013 年 10 月,西霞院—利津河段全断面累计冲刷 17.162 亿 m³,主槽累计冲刷 17.720 亿 m³。冲刷量主要集中在夹河滩以上河段,夹河滩以上河段和夹河滩—利津河段的冲刷量分别为 10.730 亿 m³ 和 6.990 亿 m³,前者是后者的 1.54 倍,其中西霞院—花园口、花园口—夹河滩、夹河滩—高村、高村—孙口、孙口—艾山、艾山—泺口和泺口—利津河段的冲刷面积分别为 4 014 m²、5 708 m²、2 894 m²、1 367 m²、1 032 m²、845 m² 和 837 m²。夹河滩以上主槽的冲刷面积超过了 4 000 m²,而艾山以下河段不到 1 000 m²(见图 5-2)。

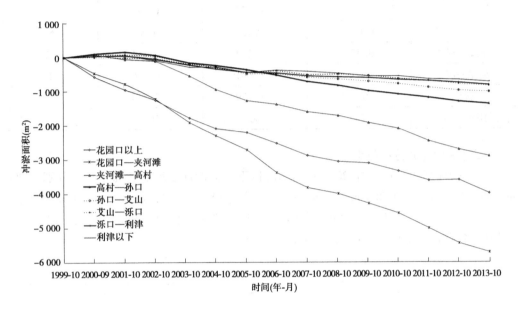

图 5-2　下游河道不同河段冲淤量沿程分布

三、河道排洪能力变化

(一)水文站断面水位变化

2013 年第 2 场洪水与第 1 场洪水相比,同流量水位(3 000 m³/s)降幅较明显的有花园口、孙口、艾山和泺口,均超过了 0.20 m,夹河滩、高村和利津的同流量水位降幅较小(见表 5-8)。

表 5-8　同流量(3 000 m³/s)水位及其变化　　　　　　　(单位:m)

水文站		花园口	夹河滩	高村	孙口	艾山	泺口	利津
水位	1999 年①	94.00	77.25	63.52	48.80	41.75	31.30	13.95
	2012 年②	91.87	75.00	61.41	47.21	40.51	29.72	12.81
	2013 年第 1 场③	91.67	75.12	61.31	47.28	40.30	29.64	12.72
	2013 年第 2 场④	91.42	75.08	61.22	47.03	40.01	29.44	12.63

2013 年第 2 场洪水和上年同期(2012 年汛前调水调沙)洪水相比,同流量的花园口和艾山水位降幅分别达到 0.45 m 和 0.50 m。

2013 年第 2 场洪水和 1999 年第 2 场洪水相比,流量 2 000 m³/s 和 3 000 m³/s 下的水位均显著下降,其中花园口、夹河滩和高村的降低幅度最大,超过了 2 m,其次为孙口、艾山和泺口,降幅超过了 1.5 m,利津降幅最小,但也超过了 1.2 m(见图 5-3)。

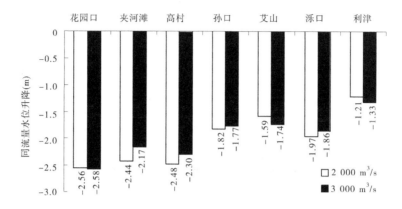

图 5-3 2013 年第 2 场洪水和 1999 年相比水位变化

经过小浪底水库调水调沙运用,黄河下游持续冲刷,花园口和夹河滩水位降到 1969 年水平,高村降到 1971 年水平,孙口降到 1987 年水平,艾山降到 1991 年水平,泺口和利津降到 1987 年水平(见图 5-4),同时可以看出利津已经连续 4 a 的降幅持续偏小。

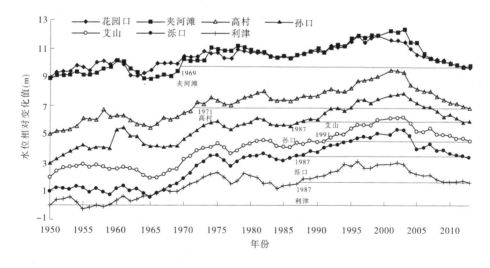

图 5-4 历年同流量(3 000 m³/s)水位相对变化值

(二)平滩流量变化

2014 年汛前各水文站的平滩流量分别为 7 200 m³/s(花园口)、6 500 m³/s(夹河滩)、6 100 m³/s(高村)、4 350 m³/s(孙口)、4 250 m³/s(艾山)、4 600 m³/s(泺口)和 4 650 m³/s(利津)(见表 5-9),与 2013 年同期相比,花园口和高村的增大了 300 m³/s,夹河滩的

不变,孙口的增大了 50 m³/s,艾山的增大了 100 m³/s,泺口的增大了 300 m³/s,利津增大了 150 m³/s。由图 5-5 可以看出,目前各水文站平滩流量恢复情况,花园口达到 1966 年水平,夹河滩和高村恢复到 1988 年水平,艾山和泺口恢复到 1991 年水平,利津恢复到 1989 年水平。

表 5-9 黄河下游主要控制站 2014 年设防、警戒水位及相应流量

项目	花园口	夹河滩	高村	孙口	艾山	泺口	利津
设防流量(m³/s)	22 000	21 500	20 000	17 500	11 000	11 000	11 000
相应水位(m)	95.17	79.00	65.15	51.93	45.42	35.07	16.76
警戒水位(m)	93.85	77.05	63.20	48.65	41.65	31.40	14.24
平滩流量(m³/s)	7 200	6 500	6 100	4 350	4 250	4 600	4 650
平滩流量增加(m³/s)	300	0	300	50	100	300	150

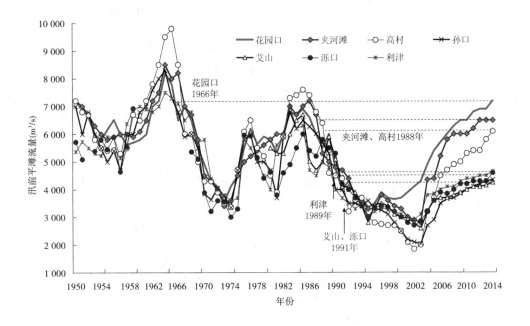

图 5-5 黄河下游水文站历年平滩流量变化

经综合分析论证,在不考虑生产堤的挡水作用时,彭楼—陶城铺河段为全下游主槽平滩流量最小的河段,平滩流量较小的河段为于庄(二)断面附近、徐沙洼—伟那里河段、路那里断面附近,最小平滩流量为 4 200 m³/s,详见图 5-6。

图 5-6 2014 年汛初彭楼—陶城铺河段平滩流量

第六章　2013 年宁蒙河段冲淤概况

一、宁蒙河段水沙特点

2013 年宁蒙河段下河沿、青铜峡、石嘴山、巴彦高勒、三湖河口和头道拐等水文站年水量分别为 316.45 亿 m³、248.29 亿 m³、290.92 亿 m³、204.94 亿 m³、228.85 亿 m³ 和 212.09 亿 m³(见表 6-1),与多年(1956—2000 年,下同)平均相比,除下河沿和石嘴山偏多 2% 外,其余不同程度偏少。

表 6-1　2013 年宁蒙河段水沙特征统计

站名	水量(亿 m³)			沙量(亿 t)			汛期最大流量 (m³/s)
	非汛期	汛期	全年	非汛期	汛期	全年	
下河沿(黄二)	174.94	141.51	316.45	0.055	0.284	0.339	1 900
青铜峡(黄三)	134.69	113.60	248.29	0.031	0.286	0.317	2 090
石嘴山(二)	157.56	133.36	290.92	0.188	0.307	0.495	1 860
巴彦高勒	124.06	80.88	204.94	0.143	0.117	0.260	1 300
三湖河口(三)	130.54	98.31	228.85	0.285	0.323	0.608	1 720
头道拐	120.82	91.27	212.09	0.246	0.366	0.612	1 540

2013 年宁蒙河段下河沿、青铜峡、石嘴山、巴彦高勒、三湖河口和头道拐等水文站年沙量分别为 0.339 亿 t、0.317 亿 t、0.495 亿 t、0.260 亿 t、0.608 亿 t 和 0.612 亿 t(见表 6-1),与多年平均相比,不同程度偏少,偏少在 50% ~ 80%。

2013 年宁蒙河段没有较大洪水,汛期下河沿水文站最大洪峰流量仅 1 900 m³/s(8 月 2 日 16 时 40 分),头道拐水文站最大洪峰流量 1 540 m³/s(9 月 13 日 20 时)。

二、宁蒙河段冲淤变化

根据沙量平衡法计算结果,2013 年宁蒙河段共冲刷 0.460 亿 t(见表 6-2),其中非汛期冲刷占全年冲刷量的 51%。全年冲刷分布为两头冲刷,中间淤积,即石嘴山以上河段和巴彦高勒以下河段冲刷,石嘴山—巴彦高勒河段淤积。宁夏河段年冲刷 0.247 亿 t,内蒙古河段冲刷 0.213 亿 t。

表 6-2   2013 年宁蒙河段冲淤量计算结果 （单位:亿 t）

河段	非汛期	汛期	全年
下河沿—青铜峡	0.005	− 0.073	− 0.068
青铜峡—石嘴山	− 0.157	− 0.022	− 0.179
石嘴山—巴彦高勒	0.021	0.118	0.139
巴彦高勒—三湖河口	− 0.143	− 0.206	− 0.349
三湖河口—头道拐	0.039	− 0.042	− 0.003
下河沿—石嘴山	− 0.152	− 0.095	− 0.247
石嘴山—头道拐	− 0.083	− 0.130	− 0.213
下河沿—头道拐	− 0.235	− 0.225	− 0.460

注:1. 下河沿—青铜峡河段仅考虑美利渠、青铜峡东西干渠引沙,没有考虑清水河来沙。

2. 青铜峡—石嘴山河段冲淤量没有考虑苦水河来沙。

3. 三湖河口—头道拐河段冲淤量没有考虑支流来沙。

三、宁蒙河道水位变化

与 2012 年汛后同流量(1 000 m³/s)水位变化相比,2013 年汛后石嘴山水文站和头道拐水文站分别下降 0.19 m 和 0.16 m,其他水文站变化不大(见表 6-3)。

表 6-3   宁蒙河道同流量(1 000 m³/s)水位变化 （单位:m）

水文站	下河沿	青铜峡	石嘴山	巴彦高勒	三湖河口	头道拐
2012 年汛后水位	1 231.23	1 135.25	1 087.54	1 050.88	1 018.95	987.50
2013 年汛后水位	1 231.21	1 135.20	1 087.35	1 050.92	1 019.00	987.34
2012—2013 年水位变化值	− 0.02	− 0.05	− 0.19	0.04	0.05	− 0.16

注:"−"为下降值。

四、宁蒙河道断面变化

根据水文站断面套绘(见图 6-1),与 2012 年汛后相比,2013 年汛后受三盛公水利枢纽排沙影响,巴彦高勒断面 1 054 m 高程下过流面积减少 201 m²,三湖河口断面 1 020 m 高程下过流面积增加 102 m²,头道拐断面 990 m 高程下过流面积减少 33 m²,过流面积变化较小。因此,2013 年汛后平滩流量与 2012 年汛后相比,变化不大,巴彦高勒断面、三湖河口断面和头道拐断面滩唇以下仍然为 3 090 m³/s、2 350 m³/s 和 3 980 m³/s。

五、河势变化分析

将不同河段 2013 年 9 月与 2012 年 10 月河势套绘可以看出(见图 6-2 ~ 图 6-5),游荡性河段(巴彦高勒—三湖河口)、黄断 20—黄断 23 河段(见图 6-2)和黄断 28—黄断 31 河段(见图 6-3)总体河势变化不大,只是 2013 年汛后心滩有所增加,河势更趋于散乱;过渡

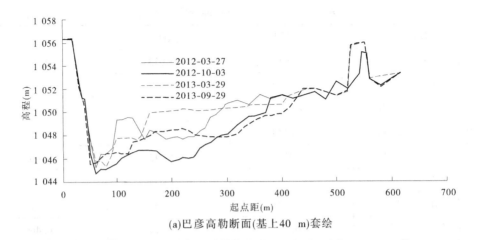

(a)巴彦高勒断面(基上40 m)套绘

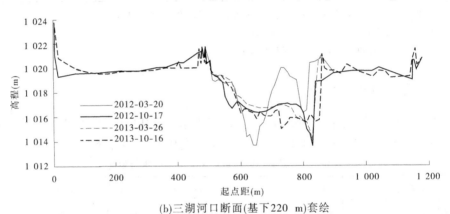

(b)三湖河口断面(基下220 m)套绘

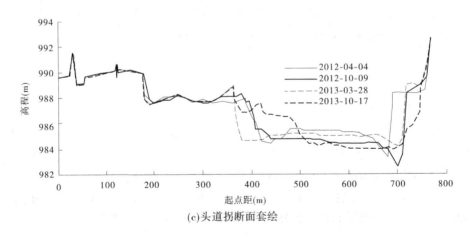

(c)头道拐断面套绘

图6-1

性河段(三湖河口—昭君坟)、黄断48—黄断54河段两年汛后河势没有明显变化(见图6-4);弯曲性河段(昭君坟—头道拐)、黄断80—黄断86河段两年汛后河势也没有明显变化(见图6-5)。

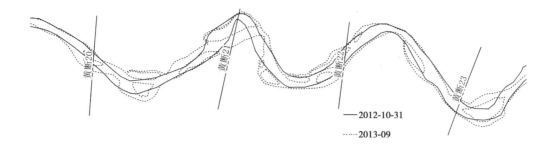

图 6-2　黄断 20—黄断 23 断面河势套绘

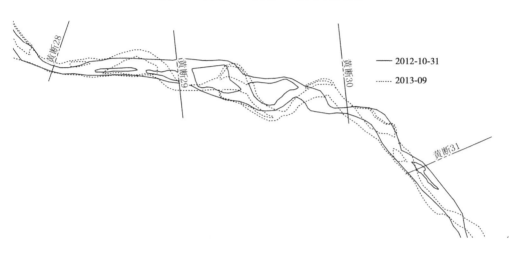

图 6-3　黄断 28—黄断 31 断面河势套绘

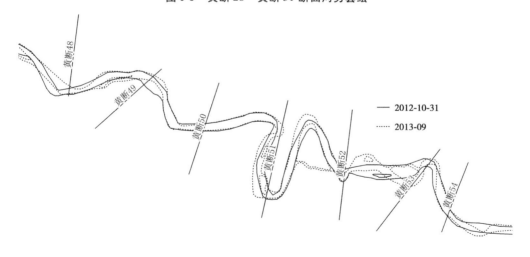

图 6-4　黄断 48—黄断 54 断面河势套绘

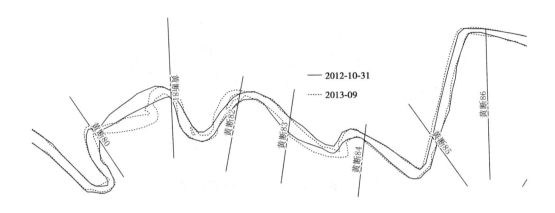

图 6-5　黄断 80—黄断 86 断面河势套绘

  综合分析认为,宁蒙河段经过 2012 年大洪水以后,2013 年河道调整不大,略有冲刷,河势也没有大的变化。

第七章　延河流域 2013 年 7 月暴雨情况调查

　　2013 年 7 月,黄河中游延河流域出现了强度大、范围广、持续时间长的连续降雨(简称"2013·7"暴雨)。陕西省延安市从 7 月 3—26 日,24 d 内出现了 9 次暴雨,宝塔区、延川县等 6 县(区)出现了超过 100 mm 的大暴雨,全市 13 个县(区)的降雨量全部超过了历年同期极值。延川县的降雨量达到 607.7 mm,超过多年同期平均降雨量的 8 倍,其中 7月 11 日 24 h 暴雨最大降雨达 131.1 mm。最大点雨量排前三位的分别为延川县延川站396.4 mm、宝塔区甘谷驿站 374.0 mm、宝塔区河庄坪站 310.6 mm。"2013·7"暴雨是延安市自 1945 年有气象记录以来过程最长、强度最大、暴雨日最多的一次集中降雨,超过百年一遇标准,造成全市共计 154.5 万人次受灾,发生山体滑塌 8 135 处(见图 7-1),房屋倒塌 45 376 间(孔)(见图 7-2),因灾死亡 42 人,直接经济损失 114 亿元。

图 7-1　冲毁的道路、桥梁

　　根据历史资料统计,延安市近百年来先后遭受过 4 次大暴雨袭击,分别是 1933 年 8月 7 日、1977 年 7 月 5—6 日、1993 年 8 月 3—4 日和本次暴雨。从暴雨特点来看,前 3 次暴雨主要是雨量集中、雨强大,而"2013·7"暴雨的主要特点是历时长。根据延河流域出口站甘谷驿水文站实测水文资料(报汛资料)统计,本次洪水量 1.87 亿 m^3、沙量 0.2 亿 t。前 3 次大暴雨的洪峰流量分别为 6 300 m^3/s、9 050 m^3/s 和 2 900 m^3/s,而"2013·7"暴雨最大洪峰流量仅为 926 m^3/s(7 月 25 日);1977 年暴雨最大含沙量为 928 kg/m^3,1993 年为 920 kg/m^3,而"2013·7"暴雨仅为 456 kg/m^3,最大含沙量下降非常明显。

图 7-2　倒塌的房屋

　　根据调查,延河流域水土保持治理措施中的梯田、淤地坝等工程措施在"2013·7"暴雨中基本没有冲毁,说明延河流域经过长期的水土流失治理,尤其是大规模退耕还林(草)措施的实施,良好的植被和有效的工程治理措施大幅度降低了水土流失灾害的程度。

　　为什么2013年7月暴雨期的水土保持措施损毁不太明显,但滑塌、人员伤亡、经济损失等灾害如此之大,非常值得深思。

第八章 结论与建议

一、结论

（1）2013年汛期黄河流域降雨量为375 mm，较多年平均偏多9%，降雨量区域分布不均，其中山陕区间偏多65%，北洛河偏多33%，而伊洛河和小花干流均偏少44%。7月流域降雨量229 mm，较多年同期偏多133%。

（2）潼关、花园口和利津全年水量分别为311.05亿 m^3、348.44亿 m^3、258.80亿 m^3，较多年平均偏少10%左右；龙门、潼关、华县和河龙区间全年沙量分别为1.848亿 t、3.040亿 t、1.432亿 t、1.637亿 t，偏少60%以上。

（3）汛期山陕区间降雨量478 mm，为2000年以来最大值，较多年平均偏多65%，水量26.37亿 m^3，沙量1.637亿 t，分别偏少7%和74%。相同降雨量下，2013年水量仅是1969年以前的37%。

（4）上游唐乃亥7月31日洪峰流量2 560 m^3/s，为2013年黄河第1号洪峰。中游山陕区间汾川河新市河水文站为1966年建站以来最大洪水，渭河支流千河千阳水文站7月22日6时36分洪峰流量1 370 m^3/s，为有实测资料（1964年）以来第2位；三小区间支流西阳河桥头水文站为1996年以来最大洪水。延河流域内延安水文站出现百年一遇降雨，甘谷驿水文站25日12时24分洪峰流量926 m^3/s，并造成重大灾害。

（5）到2013年11月1日8时，流域八座主要水库蓄水总量302.04亿 m^3，较2012年11月1日减少61.91亿 m^3，其中龙羊峡水库和小浪底水库减少量占总减少量的40%和54%。龙羊峡水库入库最大日流量2 460 m^3/s，经过水库调节，相应出库最大日流量1 070 m^3/s，削峰率56%；刘家峡水库入库最大日流量1 870 m^3/s，相应出库最大日流量1 390 m^3/s，削峰率26%；小浪底水库进库洪峰流量5 360 m^3/s，相应出库最大流量3 800 m^3/s，削峰率29%。通过还原计算，龙羊峡、刘家峡和小浪底水库调蓄流量后，兰州最大日均流量3 656 m^3/s，相应实测流量1 640 m^3/s，洪峰流量减少了55%；花园口最大日均流量5 061 m^3/s（7月26日），相应实测流量3 770 m^3/s，洪峰流量减少了26%。八座主要水库非汛期补水127.76亿 m^3，利津还原后，非汛期水量仅3.53亿 m^3。

（6）三门峡水库年排沙量为3.954亿 t，水库排沙比130%；4次敞泄排沙累计时间10 d，共排沙2.112亿 t，平均排沙比223%。小浪底水库年排沙量为1.420亿 t，其中汛前调水调沙期和汛期洪水期分别排沙0.632亿 t、0.785亿 t，排沙比分别为165%、26%，汛期排沙比为36%。

（7）潼关高程非汛期淤积抬升0.49 m，为2003年以来最大值，汛期冲刷下降0.31 m，年内潼关高程抬升0.18 m，2013年汛后仍保持在2003年以来较低状态。

（8）小浪底水库运用以来年均淤积量2.826亿 m^3，其中干流占56%；淤积最大的河段在HH10—HH15断面，共淤积泥沙0.630亿 m^3。三角洲顶点由距坝10.32 km的HH08

上移至距坝 11.42 km 的 HH09 断面,三角洲顶点高程为 215.06 m。从 1999 年 9 月开始蓄水运用至 2013 年 10 月,小浪底水库全库区断面法淤积量为 30.326 亿 m³,其中干流和支流分别占总淤积量的 80.1% 和 19.9%。

(9)小北干流年淤积量为 0.033 亿 m³。渭河下游年冲刷量 0.088 亿 m³,北洛河年冲刷量 0.035 亿 m³,潼关以下年淤积量为 0.402 亿 m³。

西霞院以下下游河道冲刷泥沙 1.330 亿 m³,其中汛期冲刷 0.879 亿 m³,冲刷的 70% 集中在花园口—高村河段。

(10)同流量(3 000 m³/s)水位高村和利津的降幅仅 0.19 m 左右,花园口、艾山和泺口都超过了 0.27 m。目前同流量水位花园口和夹河滩降到了 1969 年水平,高村降到了 1971 年水平,孙口、泺口和利津站降到了 1987 年水平,艾山降到了 1991 年水平。目前最小平滩流量已下移到艾山上游附近,艾山平滩流量由 2013 年汛前的 4 150 m³/s 增大到 2014 年汛前的 4 250 m³/s,河段最小平滩流量 4 200 m³/s。

(11)2013 年宁蒙河段共冲刷 0.460 亿 t,其中宁夏河段年冲刷 0.247 亿 t,内蒙古河段冲刷 0.213 亿 t。与 2012 年同期相比,石嘴山和头道拐汛后同流量(1 000 m³/s)水位分别下降 0.19 m 和 0.16 m,巴彦高勒和三湖河口基本没有变化。2013 年总体河势变化不大,经过 2012 年大洪水以后,2013 年河道略有冲刷调整。

二、建议

(1)2013 年汛期河龙区间降雨偏多 65%,但实测水量仍然偏少 7%,降雨量与水量关系发生变化,需要研究其原因。

(2)至 2013 年汛后,小浪底水库库区干流仍保持三角洲淤积形态,三角洲顶点位于 11.42 km(HH09 断面),顶点高程为 215.06 m,洲面比降变缓,洲尾比降变陡,而入海控制水文站利津同流量水位连续 4 a 没有明显下降,水库运用方式是否调整,需要研究。

(3)小浪底库区支流畛水的拦门沙坎依然存在,畛水沟口滩面高程 219.6 m,与沟口滩面高差达到 5.7 m。针对这一问题,建议开展相关治理研究。

(4)建议对渭河河道采砂做进一步调查。

第二专题 泾河东川流域近期水沙变化典型案例调查

东川是泾河的二级支流,位于泾河一级支流马莲河上游,属于黄土丘陵沟壑区,水土流失严重。自1996年东川流域开始大规模治理,截至2013年底,东川流域水土流失治理度为34.2%,发挥了较好的减水减沙作用,与1996年以前相比,1997—2013年,单位降雨量的产流量减少39.3%,单位降雨量的产沙量减少55.1%。但是,近几年的年径流量、输沙量实际上都是增加的,尤其是2010—2013年连续出现高含沙洪水,最高含沙量可达849 kg/m^3。为何出现增水增沙及多次高含沙洪水现象?水土保持措施的减水减沙效益如何?搞清楚这些问题,对于科学评价水土保持措施对洪水泥沙的调控作用,认识水沙变化机理是非常必要的。为此,针对泾河东川流域近期水沙变化情况进行了典型调查,为水土保持综合治理实践提供科学依据。

第一章　基本情况

一、调研背景

1997 年以来,在黄河中游生态修复、退耕还林(草)、封禁治理、淤地坝"亮点工程"和坡耕地改造等水土保持综合治理力度明显加大的大背景下,东川流域水土保持生态工程建设也取得了显著成效,但自 2008 年以来,东川流域实测径流量和输沙量与 2001—2007 年相比却有增加趋势。根据东川流域出口站贾桥水文站实测资料统计,2001—2007 年和 2008—2013 年平均径流量分别为 6 650 万 m^3 和 7 500 万 m^3,年均输沙量分别为 1 440 万 t 和 1 510 万 t。2008—2013 年与 2001—2007 年相比,年径流量增加 12.8%,年输沙量增加 4.9%。尤其是 2010—2013 年连续出现高含沙洪水,最大含沙量分别为 526 kg/m^3、540 kg/m^3、849 kg/m^3 和 831 kg/m^3。在黄河中游地区近期几乎所有河流来水来沙都大幅度减少的情况下,东川流域却出现增水增沙的情况,引起了多方关注。为此,对泾河东川流域近期水沙变化开展了调查分析。

二、流域概况

东川流域为泾河二级支流,发源于陕西省榆林市定边县白马崾崄乡,流经定边县和甘肃省庆阳市华池县、庆城县,流向自北向南,由庆城县汇入泾河最大支流马莲河。流域北部与东部分别与陕西省定边县、志丹县、吴起县为邻,西部与甘肃省庆阳市环县相连,南部与甘肃省庆阳市庆城县、合水县接壤。东川河长 131.4 km,河道平均比降 2.72‰,流域面积 3 065 km^2,出口站为贾桥水文站,控制面积 2 988 km^2。流域属于温带大陆性干旱半干旱气候,降雨较少,多年平均降水量 489.5 mm。降水主要集中在汛期 7—10 月,汛期降水量占全年的 66.7%;主汛期的 7—8 月降水更为集中,占全年的 44.7%。

东川流域水土流失严重,水土流失面积 2 912 km^2,占流域面积的 95%,主要水土流失类型区为黄土丘陵沟壑区。流域南部在水土流失"三区"划分中属于重点治理区,北部属于重点监督区,东部毗邻子午岭林区,属于重点预防保护区。流域土壤类型包括黄土性土壤和风沙土两大类,土壤结构疏松,抗侵蚀能力弱。在汛期短历时、高强度、雨量集中的暴雨侵蚀下,极易发生突发性高含沙洪水。根据贾桥水文站 1956—2013 年水沙系列统计,流域多年平均径流量 8 510 万 m^3,多年平均输沙量 1 980 万 t。径流、泥沙年内分配不均,汛期径流量占全年的 65.2%,汛期输沙量占全年的 90.7%。最大洪峰流量 3 690 m^3/s (1977 年 7 月 6 日),最大含沙量 1 100 kg/m^3(1970 年 7 月 16 日)。

东川流域主要支流有元城川、柔远川、白马川和城壕川等。元城川是东川最大支流,发源于陕西省定边县康岔及东沟湾,由铁角城入境,流经华池县乔川、元城、怀安、五蛟等乡(镇),至悦乐镇南沟门与柔远川相汇合,全长约 80 km;白马川是元城川最大支流,长约 34 km。柔远川发源于华池县乔河乡小马岔村,流经华池县乔河乡、柔远镇到悦乐镇南沟门与元城川相汇合,全长约 50 km,出口水文站为悦乐,控制面积 528 km²;城壕川发源于子午岭山脉下的封家岔村,流经华池县城壕乡至转嘴子村汇入元城川,全长约 50 km;元城川接纳白马川、柔远川等支流后,始称东川。全流域总人口约 13.0 万人。东川流域水系及水文站网布设见图 1-1。

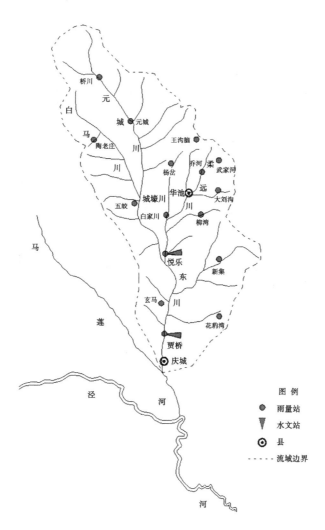

图 1-1 东川流域水系及水文站网布设

1997 年以来,东川流域生态修复、退耕还林(草)、封禁治理、淤地坝"亮点工程"和坡耕地改造等水土保持生态工程建设取得明显进展,其中以梯田和造林、种草最为突出。在水土保持生态工程建设中,占东川流域总面积 70% 的华池县,通过整合项目,综合治理成效显著,如元城川乔川乡杨湾村 1.5 万亩流域治理、城壕川城壕乡香山塬万亩流域治理、柔远川柔远镇庄子沟流域综合治理示范点、全县 15 个乡镇春秋季各 1 000 亩绿化造林点、华池县林业局万亩封山育林、华池县畜牧局万亩封山育草等工程,成为东川流域水土流失综合治理的"亮点工程"。特别是城壕乡高标准万亩梯田建设工程,柔远镇土坪村、白马乡连集村等 5 处千亩梯田示范点建设,为全县梯田建设起到了示范带动作用。2012年华池县在甘肃省自 2009 年启动的新一轮百万亩梯田建设工作中,被评为省级"梯田建设优秀县"。

三、东川文化

东川流域约 2/3 的面积在华池县境内。华池县文化遗存丰厚,名人英才辈出。中国出土最早的旧石器遗址赵家岔洞沟举世瞩目;战国秦长城横亘北端,秦直道纵贯东部,北宋一代名臣范仲淹修筑的大顺城等古城寨堡遍布南北,并留下了脍炙人口的词作《渔家傲·秋思》(塞下秋来风景异);雕刻精细、失而复得、易地保护的金代双石造像塔天下闻名;工艺精湛的宋瓷、双塔寺出土的千岁香包底蕴深厚,引人入胜。1934 年由刘志丹、谢子长、习仲勋等老一辈无产阶级革命家创建的陕甘边苏维埃政府旧址、列宁小学、抗大七分校旧址、建于 1986 年的南梁革命纪念馆和 1943 年毛泽东为时任华池县长李培福的亲笔题词"面向群众"等,是激励华池人民艰苦奋斗、自强自立的不竭动力。华池是陕甘边苏维埃政府所在地,当年曾为中央红军长征提供了落脚点,又是党的群众路线的发源地,亦是 20 世纪 50 年代由著名演员新凤霞主演、享誉全国的评剧《刘巧儿》中"刘巧儿"艺术原型封芝琴的家乡,是当代中国妇女争取婚姻自主和自由解放的象征,也留下了我们党联系群众的一段佳话,现已成为革命老区甘肃庆阳一张耀眼的名片。2009 年 6 月 7 日,时任中共中央政治局常委、中央书记处书记、国家副主席习近平同志曾到华池视察工作,并专程前往南梁革命老区参观考察。

第二章　调查内容

一、下垫面

2013年3月下旬至4月上旬,调查组赴东川流域调查下垫面情况,调查内容包括:

(1)东川流域梯田建设和坡耕地改造情况;

(2)东川流域生态修复、退耕还林(草)和封禁治理情况;

(3)东川流域淤地坝工程建设情况;

(4)东川流域修路、开矿、陡坡耕种等人为新增水土流失情况;

(5)东川流域土地利用变化情况。

在10余d的调查中,调查组行程2 600余km,沿途考察了流域梯田建设、坡耕地改造、植被变化、水土保持生态工程、骨干坝和中小型水库建设以及土地利用变化等情况,重点调查了石油开采、道路建设、陡坡开荒等人为新增水土流失情况。调查过程中,先后赴东川主要支流元城川、白马川、柔远川(包括东沟、乔河和庙巷3条支流)、城壕川和北洛河二级支流二将川,现场查看了石油开采井场道路、井场管线建设弃土、"村村通"公路建设和新(集)—南(梁)二级公路建设以及流域梯田建设和坡耕地改造情况,对东川流域"2013·7"暴雨灾害进行了详细调查和了解,还对华池县城南新区建设、蓬河工程情况、东川流域砖瓦场建设及东川流域干流河道护岸工程建设情况进行了调查。调查过程中收集了大量资料,拍摄了700余张照片。调查结束后,又先后与甘肃省庆阳市水土保持管理局、庆阳市华池县水土保持管理局、华池县国土资源局、华池县交通局、庆阳市庆城县水土保持管理局等单位领导和相关技术人员就近年来东川流域水土保持生态建设、人为新增水土流失等情况进行了座谈和交流,共举行座谈会5次。

同时,为深入了解东川流域2008年以来暴雨洪水发生情况、近期产洪产沙特点、河道冲淤以及石油开采对水资源的污染等情况,调查组还专程赴黄委东川贾桥水文站、东川一级支流柔远川悦乐水文站、马莲河庆阳水文站、东川流域出口下游毗邻的马莲河一级支流合水川板桥水文站等4个水文站,调查东川流域近年暴雨洪水情况。

二、土地利用

东川流域土地利用类型主要有草地、农田、森林、灌丛、果园、工矿及居民用地、道路、水体等8大类。以支流柔远川2009年土地利用情况为例。柔远川支流面积591 km²,其中草地面积最大,达到412.4 km²,占支流面积的69.8%;其次是农田,面积128.3 km²,占支流面积的21.7%;森林面积只有20.1 km²,仅占支流面积的3.4%。工矿及居民用地、灌丛、道路、水体和果园都很少。

根据本次调查,东川流域坡耕地面积占流域面积的10.9%,流域土地利用以草地、林地和农田为主,其中人工草地、人工林地和基本农田保存面积分别占流域面积的14.5%、

8.3%和8.0%。调查的柳湾典型小流域天然草地面积占其小流域面积的55.3%,其中高覆盖度(>50%)、中覆盖度(20%~50%)和低覆盖度(<20%)草地面积分别占流域面积的2.2%、40.6%和12.5%,且高覆盖度草地全部为苜蓿种植地,这与柔远川支流情况基本相似。

根据调查,东川流域2008—2013年工业用地较少,用地强度平均为100亩/a;"新农村建设"的修庄、建房用地强度平均为300亩/a。长庆油田2008年以来每年平均打井150口左右,用地强度平均为3 000亩/a,其中坡耕地占80%左右。

调查结果表明,东川流域林草植被覆盖率(林草植被面积/水土流失面积×100%)为25.7%。

第三章　流域近期水沙变化分析

一、不同时段水沙变化

东川流域不同时段降水、径流、泥沙变化情况见表 3-1。根据贾桥水文站实测资料统计,1956—2013 年、2001—2007 年和 2008—2013 年径流量分别为 8 510 万 m³、6 650 万 m³ 和 7 500 万 m³,年均输沙量分别为 1 980 万 t、1 440 万 t 和 1 510 万 t。以 1956—2000 年的径流、泥沙平均值 8 940 万 m³、2 120 万 t 作为基准,则 2001—2007 年和 2008—2013 年年均径流量分别减少 25.6% 和 16.1%,年均输沙量分别减少 32.1% 和 28.8%。但年降水量却分别增大 4.6% 和 11.9%,汛期降水量分别增大 5.7% 和 17.2%。2008—2013 年与 2001—2007 年相比,年径流量增加 12.8%,年输沙量增加 4.9%;年降水量和汛期降水量分别增大 7.0% 和 10.9%,径流系数增大 7.1%,产沙系数减小 1.8%。但不同时段变化各有特点:

表 3-1　东川流域不同时段降水、径流、泥沙量

时段	年降水量 (mm)	汛期降水量 (mm)	年径流量 (万 m³)	汛期径流量 (万 m³)	年径流系数	年输沙量 (万 t)	汛期输沙量 (万 t)	年产沙系数 (万 t/mm)
1956—1970 年	528.7	361.8	9 500	6 430	0.060	2 360	2 160	4.46
1971—1980 年	469.7	323.1	8 420	5 520	0.060	1 990	1 940	4.24
1981—1990 年	488.9	305.5	8 100	4 840	0.055	1 440	1 200	2.95
1991—2000 年	459.2	299.9	9 460	6 390	0.069	2 580	2 270	5.62
2001—2007 年	513.8	345.6	6 650	4 170	0.043	1 440	1 290	2.80
2008—2013 年	549.6	383.1	7 500	4 850	0.046	1 510	1 440	2.75
1956—2013 年	500.0	335.0	8 510	5 560	0.057	1 980	1 790	3.96

注:汛期为 7—10 月。

(1)从 1956—1970 年、1971—1980 年、1981—1990 年、1991—2000 年、2001—2007 年和 2008—2013 年不同时段汛期降水变化来看,呈减少再减少又减少再增大又增大的 U 形变化过程。

(2)同期汛期径流、泥沙则呈现减少再减少再增大又减少又增大的波动变化过程,与汛期降水变化并不完全对应,说明 2001 年以后流域水沙变化对降水和下垫面的响应比较复杂。

从贾桥水文站 1956—2013 年实测年径流量和年输沙量变化过程线(见图 3-1)来看,年径流泥沙依时序均呈减少趋势,来水来沙的峰谷值对应。1956—2013 年贾桥水文站年径流量减少速率约为 43.7 万 m³/a,年输沙量减少速率约为 15.1 万 t/a。

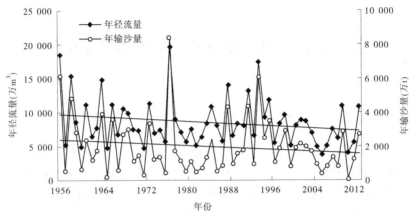

图 3-1 贾桥水文站年径流量和年输沙量变化过程线

2000—2013 年贾桥水文站年径流量增加速率约为 47.9 万 m^3/a，年输沙量增加速率为 0.072 万 t/a（见图 3-2）。2000 年以来东川流域来水来沙依时序呈波动增加趋势。

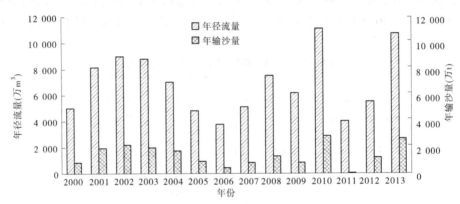

图 3-2 贾桥水文站 2000—2013 年年径流量和年输沙量

贾桥水文站历年实测最大含沙量变化过程见图 3-3。根据统计，1956—2013 年贾桥水文站多年平均最大含沙量为 820 kg/m^3，其中 1956—2000 年、2001—2007 年和 2008—2013 年分别为 825 kg/m^3、892 kg/m^3 和 704 kg/m^3。2008 年以来年最大含沙量也未明显减小，尤其是 2012 年和 2013 年连续出现年最大含沙量分别为 849 kg/m^3 和 831 kg/m^3 的高含沙洪水，均高于多年平均值。东川流域出口站连续出现最大含沙量超过 800 kg/m^3 的高含沙洪水，与流域暴雨落区和下垫面治理的措施配置密切相关。

根据表 3-2 的统计结果，东川流域 2000 年以来降雨量、降雨天数、累积雨量开始增加。近期（2008—2013 年）年降雨、汛期降雨和主汛期降雨分别高出多年均值（1956—2013 年）9.9%、14.4% 和 19.6%；对流域产流产沙意义重大的中雨（≥10 mm）、大雨（≥25 mm），特别是暴雨（≥50 mm）发生的频次（降雨天数）显著增加，分别高出多年均值 6.0%、8.9% 和 41.6%。各量级降雨的累积雨量也显著增大，分别高出多年均值 10.5%、21.7% 和 46.8%。由此说明，近期东川流域的降雨从雨量、雨强、量级降雨频次、量级降雨量等各个方面均呈现出非常明显的增大趋势。

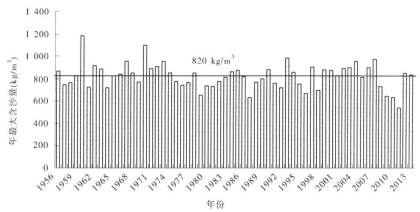

图 3-3　贾桥水文站历年最大含沙量变化过程

综上分析,东川流域 2000 年以后流域来水来沙呈波动增加趋势,尤其是 2008 年以后来水来沙逆向反弹更为明显,与黄河流域水沙变化大趋势不一致。

表 3-2　东川流域各时段降雨特征值　　　　　　　　　　　　　　　　（%）

时段	降雨量			降雨天数			累积雨量		
	全年	汛期	主汛期	≥10 mm	≥25 mm	≥50 mm	≥10 mm	≥25 mm	≥50 mm
1956—1970 年	5.7	8.0	5.8	16.0	18.9	−29.5	7.1	−8.0	−45.3
1971—1980 年	−6.1	−3.6	−2.2	−1.3	−16.2	8.2	−5.5	2.1	27.0
1981—1990 年	−2.2	−8.8	−9.3	−4.7	−7.0	−29.5	−7.6	−17.5	−29.6
1991—2000 年	−8.2	−10.5	−1.9	−5.3	9.2	11.5	1.7	5.7	−13.0
2001—2007 年	2.8	3.2	−10.1	2.8	3.1	35.7	7.0	17.8	39.6
2008—2013 年	9.9	14.4	19.6	6.0	8.9	41.6	10.5	21.7	46.8

注:主汛期为 7—8 月,2000 年以前部分数据来自参考文献[1]。

二、水沙系列突变年份确定

利用双累积曲线法确定突变年份。其基本原理是利用累积降雨量与累积径流量(或累积输沙量)曲线斜率变化分析流域水沙变化趋势,曲线斜率的变化表示单位降雨量所产生的径流量和输沙量的变化。如果斜率发生转折即认为人类活动改变了流域下垫面的产水产沙水平,曲线转折点即为流域水沙系列突变年份。

依据东川流域 1956—2013 年实测资料,分别建立流域累积面平均年降雨量与贾桥水文站累积实测年径流量和累积实测年输沙量的双累积曲线(见图 3-4、图 3-5)。东川流域降雨—径流双累积曲线所表现的突变关系较为明显,降雨—径流关系突变于 1996 年前后。由图 3-5 可见,东川流域降雨—输沙双累积曲线所表现的突变关系较为复杂,出现了多个突变年份,这主要是因为降雨产沙关系更具不确定性。但尽管如此,曲线仍表现出在 1996 年前后存在降雨—输沙关系的突变。

在以往的黄河中游水沙变化研究中,一般是以 1970 年作为流域水土保持综合治理开

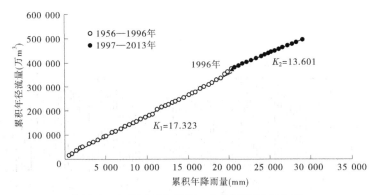

图 3-4 东川流域年降雨—年径流双累积曲线

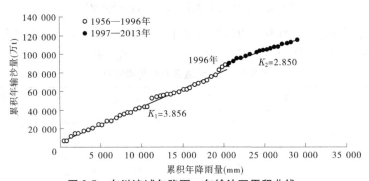

图 3-5 东川流域年降雨—年输沙双累积曲线

始发挥效益的水沙系列分界年。但是,通过本次调查得知,与黄河中游河龙区间诸支流不同,东川流域 1970 年以后至 20 世纪 90 年代中期之前未开展大规模的水土保持综合治理工作,也未大规模兴建淤地坝、水库等水利工程,因而这一历史时期流域下垫面未发生明显变化。1996 年之后,东川流域与黄河中游其他地区一样,开始实施大规模的生态修复、退耕还林(草)、封禁治理、淤地坝"亮点工程"和坡耕地改造等水土保持生态工程建设。尤其是大规模的"坡改梯"(坡耕地改建成梯田)明显改变了流域的下垫面状况,对流域产水产沙及水沙关系变化影响很大。

综合降雨—径流和降雨—输沙双累积曲线判别结果,结合实地调查,确定东川流域水沙系列突变年份为 1996 年。因此,在分析东川流域水沙关系变化时,将水沙系列划分为 1956—1996 年和 1997—2013 年两个时段。

三、年降雨产流产沙关系

东川流域 1956—2013 年降雨产流关系和降雨产沙关系分别见图 3-6 和图 3-7。通过回归分析,流域两个时段降雨产流关系式分别为

1956—1996 年:

$$W = 20.849P - 1241.8 \tag{3-1}$$

1997—2013 年:

$$W = 12.656P + 626.39 \tag{3-2}$$

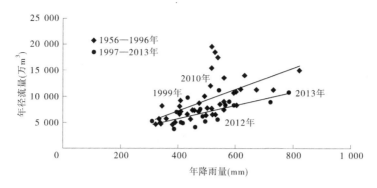

图 3-6　东川流域年降雨产流关系

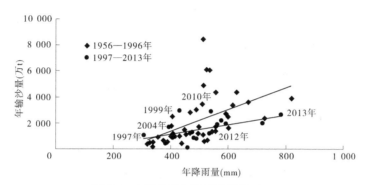

图 3-7　东川流域年降雨产沙关系

降雨产沙关系式分别为

1956—1996 年：

$$W_s = 8.392\ 1P - 2\ 004.2 \tag{3-3}$$

1997—2013 年：

$$W_s = 3.766\ 9P - 390.45 \tag{3-4}$$

式(3-1)～式(3-4)中,其斜率分别代表东川流域不同时段单位降雨产流量和单位降雨产沙量;P 代表流域年平均降水量,mm。相关系数分别为 0.594、0.657、0.502 和 0.535,相关性较差。

不过仍可大致判定,1997—2013 年与 1956—1996 年相比,东川流域单位降雨产流量和单位降雨产沙量均有下降趋势。其中单位降雨产流量下降了 39.3%,单位降雨产沙量下降了 55.1%。由图 3-6 和图 3-7 可以看出,两个时段点据相互掺混,图 3-7 更为明显,说明 1997 年以来流域产沙减少有反弹趋势。

如果将式(3-1)～式(3-4)用幂函数表示,则分别为

1956—1996 年：

$$W = 4.126P^{1.232\ 4} \tag{3-5}$$

1997—2013 年：

$$W = 19.285P^{0.942\ 7} \tag{3-6}$$

1956—1996 年：

$$W_\mathrm{s} = 5 \times 10^{-5} P^{2.791} \qquad\qquad (3\text{-}7)$$

1997—2013 年：

$$W_\mathrm{s} = 0.084\,9 P^{1.538\,2} \qquad\qquad (3\text{-}8)$$

其相关系数分别为 0.693、0.642、0.695 和 0.386。对比式(3-5)~式(3-8)的指数可以看出,1997—2013 年与 1956—1996 年相比,东川流域降雨产流产沙能力明显下降。

此外,在图 3-6、图 3-7 中东川流域 1956—1996 年降雨产流产沙点据中有 4 个年份的点据明显偏离关系线,导致降雨产流产沙相关性较差。这 4 个年份分别是 1956 年、1958 年、1977 年和 1994 年,其年降雨量在 1956—2013 年全资料系列中属于中等偏上水平,但年径流量和年输沙量都很大,均为大水大沙年。其中 1977 年贾桥(东川庆阳)水文站实测年径流量 19 530 万 m^3,年输沙量 8 410 万 t,均为全资料系列中的最大值,其后依大小分别为 1956 年、1994 年和 1958 年。经分析,这 4 a 东川流域降雨产流产沙的共同特点是前期降雨量大、汛期暴雨高度集中且雨强很大;暴雨落区均为流域南部及其上游的黄土丘陵沟壑区,因此产流产沙量非常大。从径流系数和产沙系数来看,1977 年、1956 年、1994 年和 1958 年径流系数分别为 0.126、0.117、0.108 和 0.100,产沙系数分别为 16.2 万 t/mm、11.5 万 t/mm、11.2 万 t/mm 和 9.4 万 t/mm,在全资料系列中排列前 4 位。

四、累积有效降雨产流产沙关系

东川流域属黄土高原超渗产流区,洪水泥沙主要由汛期暴雨产生,因此雨量和雨强对区域水沙变化均有较大影响。在超渗产流的物理机制下,当雨强较小时,降雨将下渗并随蒸发消耗,对产流的作用很小;只有当雨强大于某一临界值时,降雨才会明显产流,可将这一雨强临界值定义为流域产流、产沙的“临界雨强”。从产流机制分析,“临界雨强”主要受流域下垫面入渗率的影响,而实际中下垫面常因受到人类活动的影响而发生变化。当流域下垫面发生改变时,产流产沙的条件改变,“临界雨强”将会发生变化:若流域下垫面植被破坏严重,降雨的侵蚀力增大,入渗率降低,容易产流产沙,则“临界雨强”减小;随着流域水土保持综合治理工作的深入开展,下垫面植被向好,则可以降低降雨侵蚀力,增大下渗率,不利于产流产沙,则“临界雨强”增大。

李晓宇等曾根据东川流域雨量站建站时间和资料收集情况,选取流域内 15 个雨量站点资料进行流域累积有效降雨产流产沙关系分析,采用的资料系列为 1966—2010 年。根据其判定结果,东川流域在 1996 年之前的“天然状态”下,当流域 1 d 面平均雨量达到 9 mm 以上时,流域开始大规模产流;当 1 d 面平均雨量达到 15 mm 以上时,流域开始大规模产沙。1996 年之后,随着水土保持措施的增多,支流“临界雨强”均开始增大,“临界产流雨强”增大到 16 mm/d,“临界产沙雨强”增大到 18 mm/d。说明在人类活动影响下,水土保持措施改变了流域下垫面的产流产沙条件,使下垫面产流产沙需要更大的雨强。李晓宇等以天然状态下的“临界雨强”为标准,建立了“汛期大于临界雨强(9 mm/d)的累积有效降雨—汛期径流量”及“汛期大于临界雨强(15 mm/d)的累积有效降雨—汛期输沙量”关系(见图 3-8、图 3-9)。东川流域人类活动影响下的汛期降雨—径流、汛期降雨—输沙关系线处于“天然状态”关系线的下方,说明 1996 年以后在同样的汛期降雨条件下,流域产流产沙减少。

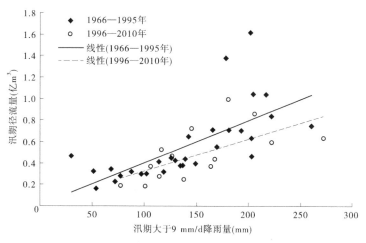

图 3-8　东川流域汛期大于 9 mm/d 累积降雨量与径流量关系

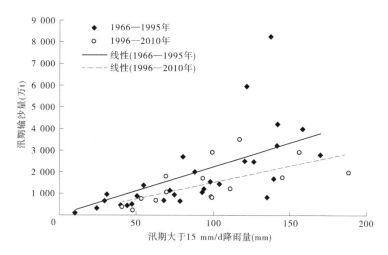

图 3-9　东川流域汛期大于 15 mm/d 累积降雨量与输沙量关系

五、不同时段径流输沙关系

河流水沙关系是流域自然条件的综合反映,与流域降雨的时空分布、产水产沙的时空差异和流域下垫面变化等因素密切相关。从东川流域径流输沙关系(见图 3-10)来看,与黄河中游地区诸多支流一样,流域径流输沙关系非常密切。不过,1997—2013 年与1956—1996 年相比,径流输沙关系规律并未发生明显变化。从图 3-10 中可以看出,虽然2008 年以后东川流域频繁发生大暴雨,但自 1997 年以来,贾桥水文站实测年径流量最大为 1.1 亿 m³ 左右,年输沙量最大不超过 3 000 万 t。

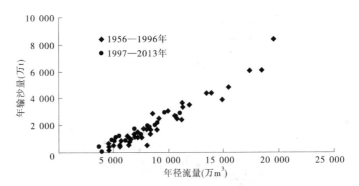

图 3-10　贾桥水文站不同时段径流输沙关系

第四章　流域近期致洪暴雨洪水分析

一、"2010·8·9"暴雨洪水

2010 年 8 月 9 日 0 时起,马莲河流域突降大暴雨,整场降雨持续近 12 h,降雨开始阶段雨强较大。暴雨中心有两处,其中一处即在东川流域支流元城川中游五蛟、武家河一带。其中五蛟雨量站场次降雨量 141.6 mm,最大 1 h 降雨量 71.4 mm;武家河雨量站场次降雨量 139.6 mm,最大 1 h 降雨量 72.6 mm。该次大暴雨大于 125 mm、100 mm、75 mm、50 mm 和 25 mm 等雨量线的笼罩面积分别为 60 km²、1 066 km²、3 153 km²、6 259 km² 和 13 252 km²。根据计算,东川流域"2010·8·9"暴雨最大 1 h 雨强为 54.9 mm/h,面平均雨量高达 119.0 mm。

受本次强降雨影响,东川流域支流柔远川悦乐水文站 8 月 9 日 2 时 30 分开始涨水,3 时达到峰顶,洪峰流量 1 770 m³/s,为该站建站以来最大洪峰,洪水最大含沙量 548 kg/m³,8 月 10 日 0 时洪水退落。东川流域出口站贾桥水文站 8 月 9 日 4 时 6 分开始涨水,4 时 54 分达到峰顶,洪峰流量 2 320 m³/s,为该站建站以来最大洪峰,洪水最大含沙量 526 kg/m³,8 月 9 日 19 时 30 分洪水退落。东川流域"2010·8·9"暴雨洪水是贾桥水文站 1979 年 7 月 1 日建站以来的实测最大洪水,在东川流域 1956—2013 年水文资料系列中排列第 2 位。

二、"2012·7·21"暴雨洪水

2012 年 7 月 21 日,东川流域再次发生大暴雨。根据调查统计,"2012·7·21"暴雨中心位于柔远川温台村,悦乐水文站控制区域为主暴雨区,最大 1 h 降雨量 40.8 mm,单站 6 h 最大降雨量 103.4 mm,面平均雨量 82.2 mm,实测最大洪峰流量 1 100 m³/s,最大含沙量 600 kg/m³;其下游的贾桥水文站实测最大洪峰流量 1 120 m³/s,最大含沙量 849 kg/m³。

三、"2013·7·9—15"暴雨洪水

2013 年 7 月 9 日、12 日和 15 日,东川流域连续发生 3 次暴雨。调查中了解到,东川流域"2013·7·9—15"暴雨与延安 2013 年 7 月暴雨在同一雨带,贾桥、新集站单站最大日降雨量分别高达 134.4 mm 和 94.0 mm;最大 1 h 降雨量 52.4 mm,面平均雨量 105.8 mm。悦乐水文站 7 月 12 日实测最大洪峰流量 135 m³/s,最大含沙量 836 kg/m³;贾桥水文站 7 月 15 日实测最大洪峰流量 721 m³/s,最大含沙量 746 kg/m³。根据中共华池县委、华池县人民政府提供的《华池县防汛救灾工作情况汇报》(2013 年 7 月 24 日)材料,该次连续暴雨属于典型的"小水大灾",共造成 64 506 人受灾,占华池全县总人口的 48.1%,因灾死亡 3 人,直接经济损失约 7.14 亿元,是华池县近 50 a 来受灾面最广、受灾群众最多、

受灾程度最重的一次。尤其是流域地质灾害非常严重,共发生山体滑坡 403 处,崩塌 82 处,泥石流 135 处;受损农田 63.2 万亩(其中梯田 37 万亩)。由此导致水土流失异常严重,沙量再次剧增。

同时,根据调查现场查看,东川流域"2013·7·9—15"暴雨对贾桥水文站测流断面影响很大,上游护岸砂石大部分被洪水冲走,测流断面淤积严重,淤积深度最大达到 1 m 左右。

东川流域"2010·8·9""2012·7·21"和"2013·7·9—15"暴雨洪水特征值见表 4-1。

表 4-1　东川流域近期暴雨洪水特征值

洪水发生时间 (年-月-日)	次洪量 (万 m³)	次洪沙量 (万 t)	最大含沙量 (kg/m³)	最大 1 h 雨量(mm)	最大 24 h 雨量(mm)	最大洪峰流量 (m³/s)
2010-08-09	3 720	1 840	526	72.6	119.0	2 320
2012-07-21	1 450	781	849	40.8	82.2	1 120
2013-07-09	847	340	519	35.0	105.8	301
2013-07-12	942	424	653	52.4	100.7	257
2013-07-15	976	606	746	44.4	63.8	721
2013-07-09—15	2 765	1 370	746	52.4	105.8	721

四、年最大场次降雨产洪产沙关系

为便于与李晓宇等研究成果相佐证,利用其所选降雨资料,统计分析了所用的东川流域 1966—2013 年各年最大场次降雨产洪产沙关系分析。东川流域 1966—2013 年最大场次降雨量及产洪产沙量过程线分别见图 4-1 和图 4-2。"2010·8·9""2012·7·21"和"2013·7·9~15"暴雨面平均降雨量在资料系列中分别排列第 3 位、第 10 位和第 16 位,降雨增大趋势十分明显。但最大场次洪水量和洪水输沙量增幅不及降雨增幅。

根据东川流域 1966—2013 年最大场次降雨产洪产沙关系(见图 4-3 和图 4-4),粗略以年最大场次洪水面平均降雨量 $P_m = 100$ mm 作为临界,东川流域年最大场次降雨产洪关系可以分为如下两个区:

降雨产洪低值区($P_m < 100$ mm):

$$W_H = 174.53 P_m^{0.5145} \tag{4-1}$$

降雨产洪高值区($P_m > 100$ mm):

$$W_H = 521.82 P_m - 56\ 903 \tag{4-2}$$

式中:W_H 为年最大场次洪水量,万 m³;P_m 为年最大场次洪水面平均降雨量,mm。式(4-1)、式(4-2)相关系数分别为 0.66 和 0.95。

东川流域年最大场次降雨产沙关系也可以分为如下两个区:

降雨产沙低值区($P_m < 100$ mm):

$$W_{HS} = 136.69 P_m^{0.4116} \tag{4-3}$$

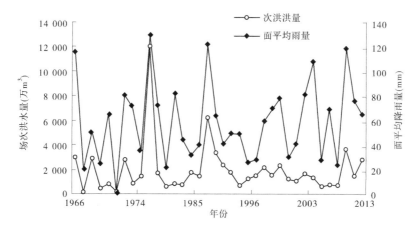

图 4-1　东川流域最大场次降雨量及产洪量变化过程

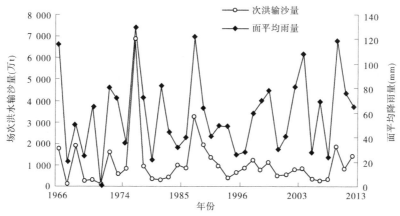

图 4-2　东川流域最大场次降雨量及产沙量变化过程

降雨产沙高值区($P_m > 100$ mm):

$$W_{HS} = 310.89P_m - 34\,028 \tag{4-4}$$

式中:W_{HS} 为年最大场次洪水输沙量,万 t。

式(4-3)、式(4-4)相关系数分别为 0.55 和 0.92。

当年最大场次洪水对应的面平均降雨量小于 100 mm 时,随着面平均降雨量的增大,东川流域年最大场次洪水量及年最大场次洪水输沙量增加缓慢,其中年最大场次洪水量在 4 000 万 m^3 以内变化,年最大场次洪水输沙量在 2 000 万 t 以内变化。据此可以称为降雨产洪产沙低值区,此时年最大场次降雨产洪产沙关系相关性较差。

当年最大场次洪水对应的面平均降雨量超过 100 mm 后,年最大场次降雨产洪产沙关系呈线性相关关系,相关性好。随着面平均降雨量的增大,东川流域年最大场次洪水量及年最大场次洪水输沙量增加明显,其斜率(单位毫米降雨产洪产沙量)大,分别是降雨产洪产沙低值区斜率的 29 倍和 38 倍,产流产沙能力强。据此可以称为降雨产洪产沙高值区。

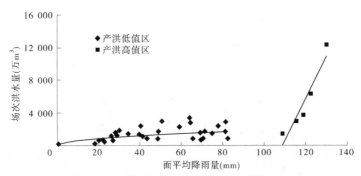

图 4-3　东川流域最大场次降雨产洪关系

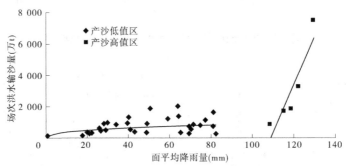

图 4-4　东川流域最大场次降雨产沙关系

东川流域年最大场次降雨产洪产沙关系存在高值区和低值区等两个区的独特现象，其形成机制有待进一步研究。

五、年最大场次洪水输沙关系

东川流域 1966—2013 年最大场次洪水输沙关系见图 4-5。"2010·8·9""2012·7·21"和"2013·7·9—15"三次洪水输沙关系密切且与流域年最大场次洪水输沙关系线吻合，说明近期虽然流域下垫面变化很大，但最大场次洪水输沙规律没有发生本质性变化。根据大小排位统计，"2010·8·9""2012·7·21"和"2013·7·9—15"洪水量及洪水输沙量在 1966—2013 年共 48 年资料系列中分别排列第 3 位、第 18 位和第 8位。

东川流域 1966—2013 年最大场次洪水输沙线性关系式为

$$W_{HS} = 0.590\,5 W_H - 51.871 \tag{4-5}$$

式中：W_{HS} 为历年最大场次洪水输沙量，万 t；W_H 为历年最大场次洪水量，万 m^3。该式的相关系数为 0.99。

2010 年、2012 年和 2013 年东川流域出口站贾桥水文站实测年径流量分别为 1.11 亿 m^3、0.55 亿 m^3 和 1.07 亿 m^3，实测年输沙量分别为 0.290 亿 t、0.122 亿 t 和 0.267 亿 t，则由表 4-1 统计，"2010·8·9""2012·7·21"和"2013·7·9—15"暴雨场次洪水量分别占对应年值的 33.5%、26.4% 和 25.8%，场次洪水输沙量分别占对应年值的 63.4%、64.0% 和 51.3%。东川流域径流泥沙主要由暴雨产生且洪水输沙高度集中的特点并未发

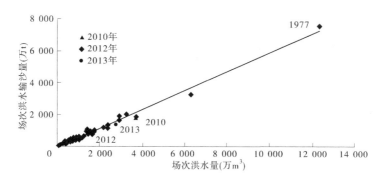

图 4-5　贾桥水文站最大场次洪水输沙关系

生改变。

六、"2013·7·9—15"暴雨灾害原因简析

　　东川流域"2013·7·9—15"暴雨之所以在洪峰流量并不大的情况下,灾害及损失成为华池县近 50 a 之最,主要原因是暴雨集中,雨强较大,"小水大灾"的特点非常突出。7月 9 日、12 日和 15 日的三场暴雨洪水接踵而至,大量降雨使得土壤中水分饱和,加上陇东地区地质构造为湿陷性黄土,土质疏松,黏性非常差,造成大量山体滑坡,冲毁窑洞和房屋。华池是一个纯山区县,山大沟深,居民素有依山修建住宅的习惯,若遇到持续降雨,发生地质灾害的可能性非常大,居民的生命财产安全无法保障。从调查情况看,华池县今后防汛工作的重点在县城,难点在农村。

第五章　水土保持措施减水减沙量

一、水土保持措施面积核实

在调查过程中,重点收集了东川流域涉及的定边县、环县、华池县和庆城县等 4 县2007—2013 年水土保持措施年报资料,以及截至 2011 年底第一次全国水利普查资料,核实了各县 2007—2013 年水土保持措施年报资料,并将历年各县水土保持措施核实面积分解到东川流域。

东川流域水土保持措施面积具体核实方法如下:

(1)确定核查的基础数据系列。以东川流域各县 2007—2013 年水土保持措施年报资料为基础,以"十一五"国家科技支撑计划重点课题"黄河流域水沙变化情势评价研究"中东川流域截至 2006 年水土保持措施保存面积为基本控制数据,参照东川流域各县黄委水土保持联系制度表数据(2007—2013 年),确定东川流域各县 2007—2013 年水土保持措施核查的基础数据系列。

(2)确定核查系数。核查系数是指实地调查的水土保持措施保存面积与同一时段、同一区域、同类措施统计面积的比值,是反映水土保持治理措施数量真实状况的一个非常重要的指标。首先开展典型小流域水土保持措施调查,通过与基础数据系列统计资料的对比,初步估算各项水土保持措施核查系数的基础值。然后运用遥感信息解译成果,并与典型小流域调查资料计算的核查系数进行比较,确定措施核查系数。由于封禁治理属于流域内植被的自然恢复过程,因此没有考虑东川流域封禁治理面积的核实。

调查中选择的典型小流域为华池县柳湾、庙巷和马南沟小流域,同时参考了甘肃省环县城西川小流域、镇原县巨沟小流域、宁夏回族自治区彭阳县姚岔小流域和陕西省旬邑县潭沟小流域(均属于泾河流域)的以往研究成果,最后确定东川流域水土保持措施核查系数。经过综合分析和计算,东川流域梯田核查系数为 0.94,坝地核查系数为 0.85,造林核查系数为 0.74,种草核查系数为 0.66。

(3)确定措施面积。用东川流域各县 2007—2013 年历年统计的水土保持措施面积基础数据,乘以东川流域水土保持措施核查系数,得出各县历年水土保持措施核查面积数据;采用东川流域图和流域各县行政区划图套绘的方法,量算各县在流域中所占的面积,由各县所占面积除以流域总面积得出该县面积权重系数;由面积权重系数乘以该县核查期历年水土保持措施核查面积数据,得出流域 2007—2013 年历年水土保持措施核查面积。

调查统计核实结果表明,截至 2013 年底,东川流域共有水土保持治理措施保存面积99 606 hm²,其中梯田 24 416 hm²,林地 25 370 hm²,草地 44 420 hm²,坝地 390 hm²,封禁治理 5 010 hm²。流域治理度(治理面积/水土流失面积×100%)34.2%,林草植被覆盖度(林草植被面积/流域面积×100%)24.4%。梯田、林地、草地、坝地、封禁治理措施配置比例分别为24.5%、25.5%、44.6%、0.4%和5.0%(见表5-1)。

表5-1　2013年东川流域水土保持措施减水减沙量及减蚀量

措施参数	梯田	林地	草地	坝地	封禁治理	合计
水保措施面积(hm²)	24 416	25 370	44 420	390	5 010	99 606
配置比例(%)	24.5	25.5	44.6	0.4	5.0	100
减水指标(万 m³/hm²)	0.015 1	0.012 0	0.010 8	0.009 3	0.010 8	—
减沙指标(万 t/hm²)	0.008 5	0.006 8	0.006 1	0.160 7	0.005 8	—
水保措施减水量(万 m³)	370	305	478	4	54	1 211
水保措施减沙量(万 t)	208	171	272	63	29	743
水保措施减蚀量(万 t)	260	214	340	13	36	863
水保措施拦沙减蚀量(万 t)	468	385	612	76	65	1 606
减水贡献率(%)	30.5	25.2	39.5	0.3	4.5	100
拦沙减蚀贡献率(%)	29.1	24.0	38.1	4.7	4.1	100

东川流域共建设淤地坝89座,其中骨干坝41座,坝控面积约205 km²,已淤积1 203万 m³;中型淤地坝36座,坝控面积约108 km²,已淤积160万 m³;小型淤地坝12座,坝控面积约12 km²,已淤积16万 m³。截至2013年底淤地坝累计淤积量约为1 931万 t,坝控面积占比(坝控面积/流域面积×100%)10.6%。柔远川流域小川沟坝系共有淤地坝43座(其中骨干坝11座,中型坝20座,小型坝12座),丁家沟骨干坝为其中上游的一座控制性工程,2010年建成,坝控面积5.5 km²,坝高27 m,总库容92.5万 m³,淤积库容67.5万 m³,设计淤积年限12年,目前已淤成坝地16.8 hm²。在"2012·7·21"暴雨中该骨干坝平均淤积厚度达1.0 m左右。

根据调查,东川流域目前沟道淤地坝工程建设情况堪忧。自2010年以后一直没有新建淤地坝,建设方向调整为对现有淤地坝进行除险加固。目前实施除险加固的淤地坝共有27座,其中包括因"2013·7·9—15"暴雨损坏的淤地坝15座,淤地坝建设工作实际处于停顿状态。但东川流域淤地坝工程建设潜力还很大。根据本次调查,东川流域还可以再建设骨干坝80座左右,中小型淤地坝100余座,当地群众修建淤地坝的积极性也非常高。根据调查资料汇总,东川流域共有水库3座,其中温嘴子水库承担向华池县城供水的任务;有水窖1 898眼,涝池182个,谷坊1 836道,塘坝8座,沟头防护161道。

二、水土保持措施减水减沙量计算方法

采用"指标法"计算东川流域2013年水土保持单项措施减水减沙量。根据前述"十一五"国家科技支撑计划重点课题对泾河支流马莲河庆阳以上2006年底水土保持措施保存面积和1997—2006年水土保持措施年均减水减沙量的分析结果,反算求得其减水减沙指标,计算结果见表5-1。由于东川流域与马莲河庆阳以上流域毗邻,减水减沙指标具有地区相似性,可直接移用该指标作为东川流域近期水土保持措施减水减沙指标。但梯田减水指标计算方法相对复杂,兹简述如下。

东川流域梯田减水指标采用"二步到位法"进行计算,其计算公式为

$$\eta = (1 - \beta)A + \beta B \tag{5-1}$$

式中:η 为小区梯田实际绝对减洪指标,万 m^3/km^2;A 为无埂梯田的绝对减洪指标,万 m^3/km^2;B 为小区坡耕地(梯田对照区)单位面积产洪量,万 m^3/km^2;β 为梯田的有埂率(%)。

以往大量研究结果表明,黄河中游黄土高原地区有埂水平梯田自身的减水作用最大可以达到85%以上,减沙作用最大可以达到95%以上;无埂梯田稍差。根据本次调查,东川流域近期梯田的有埂率 β 值约为60%。

实际计算中,东川流域小区无埂梯田绝对减洪指标分别采用山西省吕梁市离石区王家沟径流小区和甘肃省庆阳市西峰区南小河沟径流小区实测资料。根据2013年东川流域汛期降水量,内插求得小区无埂梯田的绝对减洪指标;按照式(5-1)求出小区梯田实际绝对减洪指标 η;通过尺度转换即可求得东川流域梯田减水指标,进而计算流域梯田减水量。

三、水土保持措施减蚀量

在以往的黄河水沙变化研究中,对梯田、林地、草地等水土保持坡面措施减轻沟蚀量(减蚀量)计算很少涉及,并且没有纳入水土保持措施减沙计算中,计算结果并不完整。例如,梯田对控制水土流失的作用和对流域产沙的调控机制,不仅体现在自身大量减沙,而且可以拦截上游来水来沙,通过削减下游洪水实现沟谷减沙并减少沟谷重力侵蚀,在黄土高原典型流域大理河,梯田、林地、草地等坡面措施减轻沟蚀量是坡面措施自身减沙量的1.11~1.25倍。为弥补以往研究的不足,本次研究按此比例补充计算了东川流域坡面措施(包括封禁治理)减轻沟蚀量(减蚀量)。

同时,根据以往有关研究成果,地处黄土高原沟壑区的南小河沟小流域,淤地坝减蚀量占减沙量的20.9%。东川流域与南小河沟小流域所在的蒲河流域毗邻,具有地区相似性,按此比例计算东川流域淤地坝减蚀量。

东川流域水土保持措施减沙量与减蚀量之和简称"水保措施拦沙减蚀量"。其涵义是包括水土保持措施自身减沙和通过拦截上游来水来沙、削减下游洪水而减轻的沟蚀量在内的总减沙量。与以往研究中所提的"水保措施减沙量"概念相比,本次研究提出的"水保措施拦沙减蚀量"是更为完整的水保措施减沙量。

2013年东川流域水土保持措施减水减沙量及减蚀量见表5-1。

由表5-1可见,截至2013年东川流域水土保持措施减水1 211万 m^3,减沙743万 t,拦沙减蚀1 606万 t,减水减沙作用分别为10.1%和21.8%。在"2013·7·9—15"暴雨中水土保持措施减洪减沙效益分别为30.4%和35.2%。水土保持措施中草地减水贡献率及拦沙减蚀贡献率均为最大,分别达到39.5%和38.1%,其次是梯田,贡献率分别为30.5%和29.1%,第三为林地,贡献率分别为25.2%和24.0%。坝地减水贡献率最小,仅为0.3%,拦沙减蚀贡献率也只有4.7%;封禁治理拦沙减蚀贡献率最小,只有4.1%,减水贡献率也仅为4.5%。

四、近期水土保持措施减洪减沙效益对比

为了对比分析东川流域水土保持措施在"2010·8·9""2012·7·21"和"2013·7·9—15"暴雨中的减洪减沙作用,采用同样计算方法计算了东川流域 2010 年和 2012 年水土保持措施减水减沙量,计算结果分别见表 5-2、表 5-3。

表 5-2　东川流域 2010 年水土保持措施减水减沙量

项目	梯田	林地	草地	坝地	封禁治理	合计
措施面积(hm²)	24 200	33 620	49 200	270	5 900	113 190
配置比例(%)	21.4	29.7	43.5	0.2	5.2	100
减水量(万 m³)	366	404	529	3	63	1 365
减沙量(万 t)	206	227	301	43	34	811
水保措施减蚀量(万 t)	258	284	376	9	43	970
水保措施拦沙减蚀量(万 t)	464	511	677	52	77	1 781
减水贡献率(%)	26.8	29.6	38.8	0.2	4.6	100
拦沙减蚀贡献率(%)	26.1	28.7	38.0	2.9	4.3	100

表 5-3　东川流域 2012 年水土保持措施减水减沙量

项目	梯田	林地	草地	坝地	封禁治理	合计
措施面积(hm²)	26 649	37 247	58 240	310	7 510	129 956
配置比例(%)	20.5	28.7	44.8	0.2	5.8	100
减水量(万 m³)	403	448	627	3	81	1 562
减沙量(万 t)	227	252	356	50	43	928
水保措施减蚀量(万 t)	284	315	445	10	54	1 108
水保措施拦沙减蚀量(万 t)	511	567	801	60	97	2 036
减水贡献率(%)	25.8	28.7	40.1	0.2	5.2	100
拦沙减蚀贡献率(%)	25.1	27.8	39.3	3.0	4.8	100

由表 5-2 可见,截至 2010 年东川流域水土保持措施减水 1 365 万 m³,减沙 811 万 t,拦沙减蚀 1 781 万 t,减水减沙作用分别为 11.0% 和 21.9%。在"2010·8·9"暴雨中水土保持措施减洪减沙效益分别为 26.8% 和 30.6%。水土保持措施中草地减水贡献率及拦沙减蚀贡献率均为最大,分别达到 38.8% 和 38.0%;其次是林地,贡献率分别为 29.6% 和 28.7%;第三为梯田,贡献率分别为 26.8% 和 26.1%;第四为封禁治理,减水贡献率和拦沙减蚀贡献率分别为 4.6% 和 4.3%;坝地减水贡献率和拦沙减蚀贡献率均为最小,分别只有 0.2% 和 2.9%。

截至 2012 年东川流域水土保持措施减水 1 562 万 m³,减沙 928 万 t(见表 5-3),拦沙

减蚀 2 036 万 t,减水减沙作用分别为 22.1%和 43.2%。在"2012·7·21"暴雨中水土保持措施减洪减沙效益分别为 51.8%和 54.3%。水土保持措施中草地减水贡献率及拦沙减蚀贡献率均为最大,分别达到 40.1%和 39.3%;其次是林地,贡献率分别为 28.7%和 27.8%;第三为梯田,贡献率分别为 25.8%和 25.1%;第四为封禁治理,减水贡献率和拦沙减蚀贡献率分别为 5.2%和 4.8%;坝地减水贡献率和拦沙减蚀贡献率均为最小,分别只有 0.2%和 3.0%。

水土保持工程措施(包括梯田和坝地)和林草措施(包括林地、草地和封禁治理)减水减沙机制各不相同。从减水机制看,水土保持工程措施通过改变地面状况、增加坡面水流入渗时间达到减小径流的目的;水土保持林草措施除了减小水流流速和增加坡面水流入渗时间外,还通过植被截留的方式减少到达地表的降雨量,从而增加入渗,减少径流。从减沙机制看,水土保持工程措施通过改变微地形特征,减少径流量;地表微地形特征的改变又增加了水流阻力,减小了水流流速,从而减小了水流挟沙力,这两方面的共同作用使工程措施达到减沙的目的。水土保持林草措施则通过拦截降雨量、减小雨滴落地动能来降低降雨侵蚀力;同时,它也可以增加入渗,减小径流,从而起到减沙功效。

东川流域 2010 年、2012 年和 2013 年水土保持林草措施和工程措施减水量对比见图 5-1;林草措施和工程措施拦沙减蚀量对比见图 5-2。

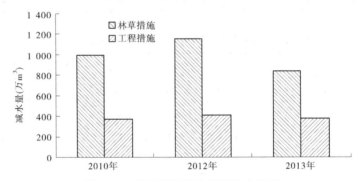

图 5-1　东川流域近期水保措施减水量

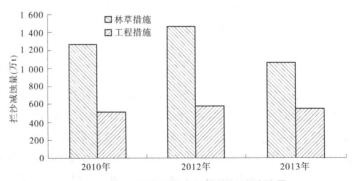

图 5-2　东川流域近期水保措施拦沙减蚀量

东川流域 2010 年、2012 年和 2013 年林草措施减水量和拦沙减蚀量均明显大于工程措施,林草措施减水和拦沙减蚀效应突出,体现出流域治理以林草措施为主的特色。从 3

个年份对比看,2010年、2012年和2013年林草措施减水量分别为996万m³、1 156万m³和837万m³,拦沙减蚀量分别为1 265万t、1 465万t和1 062万t;2012年林草措施减水量和拦沙减蚀量均为最大,2010年次之,2013年最小,且2013年林草措施拦沙减蚀量分别比2012年和2010年下降了27.5%和16.0%,说明在连续暴雨年份林草措施减水能力和拦沙减蚀能力均有衰减趋势。2010年、2012年和2013年工程措施减水量和拦沙减蚀量基本稳定,变化趋势平稳,2012年略大。

东川流域各单项水土保持措施减水贡献率和拦沙减蚀贡献率对比分别见图5-3和图5-4。由此可见,近期东川流域水保措施中林地减水贡献率及拦沙减蚀贡献率均有下降,梯田减水贡献率及拦沙减蚀贡献率均有上升,草地、坝地和封禁治理减水贡献率及拦沙减蚀贡献率变化不大。

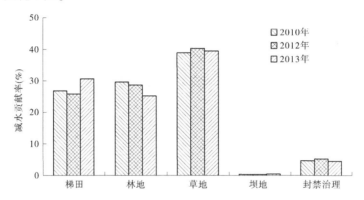

图5-3　东川流域近期水土保持措施减水贡献率对比图

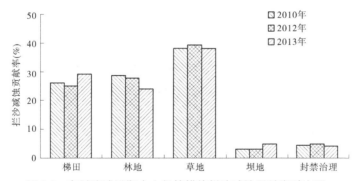

图5-4　东川流域近期水土保持措施拦沙减蚀贡献率对比图

根据调查,东川流域林草植被覆盖度只有24.4%,坝地配置比例只有0.4%,且林草措施减水能力和拦沙减蚀能力均有衰减趋势。由于近期东川流域林草措施减水贡献率及拦沙减蚀贡献率均为最大,因此林草措施减水能力和拦沙减蚀能力衰减、坝地配置比例低是东川流域近期水沙增加的重要原因。

对于林草植被覆盖度为34.3%的云岩河(汾川河)流域,2013年暴雨由于降雨强度大、历时长,也产生了较大的洪水泥沙(见图5-5、图5-6)。根据统计,截至2012年云岩河流域梯田、坝地配置比例分别为10.0%和1.3%,毗邻的延河流域梯田、坝地配置比例分别为12.0%和2.5%,林草植被覆盖度为35.7%,而东川流域2013年梯田、坝地配置比例分别为24.5%和0.4%(见表5-4)。显然,东川流域和云岩河流域坝地配置比例明显低于延河流域。同期东川、云岩河和延河流域骨干坝数量分别为41座、4座和212座。2013年7月暴雨东川流域和云岩河流域产洪产沙量很大,但延河流域产洪产沙量却不大。由此说明,只有当林草措施与一定规模的工程措施相结合,减水减沙作用才会比较明显。否则,在高强度的暴雨条件下,林草措施的减水减沙作用是有限的。

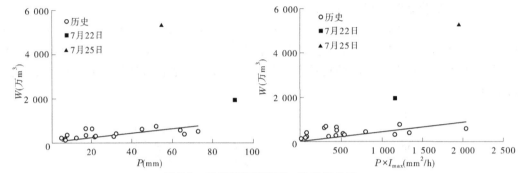

图 5-5　汾川河流域降雨—次洪量关系

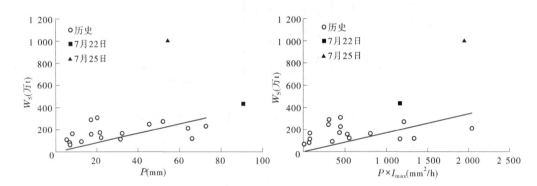

图 5-6　汾川河流域降雨—次洪沙量关系

表 5-4　东川、云岩河和延河流域水土保持治理措施

流域	流域面积 （km²）	梯田配置 比例 （%）	坝地配置 比例 （%）	林草植被 覆盖度 （%）	骨干坝座数 （座）	治理度 （%）
东川	3 065	24.5	0.4	24.4	41	34.2
云岩河	1 785	10.0	1.3	34.3	4	45.1
延河	7 725	12.0	2.5	35.7	212	45.3

对比表5-1~表5-3可知,东川流域2012年水土保持措施保存面积最大,达到13.0万hm²,减水减沙作用也最为突出,尤其是水土保持措施在"2012·7·21"暴雨中的减洪减沙效益均超过了50%。2013年水土保持措施保存面积较2012年减少23.4%,减水减沙作用减小一半,在"2013·7·9—15"暴雨中的减洪减沙效益也比"2012·7·21"暴雨分别减小21.4%和19.1%,水土保持措施保存面积与减水减沙作用的正比关系明显。

值得注意的是,虽然东川流域 2013 年水土保持措施保存面积也比 2010 年减少12.0%,但减水减沙作用却与 2010 年基本相当,在"2013·7·9—15"暴雨中的减洪减沙效益甚至还比"2010·8·9"暴雨分别增大 3.6%和 4.6%。究其原因,主要是 2013 年水土保持措施配置比例与 2010 年有所不同。

从表 5-1、表 5-2 水土保持措施配置比例对比可以发现,东川流域 2013 年林地、封禁治理配置比例较 2010 年分别下降 4.2%和 0.2%,但梯田、草地、坝地配置比例却比 2010年分别上升 3.1%、1.1%和 0.2%。以往研究表明,工程措施(梯田、淤地坝等)尤其是坝地配置比例与流域减洪减沙效益呈指数关系,坝地配置比例的微小增大可以引起流域减洪减沙效益的较大提高。因此,东川流域 2013 年在水土保持措施保存面积比 2010 年小的情况下,减洪减沙效益却比 2010 年大,主要原因是坝地配置比例的提高。淤地坝等拦沙工程依然是黄土高原地区实现水土流失有效治理和减洪减沙最为重要的治理措施。东川流域近期水保措施配置比例对比见图 5-7。

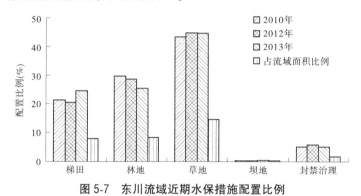

图 5-7 东川流域近期水保措施配置比例

五、水土流失治理效果评价

近年来,东川流域水土保持生态工程建设取得了一定成效。根据表 5-1 计算结果,2013 年东川流域水土保持措施减水 1 211 万 m³,拦沙减蚀 1 606 万 t。与基准期相比,流域 2008 年以来水沙减少的主要原因还是水土保持综合治理的影响。特别是 20 世纪 90年代中期之后,东川流域开始了大规模的"坡改梯"(坡耕地改建成梯田)和退耕还林、封禁治理等林草植被建设,改变了流域的下垫面状况,对流域产水产沙的减少起到了关键性作用。

但是也要看到,缺乏一定规模的淤地坝等拦沙工程措施是东川流域水土保持生态工程建设中不容忽视的问题。目前流域坝地配置比例仅为 0.4%,坝控面积占比只有10.6%,均远低于黄河中游河龙区间目前坝地配置比例 1.9%和坝控面积占比 41.7%的平均水平。因此,流域水土保持措施减水减沙效益偏小。

从本次调查情况看,流域水土保持生态工程建设项目明显减少,综合治理力度不够;2010 年以后未再新建淤地坝,坝库工程建设后续乏力,令人担忧。如果今后再次遇到大暴雨,流域必然增沙。

六、近期高含沙洪水成因初步分析

梯田是东川流域最主要的水土保持工程措施,配置比例达到 24.5%。由于梯田几乎可以把自身和上方坡面的产流大部分截留,能出沟的洪水基本产自沟谷和无梯田的坡面,而沟谷洪水含沙量远大于坡面,削减流域洪水含沙量主要靠淤地坝等沟道工程措施。根据黄委西峰水土保持科学试验站观测资料,黄土高塬沟壑区塬面洪水平均含沙量仅为 34.5 kg/m³,流经坡面后增加到 74.8 kg/m³,进入沟谷后则高达 600 kg/m³,是塬面的 17.4 倍。在梯田配置比例远高于坝地的东川流域,由于梯田难以发挥削减流域洪水含沙量的作用,加之流域坝地配置比例太小,仅为 0.4%,林草措施减水能力和拦沙减蚀能力衰减,导致在近年多次发生大暴雨且暴雨主要落区为坡耕地、沟道侵蚀强烈的情况下,东川流域多次出现含沙量大于 500 kg/m³ 的高含沙洪水。

第六章　人为新增水土流失量

　　东川流域人为新增水土流失项目主要有井场及道路、陡坡耕种、公路建设和砖厂弃土等。全部基础数据根据本次调查过程中华池县水土保持管理局、华池县国土资源局和华池县交通局提供的资料整理,对部分数据结合现场调查进行了核实并经过以上三家单位最后确认。

一、井场及道路弃土

　　东川流域石油资源富集,已探明储油面积达 2 200 km²,储量 6 000 多万 t,是长庆油田在陇东的主产区之一。根据本次调查中华池县国土资源局提供的资料,2009 年以来长庆油田在华池县共建有井场 1 334 个,平均占地 7 亩左右,弃土量为 18 000 m³/井场。截至 2013 年底,井场道路总长 1 352 km,平均宽度为 7 m,平均路高 1.5 m,占地 946.6 hm²,弃土 1 420 万 m³,修筑井场道路弃土量为 1.05 万 m³/km。

　　根据以上调查数据,若弃土干容重按照 1.4 t/m³ 考虑,可以推算出井场弃土量约为 3 400 万 t,井场道路弃土量约为 2 100 万 t,则 2009—2013 年底石油开采弃土总量约为 5 500 万。根据调查,井场及道路弃土流失率为 10% 左右,则井场弃土流失量约为 340 万 t,井场道路弃土流失量约为 210 万 t,弃土总流失量约为 550 万 t,年均弃土流失量约 110 万 t。

二、陡坡耕种增沙

　　坡耕地是东川流域泥沙的重要来源。根据调查,华池县已完成坡耕地治理(简称坡改梯)37 万亩,但目前仍有 50 万亩坡耕地尚未得到治理,坡改梯程度只有 42.5%,远低于甘肃省定西、天水、平凉、庆阳等地坡改梯程度 75% 的平均水平。东川流域上游部分地区仍然存在严重的陡坡耕种现象。尤其是支流元城川上游的铁角城、乔川乡一带,支流白马川中游,支流柔远川上游乔河乡等地,陡坡耕种面积较大,陡坡耕种坡度基本在 25° 以上甚至更陡。根据调查,华池县尚未治理的 50 万亩坡耕地中,陡坡耕种占 40% 左右,撂荒地占 30% 左右,其他种植占 30% 左右。根据以往研究成果,黄河中游水土流失严重地区陡坡开荒增沙模数为 6 600 t/(km²·a),则 2009 年以来 20 万亩坡耕地因陡坡耕种年均增沙量约为 88 万 t/年。

三、公路建设弃土

(一)"村村通"公路建设

　　根据华池县交通局提供的资料,华池县共有 111 个行政村,自 2006 年实施"村村通"公路建设以来,有 73 个行政村已通柏油路(称为通油工程),38 个行政村已通砂石路(称为通达工程)。"村村通"公路的路面平均宽度为 4.5 m,路基平均宽度为 6.5 m。根据华池县交通局提供的资料统计,"通达工程"弃土量为 10 000~20 000 m³/km,平均为 15 000 m³/km;"通油工程"弃土量山区公路为 5 000~6 000 m³/km,平均为 5 500 m³/km,塬区公路为 1 000 m³/km。若弃土干容重仍按照 1.4 t/m³ 考虑,则"通达工程"弃土量平均为 2.1 万 t/km,与河龙区间以往调查成果 2.0 万 t/km 基本接近。

截至 2013 年底,华池县东川流域实施"通油工程"总里程合计 364 km,按照弃土 3 000 m³/km 计算,弃土量为 153 万 t;庆城县东川流域的玄马镇和南庄乡"通油工程"弃土量为 22 万 t。两县合计弃土量 175 万 t。

截至 2013 年底,华池县东川流域实施"通达工程"总里程约 400 km,按照弃土 15 000 m³/km 计算,弃土量为 840 万 t。

(二)新(集)—南(梁)二级公路建设

华池县新(集)—南(梁)二级公路起点位于悦乐镇新堡村,终点位于陕甘边苏维埃政府旧址南梁镇,全长 60.4 km。全线按照二级公路技术标准改建,设计车速 60 km/h,路基宽度 10 m,行车道宽 7 m。新建桥梁 30 座;新建涵洞 204 道;打通隧道 1 条,长 824 m。该工程于 2012 年 3 月 15 日全面开工建设,2014 年 1 月 16 日全线通车。根据调查,该工程弃土量约为 25 万 t,基本没有流失。

综合以上计算结果,东川流域近期公路建设弃土量约为 1 040 万 t。根据调查,流失率可按 10% 考虑,则公路建设弃土流失量约为 104 万 t,年均弃土流失量约为 21 万 t/a。

四、砖场弃土

根据调查,东川流域共有砖厂 13 个,其中华池县 9 个,庆城县 4 个,每个砖厂年弃土量约为 13 200 t,则东川流域砖厂每年弃土量约为 17.2 万 t。按照流失率调查数据 30% 计算,东川流域砖厂每年弃土流失量约为 5 万 t。

东川流域近期人为新增水土流失量计算结果汇总见表 6-1。

表 6-1　东川流域近期人为新增水土流失量

井场		井场道路		陡坡耕种		通达公路		通油公路		砖场		弃土流失量合计 (万 t/a)
弃土指标 (m³/井场)	弃土流失量 (万 t/a)	弃土指标 (万 m³/km)	弃土流失量 (万 t/a)	增沙模数 [t/(km²·a)]	增沙量 (万 t/a)	弃土指标 (m³/km)	弃土流失量 (万 t/a)	弃土指标 (m³/km)	弃土流失量 (万 t/a)	弃土指标 [t/(个·a)]	弃土流失量 (万 t/a)	
18 000	68	1.05	42	6 600	88	15 000	17	山区: 5 500 塬区: 1 000	4	13 200	5	224

东川流域 2009—2013 年人为年均新增水土流失量 224 万 t/a,占同期水土保持措施拦沙减蚀量的 14%。其中,石油开采井场年均弃土流失量 68 万 t/a,井场道路年均弃土流失量 42 万 t/a,合计年均弃土流失量 110 万 t/a,排第一位;陡坡耕种年均增沙量 88 万 t/a,排第二位;公路建设年均弃土流失量 21 万 t/a,排第三位;砖厂每年弃土流失量 5

万 t/a,排末位。

五、计算结果合理性分析

东川流域 2009—2013 年石油开采、陡坡耕种等人为水土流失量年均增加 224 万 t,占同期水土保持措施拦沙减蚀量 1 606 万 t 的 14%,占同期流域实测年均输沙量 1 540 万 t 的 14.5%。其中,石油开采年均弃土流失量 110 万 t/a,陡坡耕种年均增沙量 88 万 t/a。与以往研究成果相比,本次研究中采用的各项人为新增水土流失指标比较合理,基础数据获取途径正规并经过现场调查核实。将人为新增水土流失量计算结果征询了东川流域相关部门的意见,认为考虑因素周全,基本符合流域实际情况,人为新增水土流失量计算结果应该是合理可信的。

第七章 典型流域对比佐证分析

以皇甫川流域作为对比流域佐证分析东川流域近期水沙变化及水土保持措施减洪减沙效益。

一、暴雨洪水特征值对比

皇甫川为黄河中游河龙区间右岸最北端的一条支流，流域面积 3 246 km²，出口水文站为皇甫水文（三）站，控制面积 3 175 km²。流域内可分为砒砂岩丘陵沟壑区、黄土丘陵沟壑区及沙化黄土丘陵沟壑区等三个地貌类型区，水土流失严重，高含沙洪水发生频繁，水土流失面积 3 215 km²，沟壑平均密度为 6.2 km/km²。流域多年（1954—2012 年）平均径流量 13 080 万 m³，多年平均输沙量 4 070 万 t。皇甫川流域"2012·7·21"暴雨洪水特征值见表 7-1。

表 7-1 皇甫川流域 2012 年 7 月暴雨洪水特征值

洪水发生时间（年-月-日）	次洪量（万 m³）	次洪沙量（万 t）	最大含沙量（kg/m³）	暴雨中心雨量（mm）	面平均雨量（mm）	最大洪峰流量（m³/s）
2012-07-21	3 250	1 450	774	121.4	63.5	4 720

东川流域水土流失严重，主要包括有黄土高塬沟壑区和黄土丘陵沟壑区两种水土流失类型区，土壤类型包括黄土性土壤和风沙土两大类，土壤结构疏松，抗侵蚀能力弱。在汛期短历时、高强度、雨量集中的暴雨侵蚀下，极易发生突发性高含沙洪水。根据贾桥水文站 1956—2013 年系列资料统计，流域多年平均径流量 8 510 万 m³，多年平均输沙量 1 980 万 t。东川流域近期暴雨洪水特征值见表 7-2。

表 7-2 东川流域近期暴雨洪水特征值

洪水发生时间（年-月-日）	次洪量（万 m³）	次洪沙量（万 t）	最大含沙量（kg/m³）	暴雨中心雨量（mm）	面平均雨量（mm）	最大洪峰流量（m³/s）
2010-08-09	3 720	1 840	526	141.6	119.0	2 320
2012-07-21	1 450	781	849	110.0	75.1	1 120
2013-07-09—15	2 765	1 370	746	134.4	64.6	721

显然，在流域面积基本相当的条件下，与皇甫川流域"2012·7·21"暴雨洪水特征值相比，东川流域"2010·8·9""2012·7·21"和"2013·7·9—15"暴雨特征值偏大，洪水特征值相当，但最大洪峰流量明显偏小。

同时，从下垫面水土流失类型区对比来看，东川流域和皇甫川流域均属严重水土流失类型区。皇甫川流域基于下垫面类型区的水土流失相对更为严重。

二、水土保持措施配置比例对比

皇甫川流域近期梯田建设主要集中在支流十里长川,规模不大,全流域梯田配置比例仅为1.8%。

皇甫川流域截至2012年底共计建设淤地坝约750座,其中1990年以后修建的治沟骨干工程总库容达3.1亿m³。2012年皇甫川流域植被覆盖度为76.4%。与2006年相比,植被覆盖度增加了18.1%。根据抽样调查,2012年7月暴雨前皇甫川流域植被平均郁闭度为0.47,已达到中度植被的郁闭度水平。

对比可知,东川流域淤地坝数量(89座)只有皇甫川流域(750座)的11.8%。淤地坝数量太少,相差8倍。从水土保持措施配置比例(见表7-3)对比来看,皇甫川林草植被配置比例为72.9%,东川林草植被配置比例为70.1%,二者基本相等,但皇甫川坝地配置比例高出东川1.4%,封禁治理高出18.5%。东川仅梯田配置比例明显高出皇甫川22.7%。

表7-3 东川流域与皇甫川流域水土保持措施配置比例对比

措施名称	梯田	林地	草地	坝地	封禁治理
东川配置比例(%)	24.5	25.5	44.6	0.4	5.0
皇甫川配置比例(%)	1.8	56.5	16.4	1.8	23.5

三、水土保持措施减洪减沙效益对比

2013年东川流域水土保持措施减水1 210万m³,减沙743万t,拦沙减蚀1 606万t,减水减沙效益分别为10.1%和21.8%。在"2013·7·9—15"暴雨中水土保持措施减洪减沙效益分别为30.4%和35.2%。从各单项水土保持措施减洪减沙贡献率来看,草地减水及拦沙减蚀贡献率均为最大,分别达到39.5%和38.1%,其次是梯田,贡献率分别为30.5%和29.1%,第三为林地,贡献率分别为25.2%和24.0%。坝地减水贡献率最小,仅为0.3%,拦沙减蚀贡献率也只有4.7%;封禁治理拦沙减蚀贡献率最小,只有4.1%,减水贡献率也仅为4.5%,均未超过5%。

2012年皇甫川流域水土保持措施减洪3 978万m³,减沙1 540万t,减洪、减沙效益分别达到28.2%和41.5%。在"2012·7·21"暴雨中水土保持措施减洪减沙效益分别达到55.0%和51.5%。水土保持措施的削洪减沙效益非常明显。从各单项水土保持措施减洪减沙贡献率来看,坝地减洪减沙贡献率最大,其中减洪贡献率为71.8%,减沙贡献率为63.6%。林草等植被措施(包括封禁治理)减洪减沙所占比例次之,其中减洪贡献率为27.1%,减沙贡献率为35.1%。梯田减洪减沙贡献率最小,分别为1.1%和1.4%。

由此可见,东川流域在大暴雨中水土保持措施的削洪减沙效益明显小于皇甫川。究其原因,主要是东川流域淤地坝等工程措施太少,尽管林草措施配置比例与皇甫川基本相等,但对于高强度连续暴雨,林草措施无法持续有效抵抗。虽然东川流域梯田配置比例比皇甫川高22.7%,但坝地配置比例却比皇甫川低1.4%,其实际减沙效果仍明显小于皇甫川。因此,在黄土高原地区要实现水土流失有效治理,必须配置一定规模的淤地坝等拦沙工程措施。梯田配置比例高并不能代替淤地坝的拦沙效果。

四、人为新增水土流失对比

根据以往研究成果,皇甫川流域近期人为新增水土流失量为 120 万 t/a。由前述分析可知,东川流域 2009—2013 年人为新增水土流失量为 224 万 t/a,是皇甫川流域的近 2 倍。显然,东川流域近期人为新增水土流失有增加趋势。

综合以上与典型流域皇甫川的对比分析,东川流域近期水沙增加的原因是:①大暴雨频发导致洪水泥沙明显增加;②石油开采、陡坡耕种等人为新增水土流失有增加趋势;③缺乏一定规模的淤地坝等拦沙工程措施。

第八章　初步结论

一、近期水沙变化成因

综合以上调查与计算分析结果,东川流域 2008 年以来输沙量与 2001—2007 年相比增加的主要原因如下。

(一)大暴雨是洪水泥沙增加的主要原因

近年东川流域连续发生特大暴雨,如"2010·8·9""2012·7·21"和"2013·7·9—15"暴雨洪水,水土流失十分严重,来沙剧增。三次暴雨次洪量分别占对应年值的 33.5%、26.4% 和 25.8%,次洪沙量分别占对应年值的 63.4%、64.0%、51.3%。

同时,东川流域近期年降雨、汛期降雨和主汛期降雨均高于多年均值;对流域产流产沙作用大的中雨、大雨,特别是暴雨发生的频次显著增加,各量级降雨的累积雨量也显著增大,近期流域降雨从雨量、雨强、量级降雨频次、量级降雨量等各个方面均呈现出非常明显的增大趋势。

(二)人为新增水土流失有增加趋势

东川流域自 2009 年以来石油开采、陡坡耕种等人为水土流失量年均增加 224 万 t,占同期水土保持措施拦沙减蚀量的 14%。其中,石油开采年均弃土流失量 110 万 t,陡坡耕种年均增沙量 88 万 t,人为新增水土流失有增加趋势。

(三)水土保持削洪减沙效果明显,但近期治理力度不够

东川流域水土保持措施在"2013·7·9—15"暴雨中减洪减沙效益分别为 30.4% 和 35.2%,水土保持削洪减沙效果明显。但流域目前仍有 50 万亩坡耕地尚未得到治理,有 20 万亩坡耕地仍在耕种。

综合分析认为,东川流域 2008 年以来输沙量增加和连续出现高含沙洪水的原因主要是:大暴雨频发导致洪水泥沙明显增加;石油开采、陡坡耕种等人为新增水土流失有增加趋势;近期水土保持综合治理力度不够。同时,林草措施减水能力和拦沙减蚀能力衰减、坝地配置比例低也是近期水沙增加的重要原因。

二、存在问题

根据调查,东川流域目前存在的主要问题是:人为水土流失有增加趋势;水土流失治理程度较低,治理措施标准不够;水土流失预防监督力度有待加强。

(一)坡耕地水土流失依然十分严重

东川流域目前还有 20 万亩坡耕地仍在耕种;流域上游的元城川、白马川和乔河等地仍然存在比较严重的陡坡耕种现象,一遇大暴雨即造成严重的水土流失。夏季麦收后翻耕农地及坡耕地的水土流失尤为突出。总体来看,流域坡耕地水土流失依然十分严重。

(二)水土保持措施配置不合理

水土保持措施配置比例不合理,坝地配置比例太小,仅为 0.4%,势必影响流域持续减沙。对于高强度连续暴雨,林草措施抵抗能力有限。根据调查,目前东川流域林草措施只能抵御 20 a 一遇的暴雨,增加一定规模的淤地坝等拦沙工程措施必要而迫切。

(三)生产建设项目人为水土流失尚未有效控制

2009 年以来东川流域石油开采中井场及井场道路年均弃土流失量 110 万 t,在各项人为水土流失因素中排列第一。其中,井场年均弃土流失量 68 万 t,井场道路年均弃土流失量 42 万 t,尚未得到有效控制,必须加大人为水土流失监管力度。

(四)水土保持综合治理程度低

目前东川流域水土保持综合治理程度低,规模也不够。治理工作存在"两个偏少"的问题,即投资偏少,治理项目偏少。由于缺乏后续治理项目,直接影响治理效果的巩固和提升。

(五)蓬河工程对华池县城区防汛影响极大

根据调查,柔远川华池县城区位于三条河(东沟、乔河沟和庙巷沟)的交汇处,目前共有蓬河工程 39 处,建筑面积 4.74 万 m²,均存在很大的安全隐患。蓬河工程对河道行洪已经造成严重影响,对防汛影响极大,若遇山洪暴发,将对县城 4 万多居民的生命财产安全形成严重威胁,必须尽快拆除。在"2013·7·8"暴雨后华池县城虽然已经开始拆除蓬河工程,但受多种因素影响,目前进展缓慢。2014 年汛期将至,如果不能在汛前拆除完毕,势必影响华池县城安全度汛。

第九章 认识与建议

一、认识

（1）对于高强度连续暴雨，林草措施抵抗能力有限，水土保持坡面措施减沙作用有限。如果流域林草措施和工程措施配置不合理，坝库工程配置比例太小，势必影响流域持续减沙。

（2）对于陇东干旱地区的华池等县而言，水土保持治理应以荒山治理为主，封禁为辅，一封了之不行。封禁治理也不能一劳永逸。

二、建议

（1）加大水土保持综合治理力度，提高坝库配置比例。

东川流域近期生态修复、封禁治理、坡耕地改造等大规模水土保持生态建设虽然减水减沙作用比较明显，但在遭遇连续强降雨的情况下，流域来沙量出现增大趋势，洪水最大含沙量仍然较高。因此，今后需要加大流域南部重点治理区水土保持综合治理力度。

同时，要加大退耕还林和生态修复的力度，适度加强流域 50 万亩坡耕地治理；要加强沟道坝库工程建设，提高坝库配置比例。根据本次调查，东川流域还可以再建设骨干坝 80 座左右，中小型淤地坝 100 余座。

（2）加强人为水土流失预防监督，杜绝陡坡耕种。

鉴于东川流域石油资源富集，油井开采、道路修筑等引起的人为水土流失严重，必须加强预防监督工作，按照"标准化井场"进行油田井场建设，并采取切实措施防治井场道路水土流失。同时，要坚决杜绝流域上游部分地区存在的陡坡耕种现象，加强流域北部重点监督区水土流失预防监督工作。

（3）在有条件下适度开展"坡改梯"工程。

东川流域截至 2013 年底梯田面积已达 24 416 hm²，折合 366 240 亩，人均梯田面积已经达到 2.8 亩/人，建议今后水土保持生态工程建设以退耕还林和生态修复为主，在有条件下适度开展"坡改梯"工程。

（4）尽快进行滑坡、崩塌体治理

东川流域"2013·7·9—15"暴雨造成的地质灾害非常严重，共发生山体滑坡 403 处，崩塌 82 处，泥石流 135 处。调查中发现，山体滑坡、崩塌主要发生在公路两侧和城镇周边，滑塌的土体基本上堆积在坡角，成为潜在的增沙来源地。显然，如果 2014 年再发生特大暴雨，这些土体进入河道后势必增加流域来沙量。建议对流域滑坡、崩塌体尽快进行治理，可在发生滑坡、崩塌的坡面上部补栽根系较长的灌木或乔木，以增加植物根系的固土黏结力；同时在体积较大的滑坡、崩塌体上栽种林草植被，抑制滑坡和崩塌的再次发生，最大限度地降低次生灾害。

第三专题　中游典型支流泥沙输移与河道沉积环境调查

　　自20世纪80年代中期以来,黄河水沙发生很大变化,径流量、输沙量明显减少,不少支流水沙关系也发生了调整,对治黄决策带来很大影响。水沙变化是降雨等自然因素和人类活动等人为因素共同作用的结果,其中人为因素不仅通过直接引水等行为减少径流量,还可能会改变支流河道泥沙输移与沉积环境,进而引起水沙变化。那么,在黄河流域尤其是泥沙主要来源的中游地区,河道输沙环境是否发生变化,以及对水沙变化有多大影响,是值得探究的。为此,选择秃尾河、马莲河两条支流作为典型,对其河道的输沙环境进行了调查分析,包括河道冲淤、河道工程建设、引水引沙、河道采砂等情况,旨在了解河道输沙动力条件的变化,进而揭示水沙变化驱动机理。

第一章　研究背景、目标与内容

一、研究背景

近年来,黄土高原地区大规模的封禁和梯田建设、经济社会用水大幅度增加、煤炭资源大规模开采等都大大地改变了产流产沙环境。同时,支流河道及黄河干流河道受水库调节、拦河坝(橡胶坝)拦蓄、河道采砂等人为因素影响,泥沙输移与沉积的河道环境也发生了较大改变。

现状条件下,中游多数支流均表现为产流产沙递减的现象,支流河道受水沙和人为因素共同影响,其贮存特点和分布规律如何? 未来极端洪水条件下,河道泥沙及水库调节、拦河坝(橡胶坝)拦蓄的泥沙是否存在大水期集中释放的现象,其变化规律及对黄河干流增沙的作用如何? 为认识水沙变化机制,迫切需要对此开展调查研究。

二、研究目标

通过对典型支流马莲河和秃尾河的调查研究,摸清支流水库调蓄、拦河坝(橡胶坝)运用和采砂等实际情况,研究中游典型支流泥沙输移与沉积河道环境变化,探讨人为因素对泥沙输移与沉积河道环境的影响规律。

三、研究内容

(1)支流马莲河和秃尾河水沙变化及河道冲淤特点分析。

(2)支流马莲河和秃尾河水库、拦河坝(橡胶坝)水沙调控模式及拦沙量调查研究。

(3)支流马莲河和秃尾河河道采砂量调查研究。

(4)支流马莲河和秃尾河人为因素[水库、拦河坝(橡胶坝)和采砂等]对河道泥沙输移与沉积环境的影响规律研究。

第二章 马莲河河道环境变化调查

一、河道概况

马莲河位于黄土高原沟壑区,是泾河最大的支流(见图 2-1)。该流域地势西北高、东南低,地形破碎,沟壑交错,河流、支沟众多。马莲河发源于陕西省定边县白于山,流经陕西、宁夏、甘肃三省(区)的定边、盐池和庆阳等市(县),在甘肃省正宁县政平汇入泾河,全长 336 km,集水面积 19 080 km²。据马莲河雨落坪水文站 50 a 观测资料统计,多年平均流量 14.2 m³/s,多年平均径流量 44 900 万 m³,多年平均含沙量为 250 kg/m³,多年平均输沙量为 12 200 万 t,多年平均输沙模数为 6 400 t/(km²·a)。马莲河流域呈长方形状,流域内沟壑、塬面相间,植被稀少,河流泥沙含量高,加上该流域局部暴雨洪水频繁,使其成为陇东洪涝灾害及水土流失最严重的地区。

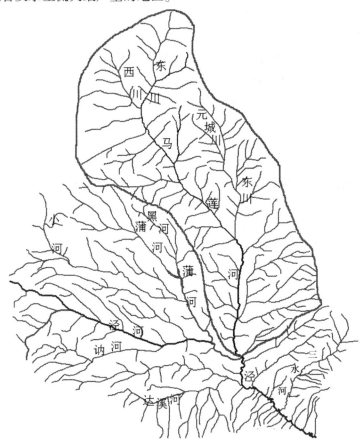

图 2-1 马莲河流域位置图

二、近期现状

（1）马莲河干流河道基本无采砂现象，小支流有零星采砂场。支流东川河贾桥水文站河段，河床为石板床，河道冲淤基本平衡，泥沙粒径较细，以细泥沙为主。查勘时流量为3 m³/s。当流量达到30 m³/s时，河水上滩。2010年大暴雨10 d，水文站附近山体滑坡，大量泥沙进入河床。

（2）马莲河穿庆城县城河段，目前正在开展河道护岸工程建设，左岸护岸工程未完工，大量泥土堆积，大水时可随洪水冲走。另外，随着城市的发展，存在建设用地挤占河道的现象，马莲河庆阳站附近河道在逐年缩窄。

（3）截至2011年马莲河流域已建成中型水库2座，小型水库17座，总库容合计12 369万 m³（见表2-1）。其中，干流建成中型水库（店子坪水库）1座，小型水库9座，合计库容3 677万 m³。店子坪水库位于庆城县庆城镇，控制流域面积15 656 km²，多年平均径流量29 851万 m³，建成于1975年，总库容3 189万 m³，兴利库容1 456万 m³，死库容550万 m³，水库主要用途为防洪和发电。根据1990年和2008年实测淤积库容，推算截至2011年水库共淤积泥沙600万 m³，库容淤损率为18.82%，其中2007—2011年5年淤积量为83万 m³。小型水库累计淤积总库容2 257万 m³，库容淤损率为34.7%，其中2007—2011年5年淤积库容为282.6万 m³。

表 2-1　马莲河流域水库工程基本情况

水库类型	数量（座）	控制流域面积（km²）	总库容（万 m³）	兴利库容（万 m³）	死库容（万 m³）	总淤积量（万 m³）	库容淤损率（%）
中型	2	15 798	5 869	1 770	1 929	1 712	29.2
小型	17	2 890	6 500	935	1 499	2 257	34.7

分析流域水库建设发展过程（见图2-2）可知，流域水库多修建于20世纪70年代左右，而在1980年以后仅建成了2座小型水库。因此，2000年以后径流量减少明显可能与水库拦蓄运用关系不大。

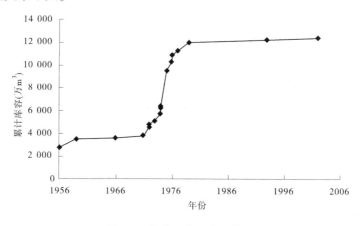

图 2-2　马莲河水库建设情况

流域水库年供水能力为 1 124.3 万 m³,约为流域径流量的 2.6%,2011 年供水量为 668.72 万 m³(见表 2-2)。可见,水库供水对径流的影响也不会太大。

表 2-2 马莲河流域水库供水情况统计

水库名称	所在水系	所在行政区	建成年份	总库容(万 m³)	兴利库容(万 m³)	死库容(万 m³)	年均径流量(万 m³)	年供水量(万 m³)	2011 年供水量(万 m³)
店子坪水库	马莲河	庆城县	1975	3 189	1 456	550	29 851		
王家湾水库	盖家川	西峰区	1956	2 680	314	1 379	467		
白吉坡水库	湘乐川	宁县	1959	782	90	215	945	6.6	49.58
香水水库	固城北川	合水县	1966	95.5	20	32	48.9	46	0
新村水库	大山门川	合水县	1973	296.6	117	29	558	33	0
孔家沟水库	瓦岗川	合水县	2002	142	21	59.5	272.08	27	9.5
刘巴沟水库	刘巴沟	庆城县	1974	670.1	54.9	54.9	133.56	298.3	296.64
太阳坡水库	城壕川	华池县	1972	151.97	20	73	69.11	11	0
鸭子嘴水库	柔远河	华池县	1974	448.3	84	310.85	133.56	20	10
土门沟水库	土门沟	华池县	1976	568	40	242	107.95		
唐台子水库	合道川	环县	1972	826	100	50	949.38		
姬家河水库	合道川	环县	1975	60	30	10	270	13.8	9.65
樊家川水库	安山川	环县	1993	270	44	13	648		
乔儿沟水库	安山川	环县	1979	703	56	35.5	203.43	13.6	5.52
冉河川水库	染河川	庆城县	1976	744.82	144	122	314.1	102	56.68
庙儿沟水库	城西川	环县	1977	380	50	39.8	271	13.8	5.37
解放沟水库	马莲河	庆城县	1971	201.4	11.65	135.4	73.2	13.2	5.43
县雷旗水库	马莲河	庆城县	1972	27	16	11	48.9	486	220.35
王家河水库	合水川	合水县	1974	133	36.56	65.7	200.87	40	0
合计	—	—	—	12 368.69	2 705.11	3 427.65	35 565.04	1 124.3	668.72

目前马莲河宁县段建成橡胶坝 2 座(见表 2-3),分别为宁县县城三河汇合口城北河橡胶坝工程和宁县县城三河汇合口马莲河橡胶坝工程,分别建成于 2009 年和 2011 年,坝高分别为 1.80 m 和 3.50 m,库容分别为 1.62 万 m³ 和 28.07 万 m³。宁县北部于 2011 年修建了拦沙坝 1 座,坝高 1.5 m,库容约 2.3 万 m³。可见,流域橡胶坝总库容较小,对径流调节作用较小。

表 2-3　马莲河流域橡胶坝概况

地区	县	橡胶坝名称	建成时间（年-月）	橡胶坝坝高（m）	橡胶坝坝长（m）	库容（万 m³）
庆阳	宁县	三河汇合口城北河橡胶坝工程	2009-10	1.8	45	1.62
庆阳	宁县	三河汇合口马莲河橡胶坝工程	2011-11	3.5	200.5	28.07

(4)2011 年起,庆阳市宁县开展了马莲河河道综合整治工程,治理河道总长 5.5 km,其中马莲河 3.5 km,城北河 1.0 km,九龙河 1.0 km。马莲河新建护岸 8 000 m,钢筋混凝土分洪中隔墙 2 950 m,橡胶坝 2 座,拦沙坝 2 座,排水方涵 1 600 m,湖心岛 1 处 12 610 m²,观景平台 2 处 1 035 m²,游乐码头 1 处 51.84 m²,行人通道 11 处,安装护栏 6 100 m,铺装花岗岩地面砖 9 840 m²,清理河道淤泥 40 万 m³。该项目施工期间大量工程弃渣、弃土在大水期入河。

(5)调查统计资料表明,马莲河流域雨落坪以上区间近 10 a 平均用水量 0.59 亿 m³,其中 2010 年用水量最大,为 0.605 亿 m³;2003 年最小,为 0.577 亿 m³。近年来用水量基本呈上升趋势,2005 年前各年用水量基本在 0.58 亿 m³ 左右,2006 年后用水量基本在 0.60 亿 m³ 以上。

2011 年水利普查资料表明,马莲河流域地表水取水主要来源是河流和水库。其中规模以上(农业取水流量 0.20 m³/s 及以上,其他用途年取水量 15 万 m³ 及以上)取水口共 15 处,2011 年取水总量为 1 218.8 万 m³(见表 2-4),水源类型为水库的取水口 6 处,河流上取水口 9 处;规模以下取水口共 347 处,取水总量为 1 194.00 万 m³(见表 2-5)。

表 2-4　马莲河流域规模以上取水口 2011 年取水量

县	取水口名称	水源类型	河流名称	年最大取水量（万 m³）	取水用途	2011 年取水量（万 m³）
宁县	湘乐川灌区取水口	水库	湘乐川	86	农业	82
合水县	瓦岗川泵站扬水工程取水口	河流	瓦岗川	120	城乡供水	112.9
华池县	五蛟夏嘴子电力提灌站取水口	河流	柔远河	8	农业	1.7
华池县	供排水公司东沟取水口	河流	柔远河	100	城乡供水	99.4
庆城县	染河川泵站工程取水口	河流	染河川	155	城乡供水	155.9
庆城县	教子川泵站工程取水口	河流	马莲河	64	城乡供水	0
环县	合道川取水口	河流	合道川	185	农业	115.8

县	取水口名称	水源类型	河流名称	年最大取水量（万 m³）	取水用途	2011 年取水量（万 m³）
环县	唐台子水库小王河畔取水口	水库	合道川	42	农业	11.3
合水县	固城灌区香水水库取水口	水库	固城北川	60	农业	0
合水县	城固城川供水工程取水口	水库	大山门川	292	城乡供水	132
环县	环城镇庙儿沟取水口	河流	城西川	144	城乡供水	142.3
合水县	固城灌区二干渠取水口	河流	城北河	100	农业	90.9
环县	洼子取水口	河流	安山川	280	农业	209.6
环县	乔儿沟水库取水口	水库	安山川	60	农业	27
环县	樊家川水库取水口	水库	安山川	75	农业	38
合计	—	—	—	1 771	—	1 218.8

表 2-5 马莲河流域规模以下取水口取水量

序号	所在河流	取水口数量（个）	2011 年取水量（万 m³）	供水人口（万人）	灌溉面积（万亩）
1	马莲河	81	216.63	4.09	0.89
2	柔远河	53	116.62	2.13	0.91
3	九龙河	37	66.63	1.48	0.29
4	安山川	29	141.91	0.70	0.45
5	柔远川	25	134.73	0.75	0.76
6	合水川	22	53.44	0.54	0.48
7	城北河	18	107.88	1.21	0.70
8	合道川	17	112.48	0	0.47
9	湘乐川	10	40.66	0.03	0.34
10	野狐沟	10	21.10	0.20	0
11	城壕川	7	16.91	0.68	0.08

序号	所在河流	取水口数量 （个）	2011 年取水量 （万 m³）	供水人口 （万人）	灌溉面积 （万亩）
12	纸坊沟	6	21.84	0.15	0.04
13	城西川	5	32.19	0	0.09
14	染河川	4	19.00	0.31	0
15	九里沟	3	0.59	0.04	0
16	太乐沟	3	18.75	0.48	0.03
17	蔡家庙沟	3	16.76	0.04	0.04
18	马岭东沟	3	19.91	0.55	0.05
19	马坊川	2	0.52	0	0
20	平道川	1	0.36	0.03	0
21	柳叶川	1	4.80	0.03	0
22	固城北川	1	0.38	0.02	0
23	瓦岗川	1	2.58	0.13	0
24	温嘴子沟	1	14.80	0.40	0
25	白马川	1	1.63	0.12	0
26	盖家川	1	4.00	0.08	0
27	米粮川	1	2.00	0.02	0
28	彭家寺沟	1	4.90	0.34	0
合计		347	1 194.00	14.55	5.62

根据 2011 年水利普查成果和调查统计资料,马莲河流域地表水取水量 2 413 万 m³,地下水取水量约 2 862 万 m³。可见,流域用水以地下水所占比重略大。从 2011 年取水总量(0.53 亿 m³)和近 10 a 平均用水量(0.59 亿 m³)可以推断,流域地表水年取水量基本保持在 2 500 万 m³ 左右,约为流域径流量的 5.57%。可见,目前流域地表水取水对径流的影响也不会太大。

三、水沙变化及河道演变

(一)水沙变化情况

马莲河流域 1955—2013 年径流量见图 2-3。1955—2013 年流域多年平均径流量为 4.29 亿 m³。其中 20 世纪五六十年代年均径流量为 4.68 亿 m³,70 年代为 4.55 亿 m³,80 年代减少至 4.28 亿 m³,90 年代为 4.75 亿 m³,而 2000—2013 年多年平均径流量为 3.38 亿 m³,2000 年以后流域径流量减少明显,较多年平均值减少了 21%。以雨落坪站年径流量 5 a 滑动平均线为参考,可以看出,在 1996 年以前,雨落坪站径流量在 4.00 亿 m³ 左右波动,但是从1996年开始,5 a滑动平均线开始呈单边下行态势。

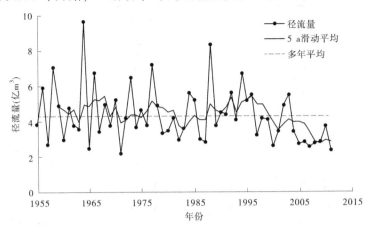

图 2-3 1955—2013 年马莲河雨落坪站径流量过程

马莲河流域 1955—2013 年输沙量见图 2-4。流域 1955—2013 多年平均输沙量为
1.17 亿 t。其中 20 世纪五六十年代年均输沙量为 1.42 亿 t,70 年代为 1.06 亿 t,80 年代
减少至约 1.0 亿 t,90 年代为 1.59 亿 t,而 2000—2013 年多年平均输沙量为 0.81 亿 t,
2000 年以后输沙量减少明显。

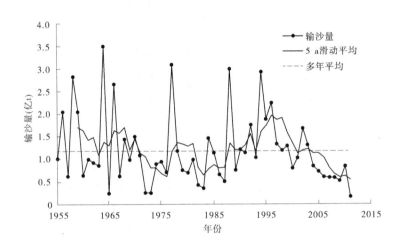

图 2-4 1955—2013 年马莲河雨落坪站输沙量过程

(二)河道冲淤量

马莲河庆阳—雨落坪区间河段长度 108 km,采用断面法计算,河道 1980—2012 年累
计淤积泥沙 214.87 万 m³。其中 1980—1989 年冲刷量较小,为 9.88 万 m³,1990—1999 年
冲刷泥沙 16.95 万 m³;2000—2012 年淤积泥沙 241.70 万 m³(见表 2-6)。马莲河庆阳水
文站和雨落坪水文站断面冲淤面积变化见图 2-5,马莲河庆阳—雨落坪区间冲淤量多年
变化过程见图 2-6。

表 2-6 马莲河庆阳—雨落坪不同年代河道冲淤量

时段	冲淤面积（m²）			冲淤量（万 m³）
	庆阳	雨落坪	庆阳—雨落坪	
1980—1989 年	-8.16	6.34	-1.83	-9.88
1990—1999 年	0.33	-3.47	-3.14	-16.95
2000—2012 年	37.24	7.51	44.76	241.70
合计	29.41	10.38	39.79	214.87

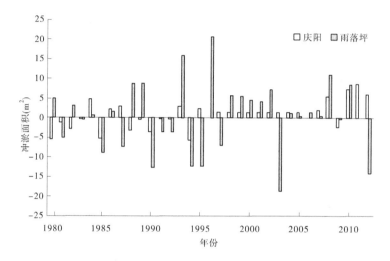

图 2-5　马莲河庆阳和雨落坪站断面冲淤面积变化图

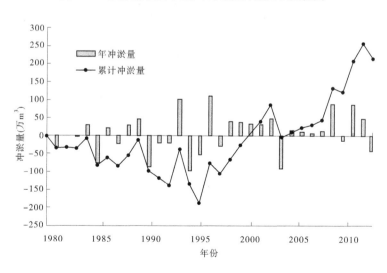

图 2-6　马莲河庆阳—雨落坪区间冲淤量多年变化过程

图 2-7 和图 2-8 分别是马莲河庆阳断面及雨落坪断面套绘。2006 年以前,庆阳水文站实测大断面采用基岩下 6 m 测流断面,2006 年由于城墙坍塌,2007 年大断面测量开始采用基本水尺断面。由于测量断面调整,2006 年汛前至 2007 年汛前大断面按不冲不淤估算。从断面套绘结果看,庆阳水文站断面 2006 年汛前较 1980 年汛前有轻微淤积,2013 年汛前较 2007 年汛前淤积明显。雨落坪水文站断面 2013 年汛前断面较 1980 年汛前有轻微淤积。

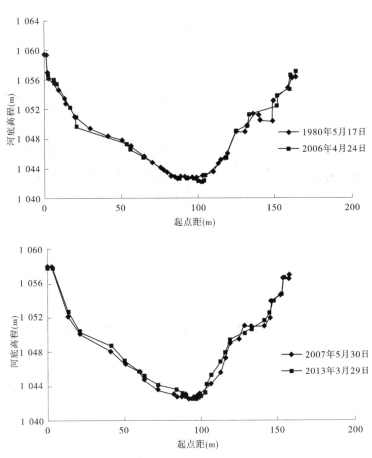

图 2-7 马莲河庆阳断面套绘

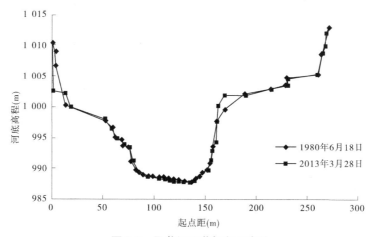

图 2-8　马莲河雨落坪断面套绘

第三章 马莲河流域调查结果分析

（1）马莲河水库、橡胶坝等拦蓄工程建设对径流调控影响不大，河道泥沙输移的水动力环境未因拦蓄工程调控发生明显变化。

马莲河位于黄土高塬沟壑区，是泾河最大的支流。以雨落坪站径流 5 a 滑动平均线为参考，在 1996 年以前，雨落坪站径流量在 4 亿 m³ 左右上下波动，但是从 1996 年开始，5 a 滑动平均线开始呈单边下行态势。

截至 2011 年马莲河流域已建中型水库 2 座，小型水库 17 座，总库容 12 369 万 m³，总兴利库容 2 705 万 m³，水库总库容约为流域年均径流量的 27%，水库兴利库容约为流域年均径流量的 6%，可见水库对径流过程具备一定的调控能力。

流域水库年供水能力为 1 124.3 万 m³，约为流域径流量的 2.6%，2011 年供水量为 668.72 万 m³。

目前马莲河宁县段建成橡胶坝 2 座，坝高分别为 1.80 m 和 3.50 m，库容分别为 1.62 万 m³ 和 28.07 万 m³。宁县北部于 2011 年修建了拦沙坝 1 座，坝高 1.5 m，库容约 2.3 万 m³。

（2）水库及橡胶坝拦沙、河道取水对马莲河庆阳—雨落坪河道冲淤产生了一定影响。

截至 2011 年，流域水库共淤积泥沙 3 969 万 m³，库容淤损率为 32.1%，其中 2007—2011 年 5 a 总淤积量为 83 万 m³。流域水库主要从 1971 年开始拦沙，到 2011 年共 40 a，年均拦沙 100 万 m³。流域多年平均输沙量为 1.17 亿 t，可见水库年均拦沙占流域沙量的 1% 左右。

雨落坪以上区间近 10 a 年均用水量 0.59 亿 m³，其中 2010 年用水量最大，为 0.605 亿 m³；2003 年最小，为 0.577 亿 m³。近年来用水量基本呈上升趋势，2005 年前各年用水量基本在 0.58 亿 m³ 左右，2006 年后用水量基本在 0.60 亿 m³ 以上。

根据 2011 年水利普查成果和调查统计资料，马莲河流域用水地下水比重略大。流域地表水年取水量基本保持在 2 500 万 m³ 左右，约为流域径流量的 5.57%。

马莲河庆阳—雨落坪河段 1980—2012 年累计淤积 214.87 万 m³。结合雨落坪站径流量变化特点(1996 年开始 5 a 滑动平均线开始呈单边下行态势)可以看出，在径流量逐步减小的条件下，马莲河庆阳—雨落坪河段呈现出逐渐淤积的特点。

第四章　秃尾河

一、河道概况

秃尾河是黄河河龙区间右岸一条多沙粗沙支流(见图4-1)。秃尾河发源于陕西省神木县宫泊海子,流经神木、榆林、佳县的16个乡镇,于神木县万镇乡注入黄河,全长139.6 km,流域面积3 294 km²。流域分为两大地貌类型区,高家堡以上基本为风沙区,面积2 182 km²,占全流域的66.2%;高家堡以下基本上属于黄土丘陵沟壑区,面积1 112 km²,占全流域的33.8%。秃尾河流域较大规模治理始于20世纪70年代初,此前可基本视为天然状态。

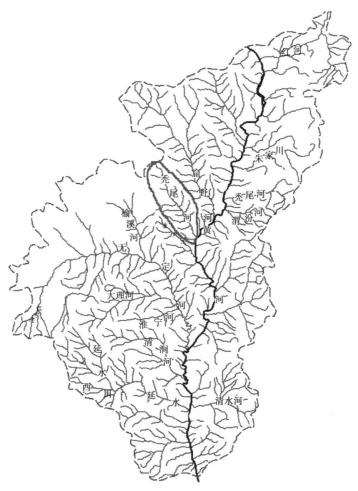

图4-1　秃尾河流域位置图

秃尾河是黄河重要的多沙粗沙支流,流域内地面物质组成多样,而风沙面积所占比重大,产流产沙过程具有特殊性。流域内资源丰富,经济发展迅速,有在建、规划的两片大型工业园区,秃尾河成为当地发展的重要水源。流域内的风沙区地势相对平坦,水资源丰富,为建设大型工业项目提供了良好条件。流域内的锦界工业园区已基本建成,大保当工业园区也在规划建设之中,工业园均为陕北能源重化工基地乃至中国西部大开发的重点项目。秃尾河流域水资源丰富,干流已建成瑶镇水库,为锦界工业园和神木县供水;2008年建成的采兔沟水库位于瑶镇水库下游,为大保当工业园区供水。随着煤炭及相关产业的发展,流域内水资源压力增大,流域内还有大规模的水土保持及沙漠化防治等项目,流域内人类活动将给流域带来较大影响。

二、近期现状

(一)水沙情况

高家川水文站历史最大流量为 3 500 m³/s(1970 年),2000 年以后基本上无大洪水,2012 年流域降水量为 500 mm 左右,7 月 28 日高家川最大流量为 1 020 m³/s,大水上岸台。平水期水流平缓;洪水暴涨暴落,历时短,含沙量大,一般沙峰滞后水峰。洪水时主流稳定,断面冲淤变化不太大。水位—流量关系多为绳套变化,单沙—断沙关系一般为单一直线。目前,河床面覆盖一层薄沙,河底基本为石板床。

(二)水利工程建设情况

截至 2011 年,秃尾河流域建成中型水库 2 座,小型水库 6 座,中型水库均修建于 2000 年以后,小型水库多修建于 1975 年左右,总库容合计 9 178.96 万 m³,其中干流建成中型水库 2 座,小型水库 3 座,合计库容 8 596 万 m³。小型水库累计淤积库容为 837.96 万 m³,库容淤损率达 100%,其中 2007—2011 年 5 a 淤积库容为 60 万 m³(见表 4-1)。

表 4-1 秃尾河流域水库工程基本情况

水库类型	数量 (座)	控制流域 面积(km²)	总库容 (万 m³)	兴利库容 (万 m³)	死库容 (万 m³)	总淤积量 (万 m³)	库容淤损率 (%)
中型	2	2 190	8 341	6 918.5	685	0	0
小型	6	60.10	837.96	157.82	283.60	837.96	100

建成于 2003 年 10 月的瑶镇水库是神木县城和锦界工业园生活和工业用水的主要水源地,控制流域面积 707 km²,多年平均径流量 10 200 万 m³,总库容 1 060 万 m³,兴利库容 622 万 m³,死库容 200 万 m³,水库设计年供水量为 5 490 万 m³,2011 年供水量为 3 465.38 万 m³。

采兔沟水库于 2005 年 7 月开工建设,是一座以工业供水为主,兼顾农田灌溉、生产生活以及生态用水的中型水库,水库设计总库容 7 281 万 m³,兴利库容 6 296.5 万 m³,死库容 485 万 m³,建成后在保证生态用水 0.35 m³/s、解决下游 1 万亩农田灌溉问题的前提下,在供水保证率为 95% 时,按设计年供水量可向大保当工业园区供水 5 445 万 m³。其坝址位于秃尾河干流瑶镇水库以下 13 km 处,控制流域面积 1 339 km²,坝址多年平均径流量为 15 920 万 m³。

图 4-2 是秃尾河流域水库建设发展过程,流域水库多修建于 20 世纪 70 年代,但总体规模不大,2008 年由于采兔沟水库建成,流域水库调控能力大幅增大。

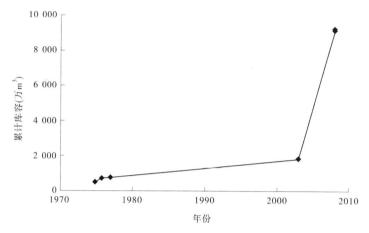

图 4-2　秃尾河流域水库建设发展过程

流域水库年供水能力为 1.291 8 亿 m³,约为流域多年平均径流量(3.24 亿 m³)的 39.9%。可见,秃尾河通过水库供水对径流的影响比较大(见表 4-2)。

表 4-2　秃尾河流域水库工程供水情况统计　　　　　　　　(单位:万 m³)

水库名称	所在水系	所在行政区	建成年份	总库容	兴利库容	死库容	年均径流量	年供水量	2011 年供水量
瑶镇水库	秃尾河	神木县	2003	1 060	622	200	10 200	5 490	3 465.38
采兔沟水库	秃尾河	神木县	2008	7 281	6 296.5	485	15 920	5 445	
赵家峁水库	札林川	榆阳区	1975	447.28	27	180	160	40.5	10.5
石灰瑶水库	秃尾河	榆阳区	1976	203.79	19.32	75.32	85	28.98	5
香水沟水库	红梁沟	榆阳区	2008	84.49	62.1	9.28	1 944	1 888	11
韩家坡水库	开光川	榆阳区	1975	51	20	15	57	25	2.5
野鸡河水库	秃尾河	神木县	1975	29	19	2	0.5		
高羔兔水库	秃尾河	神木县	1977	22.4	10.4	2	0.8		
合计	—	—	—	9 178.96	7 076.32	968.6	28 367.3	12 917.48	3 494.38

(三)流域取用水情况

2011 年水利普查资料表明,秃尾河流域地表水取水主要是河流和水库取水。其中规模以上(农业取水流量 0.20 m³/s 及以上,其他用途年取水量 15 万 m³ 及以上)取水口共 5 处,2011 年取水总量约为 4 497 万 m³(见表 4-3),其中水源类型为河流的取水口 2 座(取水量为 1 032 万 m³),水源为水库的取水口 3 座(取水量为 3 465.65 万 m³);规模以下取水口共 232 座,2011 年取水总量约为 1 039 万 m³,其中秃尾河干流规模以下取水口 139 座,2011 年取水量约为 769 万 m³,占流域规模以下取水口总取水量的 74%(见表 4-3、

表 4-4)。

表 4-3 秃尾河规模以上取水口取水量

行政区	取水口名称	水源类型	河流名称	年最大取水量（万 m³）	主要取水用途	2011 年取水量（万 m³）
神木县	红花渠渠首取水口	河流	秃尾河	2 073.60	农业	810
神木县	高惠渠渠首取水口	河流	秃尾河	1 555.20	农业	222.07
神木县	国华电厂加压泵站取水口	水库	秃尾河	484.50	一般工业	225.38
神木县	神木县城供水取水口	水库	秃尾河	1 479.98	城乡供水	928.00
神木县	神海水务公司取水口	水库	秃尾河	2 522.88	一般工业	2 312.00

表 4-4 秃尾河流域规模以下取水口取水量

序号	所在河流名称	取水口数量（座）	2011 年取水量（万 m³）	供水人口（万人）	灌溉面积（万亩）
1	秃尾河	139	768.68	1.35	2.34
2	开光川	24	88.03	0	0.38
3	小川沟	23	4.27	0.20	0
4	红梁沟	15	104.25	0.04	0.37
5	青安寺	9	1.44	0.07	0
6	札林川	7	25.68	0	0.09
7	寺川沟	7	32.02	0	0.10
8	圪丑沟	3	0.40	0.06	0
9	袁家沟	1	0.72	0.03	0
10	沙田河沟	1	1.20	0.05	0
11	清水沟	1	11.55	0	0.04
12	河则沟	1	0.36	0.02	0
13	古今滩沟	1	0.01	0	0
合计		232	1 038.61	1.82	3.32

根据 2011 年水利普查成果，秃尾河流域河道取水口 2011 年取水量为 2 071 万 m³，约为 1996 年前流域平均径流量的 6.7%，1996 年后流域平均径流量的 10%。可见，1996 年以后流域地表水取水对径流的影响逐渐变得明显。

(四)水沙变化及河道演变

1. 水沙变化情况

秃尾河流域 1956—2012 年多年平均径流量为 3.24 亿 m³。按年际划分，20 世纪五六十年代径流量在 4 亿 m³ 以上,70 年代为 3.826 5 亿 m³,80 年代减少至 3.028 0 亿 m³,90 年代为 2.861 0 亿 m³,而 2000—2012 年多年平均径流量为 2.098 5 亿 m³,径流量明显减少。流域多年平均输沙量为 0.159 8 亿 t,高家堡年均输沙量为 0.053 0 亿 t,占高家川输沙量的 33.2%,可见流域内 76%左右的泥沙是来自中下游高家堡水文站以下区域。按年际划分,20 世纪五六十年代年均输沙量为 0.302 0 亿 t,70 年代为 0.234 0 亿 t,80 年代减少至 0.100 0 亿 t,90 年代为 0.129 0 亿 t,而 2000—2012 年多年平均输沙量为 0.020 0 亿 t,2000 年以后急剧减少。秃尾河流域径流量和输沙量变化过程分别见图 4-3 和图 4-4。

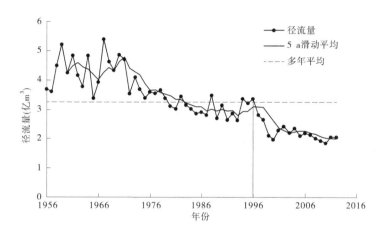

图 4-3　1956—2012 年秃尾河流域高家川站径流量变化过程

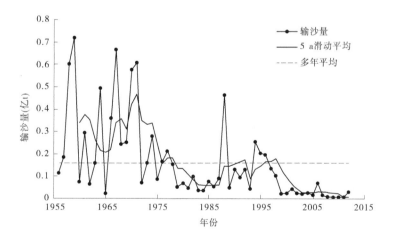

图 4-4　1956—2011 年秃尾河流域高家川站输沙量变化过程

2. 河道冲淤情况

秃尾河高家堡—高家川区间河段长度 29.5 km,采用断面法计算区间 1983—2011 年累计淤积泥沙 179.41 万 m³,其中 1983—1989 年累计冲刷量为 157.09 万 m³,1990—1999 年冲刷泥沙 261.64 万 m³,2000—2011 年河道淤积泥沙 598.14 万 m³(见表 4-5)。秃尾河高家堡站和高家川站断面冲淤面积见图 4-5,区间冲淤量多年变化过程见图 4-6。

表 4-5　秃尾河高家堡—高家川区间冲淤量

时段	高家堡 冲淤面积（m²）	高家川 冲淤面积（m²）	高家堡—高家川 冲淤面积（m²）	冲淤量 （万 m³）
1983—1989 年	7.18	-60.43	-53.25	-157.09
1990—1999 年	-5.21	-83.48	-88.69	-261.64
2000—2011 年	-4.36	207.12	202.76	598.14
合计	-2.39	63.21	60.82	179.41

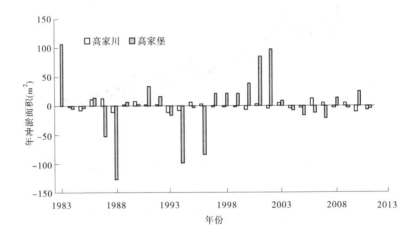

图 4-5　1983—2011 年高家堡、高家川水文站断面冲淤面积变化

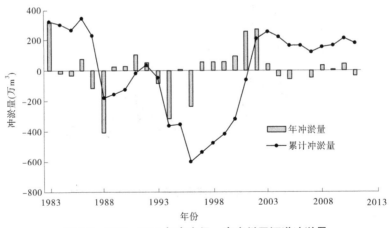

图 4-6　1983—2011 年高家堡—高家川区河道冲淤量

　　图 4-7 和图 4-8 分别为秃尾河高家堡水文站和高家川水文站断面套绘。高家堡水文站 2002 年汛前断面较 1983 年汛前主河槽呈冲刷态势；高家川水文站 2012 年汛前断面较 1983 年汛前呈总体淤积态势，这与采用断面法计算的断面冲淤性质一致。

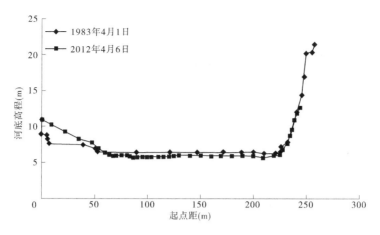

图 4-7　秃尾河高家堡水文站断面套绘

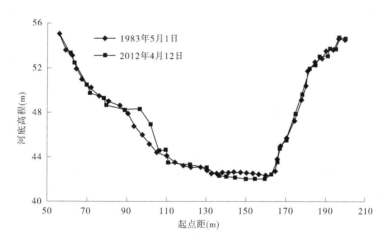

图 4-8　秃尾河高家川水文站断面套绘

第五章　秃尾河调查结果分析

(1)秃尾河水库拦蓄工程建设对径流调控影响较大,河道泥沙输移的水动力明显降低。

1956—2012年秃尾河流域高家川水文站径流量逐时段减少明显。以高家川水文站径流5 a滑动平均线为参考,高家川水文站径流量从1970年以来呈减少趋势,其中1970—1996年为第一阶段,径流量维持在3.0亿 m³左右;1996年以后为第二阶段,径流量仅能维持在2.0亿 m³左右。

截至2011年,水库总库容约为流域年均径流量的28%,水库兴利库容约为流域年均径流量的22%,水库对径流过程具备一定的调控能力。

流域水库多修建于20世纪70年代,但总体规模不大,2008年由于采兔沟水库建成,流域水库调控能力大幅增大。流域水库年供水能力为1.3亿 m³,约为流域多年平均径流量(3.24亿 m³)的39.9%。

(2)水库拦沙、河道取水对秃尾河高家堡—高家川河道冲淤有一定影响。

截至2011年,流域水库共淤积泥沙837.96万 m³,库容淤损率为100%,其中2007—2011年5 a总淤积量为60万 m³。流域多年平均输沙量(1956—2012年)为1 598万 t,2007—2011年水库年均拦沙占流域沙量的1.1%左右。

2011年秃尾河流域河道取水口取水量为2 071万 m³,约为1996年前流域平均径流量的6.7%,1996年后流域平均径流量的10%。1996年以后流域地表水取水对径流的影响逐渐变得明显。

秃尾河高家堡—高家川区间1983—2011年累计淤积约179万 m³。在1995年以前,河段冲淤交替,但总体以冲刷为主;1995年以后,河段逐渐转变为总体小幅淤积为主。

第六章　综合分析

（1）马莲河水库、橡胶坝等拦蓄工程建设对径流调控有影响但相对不大，河道泥沙输移的水动力环境未因拦蓄工程调控发生明显变化；秃尾河水库拦蓄工程建设对径流调控影响较大，河道泥沙输移的水动力明显降低。

（2）水库及橡胶坝拦沙、河道取水对调查的两条支流计算区间河道冲淤有一定影响。

水库拦沙有利于减小进入下游河道的沙量，从而减小河道泥沙淤积；径流的减小及河道沿程取水，降低了水流挟沙力从而会增大河道泥沙淤积。

马莲河庆阳—雨落坪区间1995年以后河段逐渐转变为以总体小幅淤积为主，其趋势与雨落坪水文站径流量变化特点相符。秃尾河高家堡—高家川区间1995年以后河段逐渐转变为以总体小幅淤积为主，其趋势与高家川水文站径流量变化特点对应关系也较好。

依据上述调查结果，相对支流水库拦沙减淤而言，支流径流的减少及河道沿程取水对河道冲淤影响作用更大。两条支流在1996年后径流量开始明显减少，调查河段在1996年后也相应表现为淤积抬升的趋势。可见，调查支流河道存在受径流减少影响而产生小水期泥沙持续淤积的现象。因此可以说，马莲河近年河道持续淤积的主要原因是人类活动造成的。

第四专题　2014年及近期汛前调水调沙模式研究

　　小浪底水库运用以来,水库以拦沙运用为主,通过水库拦沙和汛前调水调沙运用,下游河道发生持续冲刷。在2002年未实施调水调沙以前,由于流域来水较少等因素影响,水库长期下泄清水小流量,下游河道仅花园口以上河段发生冲刷,平滩流量增大,其他河段发生淤积,平滩流量减小,到2002年汛前达到最小。2002年实施调水调沙试验以来,下游河道发生沿程持续冲刷,河道过流能力显著增大。目前,黄河下游最小平滩流量已从2002年汛前的不足1 800 m³/s增加到4 200 m³/s。

　　随着冲刷的持续发展,下游河床发生不同程度的粗化。伴随冲刷发展和河床粗化,下游河道各河段的冲刷效率也明显减小。全下游的年平均冲刷效率已经从2004年的6.8 kg/m³降低到2013年的1.7 kg/m³。

　　随着社会经济的发展,黄河沿线对水资源的需求日益增加。基于黄河下游全线过流能力均超过了4 000 m³/s,河床粗化、清水冲刷效率明显降低,而水资源供需矛盾日益严峻的时代背景,对汛前调水调沙是继续开展还是不开展,亦或是按照一定指标不定期开展,这是目前迫切需要回答的问题。

　　在对汛前调水调沙作用分析和汛前调水调沙期下游冲淤调整规律研究的基础上,提出了下一阶段汛前调水调沙的运用模式,期望不仅能够维持黄河下游一定的排洪输沙能力,同时又能充分利用现有水资源。

第一章　汛前调水调沙作用分析

一、汛前调水调沙基本情况

2002年以来,黄委组织开展了15次黄河调水调沙,其中汛前调水调沙10次,汛期调水调沙5次。2002—2004年开展了3次调水调沙试验,自2005年调水调沙转入正常生产运行,之后每年6月开展一次汛前调水调沙生产运行。

汛前调水调沙的主要目标:一是实现黄河下游主河槽的全线冲刷,扩大主河槽的过流能力,近几年转为维持下游河道中水河槽行洪输沙能力;二是探索人工塑造异重流、调整小浪底库区泥沙淤积分布的水库群水沙联合调度方式;三是进一步深化对河道、水库水沙运动规律的认识;四是实施黄河三角洲生态调水。

汛前调水调沙的模式采用2004年基于干流水库群联合调度、人工异重流塑造模式,即依靠水库蓄水,通过精确调度万家寨、三门峡、小浪底等水利枢纽工程,在小浪底库区塑造人工异重流,实现水库减淤的同时,利用进入下游河道水流富余的挟沙能力,冲刷下游河道、增加河道过流能力,并将泥沙输送入海。黄河历次汛前调水调沙相关特征值见表1-1。

二、汛前调水调沙作用分析

小浪底水库投入运用以来,由于水库拦沙运用和调水调沙运用,下游河道共冲刷泥沙19.7亿t(输沙率法与断面法平均,下同。在水库拦沙阶段,输沙率法计算的冲刷量相对偏小,而断面法计算的相对偏大,取其平均值),其中2004年实施汛前调水调沙以来,下游共冲刷泥沙13.276亿t,年均冲刷1.328亿t;汛前调水调沙清水阶段共冲刷泥沙4.345亿t,平均每次冲刷0.434亿t;汛前调水调沙清水阶段冲刷量占总冲刷量的32.7%,为总冲刷量的1/3。下游河道小浪底—利津河道各年及分时段冲刷量详见表1-2。

各年汛前调水调沙清水阶段的冲刷量占全年的22%~48%,可见汛前调水调沙清水大流量泄放对下游河道全程冲刷,河道平滩流量扩大具有非常重要的作用。2002年实施调水调沙试验以来,每年水库泄放一定历时清水大流量过程,下游河道发生沿程持续冲刷,河道过流能力增大。目前,黄河下游最小平滩流量已从2002年汛前的不足1 800 m³/s增加到4 200 m³/s(见图1-1)。

汛前调水调沙具有以下几点重要作用:

(1)黄河下游主槽得到全线冲刷。

(2)黄河下游主槽过流能力初步得到恢复。

(3)成功塑造了异重流,为小浪底水库多排泥沙、延长小浪底水库拦沙库容的使用寿命探索了新途径。

表 1-1 黄河 10 次汛前调水调沙主要特征值

年份	模式	小浪底水库蓄水 (亿m³)	区间来水 (亿m³)	调控流量 (m³/s)	调控含沙量 (kg/m³)	进入下游水量 (亿m³)	入海水量 (亿m³)	入海沙量 (亿t)	河道冲淤量 (亿t)	调水调沙后下游最小平滩流量 (m³/s)	小浪底入库沙量 (亿t)	小浪底出库沙量 (亿t)	排沙比 (%)
2004	基于干流水库群水沙联合调度	66.50	1.10	2 700	40	47.89	48.01	0.697 0	-0.665 0	2 730	0.432 0	0.044 0	10.2
2005	万家寨、三门峡、小浪底三库联合调度	61.60	0.33	3 000~3 300	40	52.44	42.04	0.612 6	-0.646 7	3 080	0.450 0	0.023 0	5.0
2006	三门峡、小浪底两库联合调度为主	68.9	0.47	3 500~3 700	40	55.40	48.13	0.648 3	-0.601 1	3 500	0.230 0	0.084 1	36.6
2007	万家寨、三门峡、小浪底三库联合调度	43.53	0.45	2 600~4 000	40	41.21	36.28	0.524 0	-0.288 0	3 630	0.601 2	0.261 1	43.4
2008	万家寨、三门峡、小浪底三库联合调度	40.64	0.31	2 600~4 000	40	44.20	40.75	0.598 0	-0.201 0	3 810	0.579 8	0.516 5	89.1
2009	万家寨、三门峡、小浪底三库联合调度	47.02	0.80	2 600~4 000	40	45.70	34.88	0.345 2	-0.386 9	3 880	0.503 9	0.037 0	7.34
2010	万家寨、三门峡、小浪底三库联合调度	48.48	1.31	2 600~4 000	40	52.80	45.64	0.700 5	-0.208 2	4 000	0.408 0	0.559 0	137
2011	万家寨、三门峡、小浪底三库联合调度	43.59	0.56	4 000	40	49.28	37.93	0.427 3	-0.114 8	4 100	0.260 0	0.378 0	145.4
2012	万家寨、三门峡、小浪底三库联合调度	42.79	1.13	4 000	40	60.35	50.50	0.631 5	-0.046 7	4 100	0.444 0	0.657 0	148.0
2013	万家寨、三门峡、小浪底三库联合调度	39.30	1.20	4 000	40	59.00	52.20	0.558 7	0.051 9	4 100	0.387 0	0.645 0	167.0
合计			7.66			508.27	436.36	5.743 1	-3.106 5		4.295 9	3.204 7	74.60

注:2009 年以前用《黄河调水调沙理论与实践》报告数据,2009 年以后用水文整编数据。

表 1-2　2001 年以来全下游年冲刷量统计

年份	水量（亿 m³）	年冲刷量（亿 t）			汛前调水调沙清水阶段	
		输沙率法	断面法	两方法平均	冲刷量（亿 t）	占全年比例（%）
2000	147.123	-0.801	-1.660	-1.231		
2001	180.010	-0.781	-1.142	-0.962		
2002	206.363	-0.705	-1.047	-0.876		
2003	257.607	-2.849	-3.860	-3.355		
2004	236.333	-1.598	-1.665	-1.631	-0.362 0	22.2
2005	224.118	-1.499	-2.033	-1.766	-0.711 5	40.3
2006	303.762	-1.745	-1.848	-1.796	-0.593 5	33.0
2007	252.898	-0.839	-2.320	-1.579	-0.369 7	23.4
2008	253.001	-0.644	-1.016	-0.830	-0.342 2	41.2
2009	224.979	-0.721	-1.187	-0.954	-0.408 7	42.8
2010	280.081	-0.587	-1.485	-1.036	-0.496 2	47.9
2011	254.523	-0.701	-1.882	-1.291	-0.369 6	28.6
2012	426.080	-1.038	-1.392	-1.215	-0.357 2	29.4
2013	390.373	-0.680	-1.676	-1.178	-0.334 3	28.4
总计	3 637.251	-15.188	-24.213	-19.700	-4.344 9	22
2004—2006 平均	254.738	-1.614	-1.849	-1.731	-0.556 0	32.1
2007—2009 平均	243.626	-0.735	-1.508	-1.121	-0.374	36.7
2010—2013 平均	337.764	-0.752	-1.609	-1.180	-0.389	28.8
2004—2013 平均	284.615	-1.005	-1.650	-1.328	-0.434	32.7

（4）调整了小浪底库区淤积形态，为实现水库泥沙多年调节提供了依据。

（5）黄河调水调沙与沿程工农业用水相协调。

（6）改善了河口生态，增加了湿地面积。

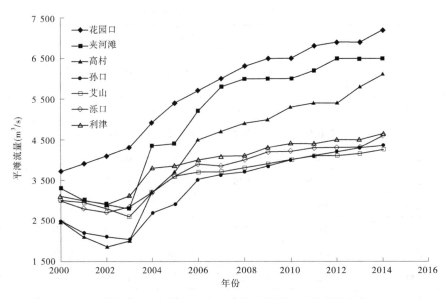

图 1-1　小浪底水库运用以来下游水文站断面平滩流量变化

第二章　汛前调水调沙下游河道冲淤规律

一、清水阶段下游冲刷规律

在 2002 年首次实施调水调沙以前,进入下游的流量较小,年最大日均流量均发生在春灌期的 4 月,下游河道冲刷集中在花园口以上。2003 年秋汛洪水较大,下游河道发生了强烈冲刷,年冲刷效率达到 13.0 kg/m³(输沙率法 11.1 kg/m³,断面法 15.0 kg/m³)。2004 年以来每年开展汛前调水调沙,均有一定历时的大流量进入下游河道,随着河床的粗化,河道冲刷效率呈现出不断减小的态势。

2004—2006 年,下游河道年冲刷效率相对较大,平均达到 6.8 kg/m³(输沙率法 6.3 kg/m³,断面法 7.3 kg/m³),2007—2010 年明显减小,平均为 4.4 kg/m³(输沙率法 2.8 kg/m³,断面法 5.9 kg/m³),2011—2013 年进一步减小,平均为 3.4 kg/m³(输沙率法 2.3 kg/m³,断面法 4.6 kg/m³)。可见,下游河道年平均冲刷效率不断减小,2007 年以来减小更为明显。

河床不断发生粗化是下游河道冲刷效率降低的主要因素。从 1999 年 12 月到 2006 年汛后,下游各河段的床沙中数粒径均显著增大,花园口以上、花园口—高村、高村—艾山、艾山—利津,以及利津以下河段床沙的中数粒径分别从 0.064 mm、0.060 mm、0.047 mm、0.039 mm 和 0.038 mm 粗化为 0.291 mm、0.139 mm、0.101 mm、0.089 mm 和 0.074 mm。2005 年以来各河段冲刷中数粒径变化较小,夹河滩—高村河段仍有一定粗化,艾山—利津河段也仍有小幅粗化。到 2013 年汛后各河段床沙中数粒径分别为 0.288 mm、0.185 mm、0.101 mm、0.116 mm 和 0.082 mm(见图 2-1)。到 2007 年下游河道河床粗化基本完成。

图 2-2 是大流量下泄时段全下游冲刷效率与平均流量的关系。可以看出,下游河道的冲刷效率随平均流量的增大而增加,但是,当流量约大于 3 500 m³/s 以后,冲刷效率增幅变缓;同时,随时间增加,后期冲刷效率增幅变缓。下游分河段也存在相同的规律(见图 2-3~图 2-6)。

2004 年调水调沙全下游及小浪底—花园口、花园口—高村、高村—艾山和艾山—利津河段的冲刷效率分别为 16.8 kg/m³、4.1 kg/m³、4.3 kg/m³、4.5 kg/m³ 和 3.9 kg/m³,2013 年汛前调水调沙清水阶段分别为 8.1 kg/m³、2.0 kg/m³、2.6 kg/m³、2.1 kg/m³ 和 1.5 kg/m³,分别是 2004 年调水调沙的 48%、49%、60%、47% 和 38%。可见,调水调沙清水大流量的冲刷效率减小显著,2013 年的冲刷效率约为 2004 年的 50%,花园口—高村河段减小最少,减少了 40%,艾山—利津河段减少最多,减少了 62%(见图 2-7)。

二、浑水阶段下游冲淤规律

2006 年以来,除了 2006 年、2009 年排沙量分别为 0.069 亿 t 和 0.034 亿 t 相对较少

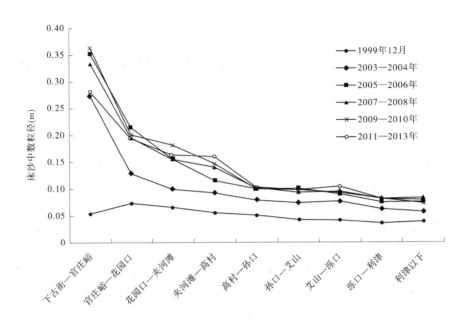

图 2-1 小浪底水库运用以来下游各河段中数粒径

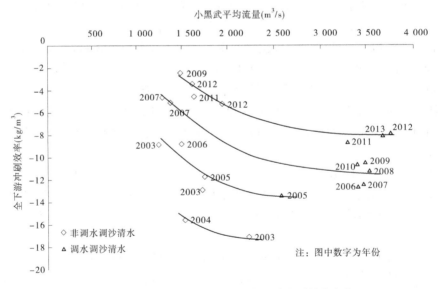

图 2-2 汛前调水调沙清水过程全下游冲刷效率变化

外,其他各次汛前调水调沙异重流排沙阶段出库泥沙量均较大(平均每次排沙 0.466 亿 t),2006—2013 年共排沙 2.899 亿 t,在下游河道淤积了 1.127 亿 t,淤积比为 39%。淤积 的泥沙以 0.025 mm 以下的细颗粒泥沙为主,为总淤积量的 61%,中颗粒泥沙占 22%,粗 颗粒泥沙和特粗颗粒泥沙分别占 12% 和 5%。从河段分布来看,淤积主要集中在花园口 以上河段,淤积 0.890 亿 t,占总淤积量的 79%;其次在艾山—利津和花园口—高村河段,

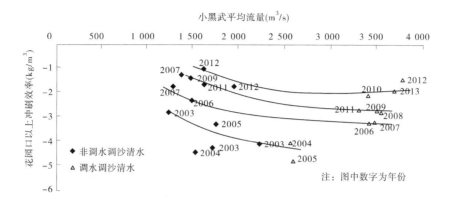

图 2-3 汛前调水调沙清水过程花园口以上河段冲刷效率变化

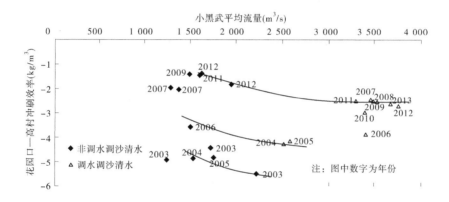

图 2-4 汛前调水调沙清水过程花园口—高村河段冲刷效率变化

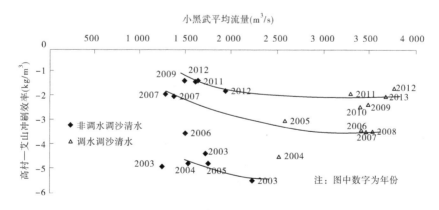

图 2-5 汛前调水调沙清水过程高村—艾山河段冲刷效率变化

淤积量分别为 0.163 亿 t 和 0.102 亿 t,占总淤积量的 14% 和 9%,而高村—艾山河段发生微冲(见表 2-1)。异重流排沙阶段全沙的淤积比为 38.9%,细颗粒泥沙的淤积比最小,为

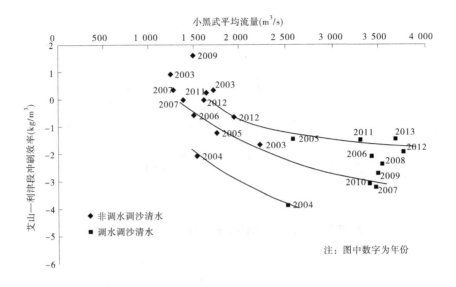

图 2-6　汛前调水调沙清水过程艾山—利津河段冲刷效率变化

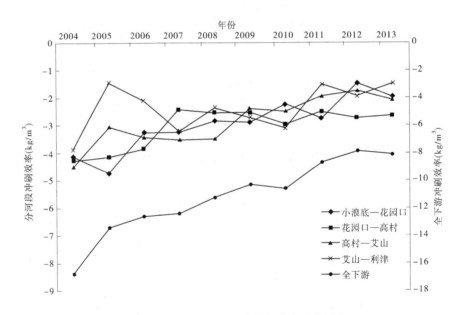

图 2-7　汛前调水调沙下游冲刷效率变化过程

34.8%,中、粗颗粒泥沙的淤积比较大,分别为 50.1% 和 44.3%。

　　汛前调水调沙第二阶段人工塑造异重流,下游河道发生淤积,主要是由于短历时集中排沙,出库含沙量高,导致下游淤积较多。分析发现,排沙阶段冲淤效率与时段内的平均含沙量关系密切,随着后者的增大而线性增加(见图 2-8)。

表2-1 汛前调水调沙排沙阶段下游分河段分组沙冲淤量 （单位：亿t）

类别		全沙	<0.025 mm	0.025～0.05 mm	>0.05 mm
总来沙量(亿t)		2.899	1.960	0.498	0.441
年均来沙量(亿t)		0.362	0.245	0.062	0.055
来沙组成(%)		100.0	67.6	17.2	15.2
总冲淤量	全下游 （占全沙比例）	1.127 （100%）	0.683 （61%）	0.249 （22%）	0.195 （17%）
	淤积比(%)	38.9	34.8	50.1	44.3
	小浪底—花园口 （占全下游比例）	0.890 （79%）	0.387 （57%）	0.251 （101%）	0.252 （129%）
	花园口—高村	0.102	0.076	0.020	0.006
	高村—艾山	−0.028	0.062	−0.023	−0.067
	艾山—利津 （占全下游比例）	0.163 （14%）	0.157 （23%）	0.001 （1%）	0.005 （2%）
平均 冲淤量	全下游	0.143	0.086	0.031	0.026
	小浪底—花园口	0.111	0.048	0.031	0.032
	花园口—高村	0.014	0.010	0.003	0.001
	高村—艾山	−0.003	0.008	−0.003	−0.008
	艾山—利津	0.021	0.020	0	0.001

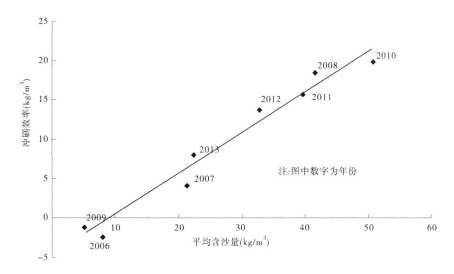

图2-8 汛前调水调沙异重流排沙期全下游冲淤效率与含沙量关系

汛前调水调沙人工塑造异重流排沙阶段下游淤积主要发生在平滩流量较大的花园口

以上,该河段处于下游河道的最上端,只要小浪底水库下泄清水,该河段首当其冲。对于艾山—利津河段,从分组泥沙的冲淤看,汛前调水调沙人工塑造异重流排沙阶段,该河段淤积的泥沙主要为细颗粒,中、粗颗粒泥沙基本不发生淤积。由于细颗粒泥沙易被冲刷带走,因此该时段的淤积对艾山—利津河段的影响不大。

第三章　汛前调水调沙对艾山—利津河段的影响

艾山—利津河段是黄河下游河口段以上的最后一段,河道较缓,比降为1‰,也是目前黄河下游过流能力较小的河段。在汛期的平水期和非汛期易发生上冲下淤现象,高村以上河段冲刷明显,高村—艾山河段基本处于平衡,艾山—利津河段发生淤积。汛前调水调沙清水大流量过程该河段冲刷,是该河段发生冲刷的主要时段,可见汛前调水调沙对该河段的冲刷具有非常重要的作用。

一、非汛期艾山—利津河段的淤积

小浪底水库运用以来,艾山—利津河段非汛期均发生淤积,其中两头淤积多,即2000—2001年和2012—2013年两个时段淤积较多(见表3-1)。

表3-1　艾山—利津河段非汛期(与断面法时间一致)冲淤量　　　　　(单位:亿t)

年份	输沙率法	断面法	两方法平均
2000	0.172	0.472	0.322
2001	0.221	0.155	0.188
2002	0.116	−0.020	0.048
2003	0.043	0.105	0.074
2004	0.095	0.129	0.112
2005	0.050	0.049	0.050
2006	0.125	0.148	0.137
2007	0.062	0.020	0.041
2008	0.066	0.021	0.043
2009	0.060	0.078	0.069
2010	0.057	0.083	0.070
2011	0.070	0.053	0.061
2012	0.203	0.202	0.202
2013	0.128	0.181	0.154
2000—2002	0.170	0.203	0.186
2003—2006	0.078	0.108	0.093
2007—2010	0.061	0.050	0.056
2011—2013	0.134	0.145	0.139
2007—2013	0.092	0.091	0.092

两个时段非汛期淤积较多的原因是不同的。由于小浪底水库运用之前的 20 世纪 90 年代来水较枯,2000—2001 年,下游河道淤积严重,特别是粒径小于 0.025 mm 的细颗粒泥沙也发生大量淤积。在水库投入运用初期,床沙组成较小、流量较小,导致上段冲刷多、含沙量恢复较大,到了艾山—利津河段,淤积较多。2012—2013 年,主要是非汛期下泄 800 m³/s 以上流量天数较多,导致上冲下淤显著。

(1)非汛期淤积的主要是 0.05 mm 以上的粗颗粒泥沙。

表 3-2 统计了 2005—2009 年非汛期艾山以上河段和艾山—利津河段的分组泥沙冲淤量。可以看出,2005—2009 年艾山以上共冲刷 1.527 亿 t,以粒径大于 0.05 mm 粗颗粒泥沙为主,为 0.696 亿 t,占全沙的 46%。艾山—利津河段共淤积 0.362 亿 t,为上段冲刷量的 24%,其中粗颗粒泥沙淤积 0.203 亿 t,占该河段淤积量的 56%,占上段河段粗颗粒泥沙冲刷量的 29%。可见,非汛期艾山—利津河段淤积的主体为粒径大于 0.05 mm 粗颗粒泥沙。

表 3-2　2005—2009 年非汛期(11 月至次年 5 月)分组沙冲淤量　　(单位:亿 t)

冲淤参数	河段	全沙	<0.025 mm	0.025~0.05 mm	>0.05 mm
总冲淤量	小浪底—艾山	−1.527	−0.563	−0.268	−0.696
	艾山—利津	0.362	0.095	0.064	0.203
年均冲淤量	小浪底—艾山	−0.306	−0.113	−0.054	−0.139
	艾山—利津	0.073	0.019	0.013	0.041

(2)非汛期 800~1 500 m³/s 流量天数增多导致艾山—利津河段淤积加重。

2012 年、2013 年非汛期下泄大于 800 m³/s(主要为 800~1 500 m³/s)流量的天数较之前几年显著增加(见图 3-1)。2005—2011 年非汛期小于 800 m³/s 的天数平均每年 167.3 d,大于 800 m³/s 的天数平均每年 44.9 d;2012—2013 年两个流量级的天数平均每年分别为 69.5 d 和 143 d,大于 800 m³/s 的天数为之前多年平均的 3 倍多。

非汛期(11 月至次年 5 月)艾山—利津河段的淤积量与进入下游日均流量大于 800 m³/s 的天数有一定关系(见图 3-2)。

非汛期艾山—利津河段的淤积量与艾山以上河段的冲刷量大小密切相关,淤积量随着上段冲刷量增大而增大(见图 3-3)。另外,随着冲刷的发展、床沙的粗化,在艾山以上河段发生相同冲刷量时,艾山—利津河段的淤积量有所增加。

非汛期艾山以上河段冲刷量与来水平均流量关系密切,在一定时段内冲刷量与平均流量大小呈线性关系(见图 3-4)。

上述分析表明,近两年非汛期艾山—利津河段淤积量较大的主要原因是非汛期下泄 800~1 500 m³/s 流量的天数较多。

(3)非汛期引水较多也是该河段淤积的重要因素。

非汛期特别是春灌期 3—5 月,由于引水,到利津站的流量较艾山站平均少 250 m³/s 左右,多的可以达到 500 m³/s 以上(见图 3-5)。

艾山水文站和利津水文站含沙量与流量的关系基本一致,相同流量时对应含沙量基

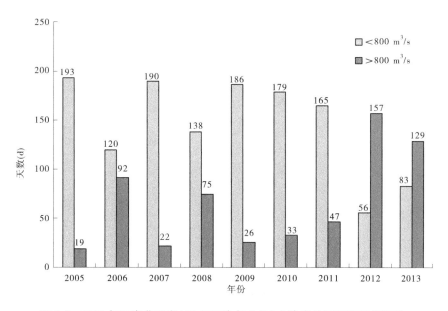

图 3-1　2005 年以来非汛期(11 月至次年 5 月)小浪底站不同流量级天数

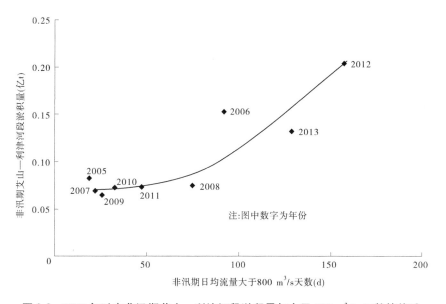

图 3-2　2005 年以来非汛期艾山—利津河段淤积量与大于 800 m³/s 天数的关系

本相同(见图 3-6)。也就是说,当利津的流量与艾山相同时,利津的含沙量与艾山的含沙量也基本相同,则艾山—利津河段基本输沙平衡。

　　但是由于非汛期下游引水,利津站的流量一般较艾山小,从而导致水流从艾山输送到利津时,输沙能力降低,河段发生淤积(见图 3-7)。

　　图 3-7 表明,由于非汛期从艾山到利津平均流量降低,导致河段淤积较多。

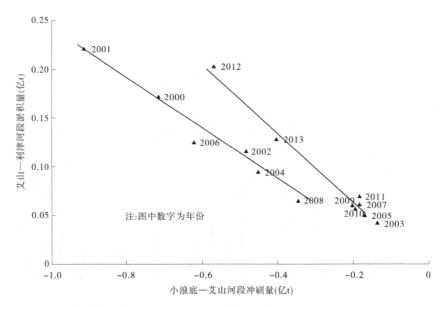

图 3-3　非汛期艾山—利津淤积量与艾山以上冲刷量关系

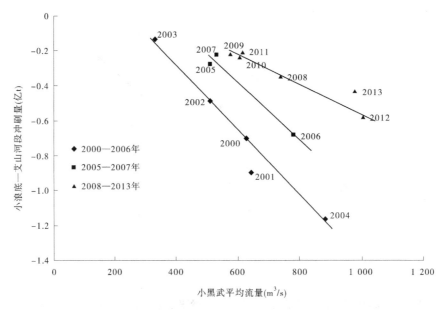

图 3-4　11 月至次年 5 月艾山以上冲刷量与小黑武平均流量关系

二、汛期艾山—利津河段冲淤

表 3-3 统计了 2007 年以来汛期(6—10 月)各河段分组泥沙冲淤量,艾山—利津河段共冲刷了 0.628 亿 t,年均冲刷 0.090 亿 t;其中细颗粒泥沙冲刷 0.284 亿 t,年均冲刷 0.041 亿 t;中颗粒泥沙冲刷 0.230 亿 t,年均冲刷 0.033 亿 t;粗颗粒泥沙冲刷 0.114 亿 t,年均冲刷 0.016 亿 t。汛期艾山—利津河段冲刷的主体为细颗粒泥沙和中颗粒泥沙,粗颗

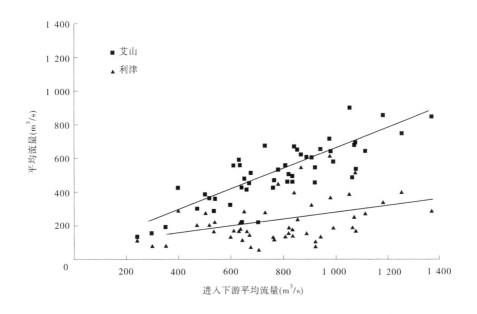

图 3-5 非汛期艾山、利津平均流量与进入下游平均流量关系

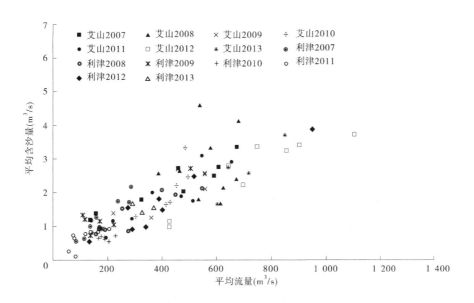

图 3-6 非汛期艾山、利津平均含沙量与平均流量关系

粒泥沙冲刷较少。因此,细颗粒泥沙淤积在下游该段河道内,在适宜的水流条件下是可以被冲刷输入大海的。

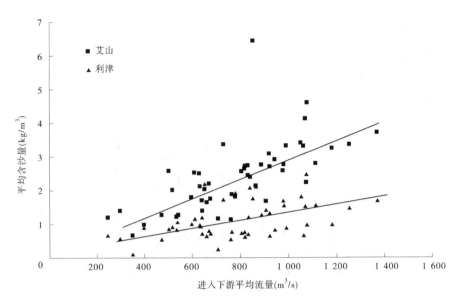

图 3-7 非汛期艾山、利津平均含沙量与进入下游平均流量关系

表 3-3 2007—2013 年汛期(6—10 月)下游分组沙冲淤量   (单位:亿 t)

冲淤参数	河段	全沙	<0.025 mm	0.025~0.05 mm	>0.05 mm
总冲淤量	小浪底—花园口	0.255	0.543	0.001	-0.289
	花园口—高村	-1.693	-0.678	-0.450	-0.565
	高村—艾山	-1.426	-0.636	-0.239	-0.551
	艾山—利津	-0.628	-0.284	-0.230	-0.114
	全下游	-3.492	-1.055	-0.918	-1.519
年均冲淤量	小浪底—花园口	0.037	0.078	0	-0.041
	花园口—高村	-0.242	-0.097	-0.064	-0.081
	高村—艾山	-0.204	-0.091	-0.034	-0.079
	艾山—利津	-0.090	-0.041	-0.033	-0.016
	全下游	-0.499	-0.151	-0.131	-0.217

三、汛前调水调沙对艾山—利津河段的影响分析

分析表明,汛期调水调沙艾山—利津河段共冲刷 0.456 亿 t,其中清水大流量阶段共冲刷 0.632 亿 t,年均冲刷 0.09 亿 t,占全年冲刷量的 85%。近两年汛期调水调沙清水大流量冲刷量占到全年冲刷量的 87%。由此可见,汛前调水调沙清水大流量对艾山—利津河段的冲刷具有十分重要的作用。

第四章 汛前调水调沙模式研究

一、汛前调水调沙模式

汛前调水调沙对下游河道冲刷、过流能力增大具有较大的作用,特别对于艾山—利津河段来讲,作用更大。

2007—2013年艾山—利津河段共冲刷0.745亿t(平均每年冲刷0.106亿t),其中汛前调水调沙清水阶段冲刷量为0.632亿t(平均每次冲刷0.090亿t),占时段内总冲刷量的85%。若取消前调水调沙清水下泄过程,但仍保留后阶段的人工塑造异重流排沙过程,考虑到将汛前调水调沙第一阶段的清水大流量过程改为清水小流量过程,该时段内艾山—利津河段将由冲刷转为微淤,艾山—利津河段全年将由近期的冲刷转为冲淤相对平衡。

汛前调水调沙后期的人工塑造异重流排沙过程在下游河道发生淤积,淤积比39%;淤积以细沙为主,细、中、粗泥沙比例分别占淤积量的61%、22%、17%。淤积主要集中在花园口以上河段,占全下游的79%。艾山—利津河段淤积量占全下游的14%。

在目前水沙条件和下游河道河床粗化、冲刷效率降低的条件下,若不实施汛前调水调沙清水大流量下泄过程,艾山—利津河段全年将会由冲刷状态转为基本平衡状态,下游最小过流能力基本能够维持。

但是,若不开展汛前调水调沙第一阶段清水大流量过程,粒径大于0.05 mm的粗颗粒泥沙在艾山—利津河段发生持续淤积,最终导致该河段全年将由冲淤平衡转为淤积。随着来水来沙条件的变化,下游河道在一定时段内可能发生淤积,最小过流能力可能降低。为此需要不定期开展带有清水大流量泄放过程的汛前调水调沙,用以塑造和维持下游的中水河槽。

为此建议可将2014年及近期汛前调水调沙的模式设置为:以人工塑造异重流排沙为主体,将没有清水大流量泄放过程的汛前调水调沙与不定期开展带有清水大流量下泄的汛前调水调沙相结合,从而达到维持下游中水河槽不萎缩并提高水资源综合利用效益的双赢目标。

二、方案计算

(一)计算边界条件

计算河段为小浪底—利津,地形边界由2013年汛后实测断面数据生成,出口水位条件采用2014年利津水文站设计水位—流量关系曲线。黄河下游床沙级配采用2013年汛后各站实测河床质级配资料,各河段日均引水流量见表4-1。

表 4-1　黄河下游 6 月至 7 月上旬逐旬各河段引水流量及损失　　（单位:m³/s）

河段	6 月上旬	6 月中旬	6 月下旬	7 月上旬	河道损失
小浪底—花园口	15	45	35	20	10
花园口—夹河滩	25	60	60	25	20
夹河滩—高村	55	116	100	20	20
高村—孙口	40	140	90	25	20
孙口—艾山	10	30	40	5	10
艾山—泺口	20	25	50	45	20
泺口—利津	35	20	30	45	20
利津以下	5	5	5	10	10
合计	205	441	410	195	130

(二)设计洪水

4 个方案小浪底水库出库水沙过程见图 4-1~图 4-4。各方案水沙量见表 4-2。

表 4-2　不同计算方案小浪底水沙量

水沙量设计参数	方案 1	方案 2	方案 3	方案 4
小浪底水量(亿 m³)	134.98	110.43	112.58	110.43
小浪底沙量(亿 t)	1.42	1.42	1.49	1.10
平均含沙量(kg/m³)	10.52	12.86	13.24	9.96
黑石关水量(亿 m³)	4.62			
武陟水量(亿 m³)	5.44			

设计洪水小浪底、武陟和黑石关水文站水沙过程采用 2013 年汛前调水调沙实际过程,作为方案 1;方案 2 在方案 1 的基础上,将汛前调水调沙大流量过程取消,下泄流量按 1 500 m³/s 控制;方案 3 在方案 2 的基础上将小浪底水库排沙后期 3 d 流量较小过程分别增大 1 000 m³/s,相当于增加后续动力。

方案 4 是在方案 2 基础上,将汛前调水调沙排沙阶段的日平均含沙量减小一半。

(三)各方案计算成果分析

4 个方案的计算结果见表 4-3~表 4-6。比较方案 1 和方案 2,取消汛前调水调沙清水大流量后,清水阶段的冲刷将减小 0.138 亿 t,而艾山—利津河段由冲刷 0.036 9 亿 t 转为淤积 0.003 1 亿 t。比较方案 3 与方案 2,将排沙 3 d 的流量增大,似乎对减小浑水阶段的淤积作用不大,仅少淤积了 0.064 亿 t。比较方案 4 与方案 2,将汛前调水调沙排沙阶段含沙量降低一半,可以有效减小在下游河道的淤积,排沙阶段下游河道的淤积量将由 0.127 9 亿 t 减小为 0.014 5 亿 t,少淤积了 0.113 4 亿 t。

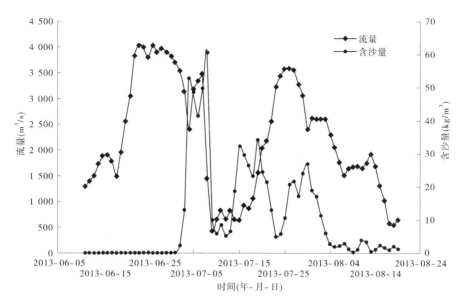

图 4-1　进入下游设计水沙方案 1

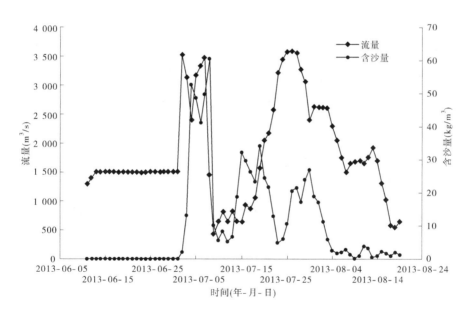

图 4-2　进入下游设计水沙方案 2

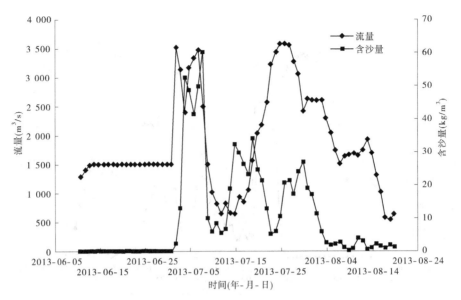

图 4-3　进入下游设计水沙方案 3

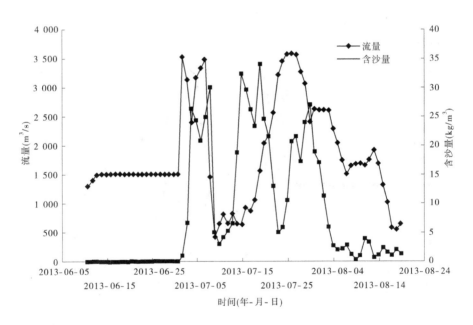

图 4-4　进入下游设计水沙方案 4

可见,取消汛前调水调沙清水大流量过程,汛前调水调沙全过程将由冲刷 0.092 5 亿 t 变为淤积 0.091 3 亿 t,艾山—利津河段也由冲刷 0.033 8 亿 t 转为淤积 0.014 9 亿 t。

表 4-3　方案 1 不同河段冲淤量

河段	不同日期（月-日）冲淤量（万 t）				
	06-11—06-18	06-19—07-03	07-04—07-13	07-14—08-19	06-11—08-19
小浪底—花园口	−214	−461	496	−131	−310
花园口—高村	−153	−278	407	−109	−133
高村—艾山	−158	−638	−113	−668	−1 578
艾山—利津	−50	−369	31	−161	−549
全下游	−575	−1 746	821	−1 070	−2 570

表 4-4　方案 2 不同河段冲淤量

河段	不同日期（月-日）冲淤量（万 t）				
	06-11—06-18	06-19—07-03	07-04—07-13	07-14—08-19	06-11—08-19
小浪底—花园口	−195	−224	644	−127	98
花园口—高村	−133	−36	576	−150	257
高村—艾山	−128	−137	−59	−789	−1 113
艾山—利津	−28	31	118	−243	−122
全下游	−484	−366	1 279	−1 309	−880

表 4-5　方案 3 不同河段冲淤量

河段	不同日期（月-日）冲淤量（万 t）				
	06-11—06-18	06-19—07-03	07-04—07-13	07-14—08-19	06-11—08-19
小浪底—花园口	−195	−224	652	−124	109
花园口—高村	−133	−36	577	−126	283
高村—艾山	−128	−137	−103	−769	−1 137
艾山—利津	−28	31	89	−236	−143
全下游	−484	−366	1 215	−1 255	−888

表 4-6　方案 4 不同河段冲淤量

河段	不同日期（月-日）冲淤量（万 t）				
	06-11—06-18	06-19—07-03	07-04—07-13	07-14—08-19	06-11—08-19
小浪底—花园口	−195	−226	203	−92	−309
花园口—高村	−133	−37	197	−85	−58
高村—艾山	−128	−136	−261	−729	−1 254
艾山—利津	−28	30	6	−215	−207
全下游	−484	−369	145	−1 121	−1 828

第五章 主要认识与建议

一、主要认识

(1)小浪底水库运用以来,随着下游河道的冲刷发展,河床粗化,冲刷效率逐步降低。全下游的年平均冲刷效率已经从 2004 年的 6.8 kg/m³ 降低到 2013 年的 1.7 kg/m³,年平均冲刷效率对年内排沙量有一定影响。汛前调水调沙清水大流量的冲刷效率从 2004 年的 16.8 kg/m³ 降低到 2013 年的 8.2 kg/m³。

(2)汛前调水调沙第一阶段清水大流量对艾山—利津河道冲刷平滩流量增大,具有非常重要的作用,其冲刷量占到该河段全年冲刷量的 85%。

(3)汛前调水调沙后期的人工塑造异重流排沙过程在下游河道发生淤积,淤积集中在花园口以上河段,占全下游的 79%。汛前调水调沙第二阶段人工塑造异重流对下游过流能力较小河段的影响不大。

(4)非汛期小浪底水库下泄 800~1 500 m³/s 的流量天数显著增加,导致非汛期艾山—利津河段淤积加重。

二、建议

(1)2014 年开展以人工塑造异重流排沙为主体的汛前调水调沙试验。在之前调水调沙模式的基础上,取消汛前调水调沙第一阶段的清水大流量过程,保留第二阶段人工塑造异重流排沙过程。

(2)建议不定期开展带有清水大流量泄放过程的汛前调水调沙,以下游最小过流能力不低于 4 000 m³/s 来控制。当最小过流能力接近 4 000 m³/s 时,开展汛前调水调沙清水大流量过程,流量为接近下游最小平滩流量,水量以河道需要冲刷扩大的量级来控制。

在目前水沙条件和下游河道河床粗化、冲刷效率降低的条件下,不实施汛前调水调沙清水大流量下泄过程,艾山—利津河段将会由冲刷状态转为基本冲淤平衡状态。但是,若不开展汛前调水调沙第一阶段清水大流量过程,粒径大于 0.05 mm 粗颗粒泥沙在艾山—利津河段发生持续淤积,最终导致该河段全年将由冲淤平衡转为淤积。

(3)建议在汛期来水较丰年份,当发生自然洪水时,小浪底水库对洪水进行调节再塑造,使得进入下游的流量(2 600~4 000 m³/s)使全下游均可发生冲刷,适时塑造和维持下游河道过流能力。同时,减少非汛期下泄 800~1 500 m³/s 流量级的历时,以减少非汛期艾山—利津河段的淤积。

第五专题 近期小浪底水库汛期调水调沙运用方式探讨

　　小浪底水库总库容 127.46 亿 m^3,其中拦沙库容 75 亿 m^3。自 1999 年 10 月蓄水运用至 2013 年 10 月的 14 a 内,入库沙量为 46.366 亿 t,出库沙量为 10.112 亿 t,排沙比为 21.8%。

　　至 2006 年汛后,小浪底库区淤积量为 21.582 亿 m^3。根据《小浪底水利枢纽拦沙初期运用调度规程》,该淤积量达到了拦沙初期与拦沙后期的界定值。因此,从 2007 年开始,水库运用进入拦沙后期。2007 年以来调水调沙调度期(7 月 11 日至 9 月 30 日,下同)入库沙量占年沙量的 76.1%,排沙比为 19.2%,细泥沙排沙比约 28.4%。

　　那么,进入拦沙后期运用所采取的调水调沙方式,是否达到了"合理拦沙尽可能延长小浪底水库拦沙运用年限的同时,通过对出库水沙过程的调节,尽可能减少下游河道主河槽的淤积,增加并维持河道主槽的过流能力"的目的,通过小浪底水库 2007 年以来调水调沙调度期水沙变化、水库调度、排沙效果及汛期调水调沙调度等方面进行分析评价,并对近期小浪底水库调水调沙调度期的运用方式提出建议是非常必要的。

第一章 调水调沙期水库运用及进出库水沙分析

一、水库运用

调水调沙调度期为7月11日至9月30日。2007年以来,调水调沙调度期水库运用一般分为两个时段,7月11日至8月20日和8月21日至9月30日。图1-1给出了2007年以来调水调沙调度期水位变化。

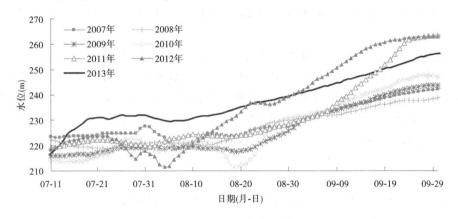

图1-1 2007—2013年小浪底水库调水调沙调度期库水位

7月11日至8月20日,由于受汛前调水调沙的影响,初期水位一般较低,随着汛前调水调沙结束,水库蓄水,水位逐渐抬升至汛限水位附近。在利用洪水进行汛期调水调沙的2007年、2010年以及2012年,7月11日至8月20日进行过降低水位排沙,其他年份水库蓄水至汛限水位附近后基本维持在汛限水位附近。

从8月21日起水库蓄水位向后汛期汛限水位过渡,后汛期起始汛限水位为248 m。除2010年利用洪水降低水位排沙外,2007年以来8月21日至9月30日,其他年份水库为持续蓄水运用,未进行过降低水位运用;8月下旬,库水位均超过前汛期汛限水位;9月30日,库水位均在238.7 m以上,在来水相对较丰的2012年、2013年,9月底库水位均在256.0 m以上(见表1-1)。

表1-1 2007—2013年小浪底水库调水调沙调度期特征水位

年份		2007	2008	2009	2010	2011	2012	2013
前汛期汛限水位(m)		225	225	225	225	225	230	230
最高水位	水位(m)	242.04	238.70	243.57	247.62	263.26	262.92	256.04
	出现日期(月-日)	09-30	09-30	09-30	09-27	09-30	09-28	09-30

续表 1-1

年份		2007	2008	2009	2010	2011	2012	2013
最低水位	水位(m)	218.83	218.80	215.84	211.60	218.98	211.59	216.97
	出现日期(月-日)	08-07	07-23	07-13	08-19	07-11	08-04	07-11
平均水位(m)		228.83	226.85	225.77	226.71	231.73	235.90	237.63
超汛限水位日期(月-日)		08-22	08-22	08-30	08-26	08-24	08-18	08-09

二、进出库水沙

(一)水库运用年

1.水量

2007—2013 年(水库运用年,下同)小浪底水库年均进出库水量分别为262.10 亿 m³、273.11 亿 m³。由于区间支流来水、蒸发、渗漏等,进出库水量相差11.01 亿 m³(见表1-2)。

表 1-2　2007~2013 年小浪底水库不同时期进出库水量

年份	入库				出库			
	水量(亿 m³)			比例(%)	水量(亿 m³)			比例(%)
	全年	非汛期	汛期	汛期/全年	全年	非汛期	汛期	汛期/全年
2007	227.77	105.71	122.06	53.6	235.55	134.78	100.77	42.8
2008	218.12	138.10	80.02	36.7	235.63	176.34	59.29	25.2
2009	220.44	135.43	85.01	38.6	211.36	144.61	66.75	31.6
2010	252.99	133.26	119.73	47.3	250.55	147.82	102.73	41
2011	234.61	109.28	125.33	53.4	230.32	149.21	81.11	35.2
2012	358.24	146.25	211.99	59.2	384.21	232.38	151.83	39.5
2013	322.56	148.27	174.29	54.0	364.15	230.41	133.74	36.7
平均	262.10	130.90	131.20	50.1	273.11	173.65	99.46	36.4

受洪水影响,各年入库水量变化较大。汛期洪水相对较多的 2012 年、2013 年,全年入库水量分别为358.24 亿 m³、322.56 亿 m³;来水较少的 2008 年,入库水量为218.12 亿 m³。出库水量与入库水量基本一致,来水较多的 2012 年、2013 年,出库水量分别为384.21 亿 m³、364.15 亿 m³;来水较少的 2008 年,出库水量为235.63 亿 m³。

水库调节了水量的年内分配。2007—2013 年,汛期年均入库水量为131.20 亿 m³,占年均来水的50.1%,而汛期年均出库水量为99.46 亿 m³,占年均出库水量的36.4%。在来水较丰的年份,水库调节作用尤为明显,如 2012 年汛期入库 211.99 亿 m³,占全年来水的59.2%,而汛期出库水量为151.83 亿 m³,占全年出库水量的39.5%。

2.沙量

由于受汛前调水调沙的影响,小浪底水库进出库泥沙一般集中在汛前调水调沙期和

235

汛期*(为了说明汛期自然来水来沙情况,此处汛期*指汛期扣除汛前调水调沙期,下同)。除个别年份桃汛洪水期有少量泥沙入库外,如 2007 年桃汛洪水期入库泥沙 0.064 亿 t,2008 年入库泥沙 0.062 亿 t,分别占全年入库泥沙的 2.0% 和 4.7%,其他年份汛前调水调沙期和汛期*入库泥沙占全年入库沙量的 99% 以上。

与汛前调水调沙期相比,汛期*来沙多。2007—2013 年汛前调水调沙期和汛期*年均来沙分别为 0.488 亿 t、2.203 亿 t(见表 1-3),分别占全年来沙量的 18.0%、81.2%。除 2008 年、2009 年汛前调水调沙期入库泥沙占全年比例相对较大外,分别达到 55.4%、27.5%,其他年份汛期*入库泥沙占全年比例均在 78.3% 以上,最大高达 90.3%(2013年)。

表 1-3 2007—2013 年小浪底水库不同时期进出库泥沙量

| 年份 | 入库 | | | | | 出库 | | | | |
| | 沙量(亿 t) | | | 占全年(%) | | 沙量(亿 t) | | | 占全年(%) | |
	全年	汛前调水调沙期	汛期*	汛前调水调沙期	汛期*	全年	汛前调水调沙期	汛期*	汛前调水调沙期	汛期*
2007	3.125	0.613	2.448	19.6	78.3	0.705	0.234	0.471	33.2	66.8
2008	1.337	0.741	0.533	55.4	39.9	0.462	0.458	0.004	99.0	0.9
2009	1.980	0.545	1.433	27.5	72.4	0.036	0.036	0	100.0	0
2010	3.511	0.418	3.086	11.9	87.9	1.361	0.553	0.808	40.6	59.4
2011	1.753	0.273	1.475	15.6	84.1	0.329	0.329	0	100.0	0
2012	3.327	0.448	2.877	13.5	86.5	1.295	0.576	0.719	44.5	55.5
2013	3.955	0.377	3.571	9.5	90.3	1.420	0.632	0.788	44.5	55.5
年均	2.713	0.488	2.203	18.0	81.2	0.801	0.403	0.399	50.2	49.8

注:汛期*指汛期扣除汛前调水调沙期,表 1-4、表 1-5 同。

与来沙相比,汛前调水调沙排沙相对较大。2007—2013 年汛前调水调沙期和汛期排沙分别为 0.403 亿 t、0.399 亿 t,分别占全年排沙的 50.2%、49.8%。即使进行过两次汛期调水调沙的 2010 年,汛前调水调沙期出库沙量仍占全年的 40.6%。

从 2007—2013 年平均来看,汛前调水调沙期和汛期*排沙比分别为 82.5%、18.1%。因此,除进行汛前调水调沙外,增加汛期排沙机会是减少小浪底水库淤积的有效途径。

(二)调水调沙调度期

1. 水量

调水调沙调度期是小浪底水库汛期来水的主要时段,2007—2013 年调水调沙调度期年均来水 99.56 亿 m³(见表 1-4),占汛期*来水的 80.1%(见表 1-5)。除 10 月秋汛洪水较多的 2007 年,以及来水较少的 2008 年外,其他年份调水调沙调度期入库水量占汛期*的 77.3% 以上。如 2013 年调水调沙调度期入库水量相对较多,达到 143.93 亿 m³,占汛期入库水量的 88.9%。

调水调沙调度期入库水量主要集中在洪水期。如 2013 年 7 月 11 日至 8 月 20 日来水较多,达到 83.67 亿 m³,占调水调沙调度期的 58.1%;2011 年 8 月 21 日至 9 月 30 日来水较多,达到 72.20 亿 m³,占调水调沙调度期的 78.5%。总体来说,7 月 11 日至 8 月 20日、8 月 21 日至 9 月 30 日年均来水分别为 37.81 亿 m³、61.75 亿 m³,分别占调水调沙调度期的 38.0%、62.0%,8 月 21 日至 9 月 30 日来水相对更为丰沛。

表 1-4 2007~2013 年不同时段进出库水量

年份	入库水量(亿 m³)				出库水量(亿 m³)			
	汛期*	07-11—09-30	07-11—08-20	08-21—09-30	汛期*	07-11—09-30	07-11—08-20	08-21—09-30
2007	120.10	80.82	36.94	43.88	96.76	63.22	40.65	22.57
2008	77.56	55.46	13.57	41.89	53.71	36.03	12.87	23.16
2009	83.38	65.71	14.90	50.81	60.89	36.20	14.54	21.66
2010	113.39	95.83	36.49	59.34	87.83	65.25	40.61	24.64
2011	118.95	91.94	19.74	72.20	67.17	38.58	17.90	20.68
2012	194.75	163.27	59.39	103.88	130.06	107.68	51.69	55.99
2013	161.97	143.93	83.67	60.26	112.48	88.88	65.46	23.42
年均	124.30	99.56	37.81	61.75	86.99	62.27	34.82	27.45

表 1-5 2007—2013 年不同时段进出库水量比例

年份	入库水量比例(%)			出库水量比例(%)		
	07-11—09-30 占汛期*	07-11—08-20 占 07-11—09-30	08-21—09-30 占 07-11—09-30	07-11—09-30 占汛期*	07-11—08-20 占 07-11—09-30	08-21—09-30 占 07-11—09-30
2007	67.3	45.7	54.3	65.3	64.3	35.7
2008	71.5	24.5	75.5	67.1	35.7	64.3
2009	78.8	22.7	77.3	59.5	40.2	59.8
2010	84.5	38.1	61.9	74.3	62.2	37.8
2011	77.3	21.5	78.5	57.4	46.4	53.6
2012	83.8	36.4	63.6	82.8	48.0	52.0
2013	88.9	58.1	41.9	79.0	73.6	26.4
年均	80.1	38.0	62.0	71.6	55.9	44.1

调水调沙调度期年均出库水量为 62.26 亿 m³,占汛期出库水量的 71.6%。在 7 月 11日至 8 月 20 日利用洪水排沙的年份,如 2007 年、2010 年、2012 年、2013 年,7 月 11 日至 8月 20 日出库水量相对较大,一般在 40 亿 m³ 以上,其他年份相对较小;总体来讲,7 月 11日至 8 月 20 日、8 月 21 日至 9 月 30 日年均出库水量分别为 34.82 亿 m³、27.45 亿 m³,分别占调水调沙调度期的 55.9%、44.1%。

2. 沙量

小浪底水库汛期入库泥沙主要集中在调水调沙调度期,2007—2013年调水调沙调度期年均入库沙量2.066亿t(见表1-6),占汛期*来沙2.203亿t的93.8%(见表1-7)。除10月秋汛洪水来沙较多的2007年,以及来沙较少的2008年外,其他年份调水调沙调度期入库泥沙占汛期的98%以上。如2013年,调水调沙调度期入库沙量占汛期*的99.5%。

调水调沙调度期入库泥沙主要集中在洪水期。如2010年7月11日至8月20日入库沙量为1.993亿t,占调水调沙调度期入库沙量的64.8%;再如,2013年7月11日至8月5日洪水期间,入库沙量为2.673亿t,占调水调沙调度期入库泥沙总量的75.2%。总体来说,2007—2013年,7月11日至8月20日、8月21日至9月30日两个时段年均入库沙量分别为1.137亿t、0.929亿t,分别占调水调沙调度期入库沙量的55.0%和45.0%。

汛期出库泥沙也集中在调水调沙调度期。2007—2013年调水调沙调度期年均出库泥沙0.396亿t,占汛期出库泥沙0.398亿t的99.5%。调水调沙调度期出库泥沙主要集中在7月11日至8月20日洪水期,如2010年洪水期间出库沙量为0.755亿t,占调水调沙调度期出库泥沙0.808亿t的93.4%;再如,2013年洪水期间出库沙量为0.785亿t,占调水调沙调度期出库泥沙的100%。受水库蓄水及调度等影响,8月20日以后几乎没有进行过有效排沙。总体来说,2007—2013年,7月11日至8月20日、8月21日至9月30日两个时段年均出库沙量分别为0.384亿t、0.012亿t,分别占调水调沙调度期出库沙量的97.0%和3.0%。

2007年以来,调水调沙调度期实施调水调沙的机会不多,仅2007年、2010年7月11日至8月20日期间进行过调水调沙,2012年7月24日至8月6日进行过降低水位排沙。2007—2013年调水调沙调度期年均进出库沙量分别为2.066亿t、0.396亿t,排沙比为19.2%;其中,7月11日至8月20日年均进出库沙量分别为1.137亿t、0.384亿t,排沙比为33.8%;8月21日至9月30日排沙比为1.3%,因此水库排沙效果有待提高。

表1-8给出了2007—2013年调水调沙调度期进出库泥沙组成情况。2007—2013年,细泥沙(指细颗粒泥沙,$d \leqslant 0.025$ mm,下同)、中泥沙(指中颗粒泥沙,0.025 mm$<d \leqslant 0.05$ mm,下同)、粗泥沙(指粗颗粒泥沙,$d>0.05$ mm,下同)年均入库沙量分别为1.162亿t、0.417亿t、0.487亿t,年均出库沙量分别为0.330亿t、0.043亿t、0.023亿t,排沙比分别为28.4%、10.2%和4.6%。细沙排沙比为28.4%,说明入库细泥沙总量的71.6%淤积在水库中,对下游不会造成大量淤积的细泥沙淤积在水库中,加速了水库拦沙库容的淤损,降低了拦沙效益,缩短了水库的拦沙寿命。

表1-6　2007—2013年不同时段进出库沙量及排沙比

年份	入库沙量(亿t)				出库沙量(亿t)				排沙比(%)			
	汛期*	07-11—09-30	07-11—08-20	08-21—09-30	汛期*	07-11—09-30	07-11—08-20	08-21—09-30	汛期*	07-11—09-30	07-11—08-20	08-21—09-30
2007	2.448	1.664	1.191	0.473	0.471	0.458	0.456	0.003	19.2	27.6	38.3	0.6
2008	0.533	0.440	0.138	0.302	0	0	0	0	0	0	0	0
2009	1.433	1.420	0.179	1.241	0	0	0	0	0	0	0	0
2010	3.086	3.076	1.993	1.083	0.808	0.808	0.755	0.052	26.2	26.3	37.9	4.8
2011	1.475	1.451	0.056	1.395	0	0	0	0	0	0	0	0
2012	2.877	2.854	1.439	1.415	0.719	0.719	0.693	0.026	25.0	25.2	48.1	1.8
2013	3.571	3.554	2.959	0.595	0.788	0.785	0.785	0	22.1	22.1	26.5	0
平均	2.203	2.066	1.137	0.929	0.398	0.396	0.384	0.012	18.1	19.2	33.8	1.3

注：汛期*不含汛前调水调沙期。

表 1-7　2007—2013 年不同时段进出库沙量比例

年份	入库沙量(%)			出库沙量(%)		
	07-11—09-30 占汛期*	07-11—08-20 占 07-11—09-30	08-21—09-30 占 07-11—09-30	07-11—09-30 占汛期*	07-11—08-20 占 07-11—09-30	08-21—09-30 占 07-11—09-30
2007	68.0	71.6	28.4	97.4	99.4	0.6
2008	82.5	31.4	68.6	—	—	—
2009	99.1	12.6	87.4	—	—	—
2010	99.7	64.8	35.2	99.9	93.4	6.5
2011	98.4	3.9	96.1	—	—	—
2012	99.2	50.4	49.6	99.9	96.3	3.6
2013	99.5	83.3	16.7	99.7	100.0	0
平均	93.8	55.0	45.0	99.5	97.0	3.0

注:汛期* 不含汛前调水调沙期。

表 1-8　2007—2013 年调水调沙调度期进出库泥沙组成

泥沙分组	入库沙量 (亿 t)	出库沙量 (亿 t)	淤积量 (亿 t)	入库泥沙 组成(%)	排沙组成 (%)	淤积物 组成(%)	排沙比 (%)
细泥沙	1.162	0.330	0.832	56.3	83.5	49.8	28.4
中泥沙	0.417	0.043	0.374	20.2	10.8	22.4	10.2
粗泥沙	0.487	0.023	0.464	23.5	5.7	27.8	4.6
全沙	2.066	0.396	1.670	100	100	100.0	19.2

三、水库排沙规律

(一)水库运用年

表 1-9 给出了小浪底水库运用以来进出库泥沙及淤积物组成。2000—2013 年,小浪底水库共排沙 10.112 亿 t,其中细泥沙、中泥沙、粗泥沙分别为 8.049 亿 t、1.236 亿 t、0.827 亿 t,年均分别为 0.575 亿 t、0.088 亿 t、0.059 亿 t,分别占排沙总量的 79.6%、12.2%和 8.2%。出库细泥沙占排沙总量的 79.6%,说明排出库外的绝大部分是细泥沙。从表中也得出历年细泥沙排沙量占出库沙量的 66.6%~89.1%。

表 1-9　2000—2013 年小浪底库区淤积物及排沙组成

年份及级配		入库沙量（亿 t）		出库沙量（亿 t）		淤积量（亿 t）		全年入库泥沙组成（%）	全年排沙组成（%）	全年淤积物组成（%）	全年排沙比（%）
		汛期	全年	汛期	全年	汛期	全年				
2000	细泥沙	1.152	1.235	0.037	0.037	1.115	1.198	34.5	88.1	34.0	3.0
	中泥沙	1.100	1.173	0.004	0.004	1.096	1.169	32.9	9.5	33.1	0.3
	粗泥沙	1.089	1.162	0.001	0.001	1.088	1.161	32.6	2.4	32.9	0.1
	全沙	3.341	3.570	0.042	0.042	3.299	3.528	100.0	100.0	100.0	1.2
2001	细泥沙	1.318	1.318	0.194	0.194	1.124	1.124	46.6	87.8	43.1	14.7
	中泥沙	0.704	0.704	0.019	0.019	0.685	0.685	24.9	8.6	26.2	2.7
	粗泥沙	0.808	0.808	0.008	0.008	0.800	0.800	28.5	3.6	30.7	1.0
	全沙	2.830	2.830	0.221	0.221	2.609	2.609	100.0	100.0	100.0	7.8
2002	细泥沙	1.529	1.906	0.610	0.610	0.919	1.296	43.6	87.0	35.3	32.0
	中泥沙	0.981	1.358	0.058	0.058	0.923	1.300	31.0	8.3	35.4	4.3
	粗泥沙	0.894	1.111	0.033	0.033	0.861	1.078	25.4	4.7	29.3	3.0
	全沙	3.404	4.375	0.701	0.701	2.703	3.674	100.0	100.0	100.0	16.0
2003	细泥沙	3.471	3.475	1.049	1.074	2.422	2.401	45.9	89.0	37.9	30.9
	中泥沙	2.334	2.334	0.069	0.072	2.265	2.262	30.9	6.0	35.5	3.1
	粗泥沙	1.754	1.755	0.058	0.060	1.696	1.695	23.2	5.0	26.6	3.4
	全沙	7.559	7.564	1.176	1.206	6.383	6.358	100.0	100.0	100.0	15.9
2004	细泥沙	1.199	1.199	1.149	1.149	0.050	0.050	45.5	77.2	4.3	95.8
	中泥沙	0.799	0.799	0.239	0.239	0.560	0.560	30.3	16.1	48.7	29.9
	粗泥沙	0.640	0.640	0.099	0.099	0.541	0.541	24.2	6.7	47.0	15.5
	全沙	2.638	2.638	1.487	1.487	1.151	1.151	100.0	100.0	100.0	56.4
2005	细泥沙	1.639	1.815	0.368	0.381	1.271	1.434	45.5	84.8	39.5	21.0
	中泥沙	0.876	1.007	0.041	0.042	0.835	0.965	24.7	9.4	26.6	4.2
	粗泥沙	1.104	1.254	0.025	0.026	1.079	1.228	30.8	5.8	33.9	2.1
	全沙	3.619	4.076	0.434	0.449	3.185	3.627	100.0	100.0	100.0	11.0
2006	细泥沙	1.165	1.273	0.290	0.353	0.875	0.920	54.8	88.7	47.7	27.7
	中泥沙	0.419	0.482	0.026	0.030	0.393	0.452	20.7	7.5	23.5	6.2
	粗泥沙	0.492	0.570	0.013	0.015	0.479	0.555	24.5	3.8	28.8	2.6
	全沙	2.076	2.325	0.329	0.398	1.747	1.927	100.0	100.0	100.0	17.1

年份及级配		入库沙量（亿 t）		出库沙量（亿 t）		淤积量（亿 t）		全年入库泥沙组成（%）	全年排沙组成（%）	全年淤积物组成（%）	全年排沙比（%）
		汛期	全年	汛期	全年	汛期	全年				
2007	细泥沙	1.441	1.702	0.444	0.595	0.997	1.107	57.3	84.3	45.7	34.9
	中泥沙	0.501	0.664	0.052	0.072	0.449	0.592	19.9	10.2	24.5	10.8
	粗泥沙	0.572	0.759	0.027	0.039	0.545	0.720	22.8	5.5	29.8	5.1
	全沙	2.514	3.125	0.523	0.705	1.991	2.420	100.0	100.0	100.0	22.6
2008	细泥沙	0.483	0.712	0.186	0.365	0.297	0.347	53.3	79.0	39.7	51.3
	中泥沙	0.137	0.293	0.036	0.057	0.101	0.236	21.9	12.3	27.0	19.5
	粗沙	0.124	0.332	0.030	0.040	0.094	0.292	24.8	8.7	33.3	12.0
	全沙	0.744	1.337	0.252	0.462	0.492	0.875	100.0	100.0	100.0	34.6
2009	细泥沙	0.802	0.888	0.030	0.032	0.772	0.856	44.9	88.9	44.0	3.6
	中泥沙	0.379	0.480	0.003	0.003	0.376	0.477	24.2	8.3	24.6	0.6
	粗泥沙	0.434	0.612	0.001	0.001	0.433	0.611	30.9	2.8	31.4	0.2
	全沙	1.615	1.980	0.034	0.036	1.581	1.944	100.0	100.0	100.0	1.8
2010	细泥沙	1.675	1.681	1.034	1.034	0.641	0.647	47.9	76.0	30.1	61.5
	中泥沙	0.761	0.762	0.185	0.185	0.576	0.577	21.7	13.6	26.8	24.3
	粗泥沙	1.068	1.068	0.142	0.142	0.926	0.926	30.4	10.4	43.1	13.3
	全沙	3.504	3.511	1.361	1.361	2.143	2.150	100.0	100.0	100.0	38.8
2011	细泥沙	0.868	0.870	0.219	0.219	0.649	0.651	49.6	66.6	45.7	25.2
	中泥沙	0.406	0.407	0.063	0.063	0.343	0.344	23.2	19.1	24.2	15.5
	粗泥沙	0.474	0.476	0.047	0.047	0.427	0.429	27.2	14.3	30.1	9.9
	全沙	1.748	1.753	0.329	0.329	1.419	1.424	100.0	100.0	100.0	18.8
2012	细泥沙	1.691	1.691	0.897	0.897	0.794	0.794	50.8	69.3	39.1	53.0
	中泥沙	0.663	0.664	0.206	0.206	0.457	0.458	20.0	15.9	22.5	31.2
	粗泥沙	0.971	0.972	0.192	0.192	0.779	0.780	29.2	14.8	38.4	19.8
	全沙	3.325	3.327	1.295	1.295	2.030	2.032	100.0	100.0	100.0	38.9
2013	细泥沙	2.423	2.429	1.109	1.109	1.313	1.320	61.4	78.1	52.0	45.7
	中泥沙	0.758	0.758	0.186	0.186	0.572	0.572	19.2	13.1	22.6	24.5
	粗泥沙	0.767	0.768	0.125	0.125	0.643	0.643	19.4	8.8	25.4	16.3
	全沙	3.948	3.955	1.420	1.420	2.528	2.535	100.0	100.0	100.0	35.9

年份及级配		入库沙量（亿 t）		出库沙量（亿 t）		淤积量（亿 t）		全年入库泥沙组成（%）	全年排沙组成（%）	全年淤积物组成（%）	全年排沙比（%）
		汛期	全年	汛期	全年	汛期	全年				
2000—2013合计	细泥沙	20.856	22.194	7.616	8.049	13.240	14.146	47.9	79.6	39.0	36.3
	中泥沙	10.818	11.885	1.187	1.236	9.631	10.649	25.6	12.2	29.4	10.4
	粗泥沙	11.191	12.286	0.801	0.827	10.390	11.459	26.5	8.2	31.6	6.7
	全沙	42.865	46.366	9.604	10.112	33.261	36.254	100	100	100.0	21.8
2000—2013平均	细泥沙	1.490	1.585	0.544	0.575	0.946	1.010	47.9	79.6	39.0	36.3
	中泥沙	0.773	0.849	0.085	0.088	0.688	0.761	25.6	12.2	29.4	10.4
	粗泥沙	0.799	0.878	0.057	0.059	0.742	0.818	26.5	8.2	31.6	6.7
	全沙	3.062	3.312	0.686	0.722	2.376	2.590	100	100	100.0	21.8

2000—2013 年水库年均排沙比为 21.8%，其中细泥沙、中泥沙、粗泥沙排沙比分别为 36.3%、10.4% 和 6.7%。这说明大部分中粗颗粒泥沙淤积在水库的同时，入库细泥沙的 63.7% 也落淤在了水库。对下游不会造成大量淤积的细泥沙颗粒淤积在水库中，减少了淤积库容，缩短了水库的使用寿命。

图 1-2 给出了 2000—2013 年全沙排沙比与分组沙排沙比关系。随着全沙排沙比的增加，各分组泥沙的排沙比也在增大。其中，细泥沙排沙比增大最快，中泥沙次之，粗泥沙增量缓慢。因此，要想减小库区细泥沙淤积量，需提高水库排沙效果。

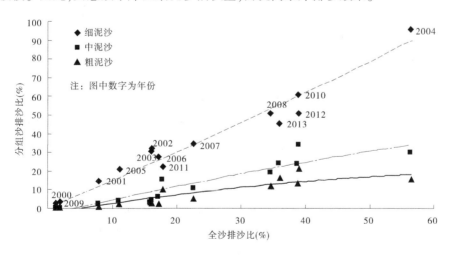

图 1-2　2000—2013 年各年度全沙、分组沙排沙比相关

图 1-3 给出了出库分组沙含量与全沙排沙比关系。随着出库排沙比的增大，细泥沙所占的含量有减少的趋势，中泥沙和粗泥沙所占比例有所增大，当排沙比超过某一范围时，这种趋势减缓。

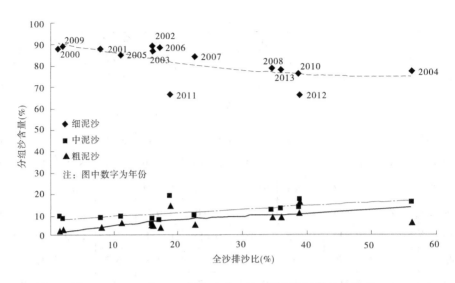

图 1-3 2000—2013 年出库分组沙含量与全沙排沙比关系

(二)洪水期

小浪底水库运用以来,洪水期异重流排沙或异重流形成的浑水水库排沙是目前的主要排沙方式。洪水期包括人造洪水(汛前调水调沙)和自然洪水。表 1-10 给出了洪水期小浪底水库进出库沙量及相关参数。

2004—2013 年汛前调水调沙累计入库沙量 4.533 亿 t,出库沙量 2.949 亿 t,水库排沙比为 65.1%,其中细泥沙排沙比为 126.8%。由于受水沙条件、地形条件以及水库运用方式等因素影响,各年排沙比变化较大,最小 4.5%(2005 年),最大 167.5%(2013 年)。总体来讲,汛前调水调沙期水库排沙比呈增大趋势。2008 年、2010—2013 年,出库细泥沙量之所以大于入库细泥沙,是因为库区三角洲洲面发生了冲刷,补充了形成异重流的沙源,同时也表明三角洲顶坡段淤积的泥沙偏细。

2007—2013 年汛期洪水期间,进行过 5 次排沙调度,累计入库沙量 6.646 亿 t,出库沙量 2.608 亿 t,水库排沙比为 39.2%,其中细泥沙排沙比为 58.4%。

根据洪水期排沙数据,点绘了小浪底水库分组沙排沙比与全沙排沙比的关系(见图 1-4)。与全年排沙的规律相同,即随着全沙排沙比的增加,各组分组沙的排沙比也在增大,其中细泥沙排沙比增大最快,中泥沙次之,粗泥沙增量缓慢。当全沙排沙比接近60%时,入库细泥沙基本全部排泄出库。

在全沙排沙比相同的条件下,汛期细泥沙排沙比小于汛前的。

图 1-5 给出了洪水期出库分组沙含量与全沙排沙比的关系。可以看出,洪水期随着出库排沙比的增大,细泥沙所占的含量有减少的趋势,中泥沙和粗泥沙所占比例有所增大。当全沙排沙比达 120%以上时,出库细泥沙含量不到 70%。

表 1-10 2004—2013 年洪水期小浪底水库排沙量

汛前/汛期	年份	（月-日）	入库沙量（亿t）				出库沙量（亿t）				排沙比（%）				出库泥沙组成（%）		
			全沙	细泥沙	中泥沙	粗泥沙	全沙	细泥沙	中泥沙	粗泥沙	全沙	细泥沙	中泥沙	粗泥沙	细泥沙	中泥沙	粗泥沙
汛前调水调沙	2004	07-07—07-14	0.436	0.148	0.152	0.136	0.042	0.038	0.003	0.001	9.9	26.0	2.2	1.0	90.5	7.1	2.4
	2005	06-27—07-02	0.452	0.167	0.130	0.155	0.020	0.019	0.001	0.000	4.5	11.1	0.8	0.3	95.0	5.0	0
	2006	06-25—06-29	0.230	0.099	0.058	0.073	0.068	0.059	0.006	0.003	29.9	59.8	11.1	4.3	86.8	8.8	4.4
	2007	06-26—07-02	0.613	0.247	0.170	0.196	0.234	0.202	0.023	0.009	38.1	81.9	13.5	4.5	86.4	9.8	3.8
	2008	06-27—07-03	0.741	0.239	0.208	0.294	0.458	0.361	0.057	0.040	61.7	151.1	27.4	13.5	78.9	12.4	8.7
	2009	06-30—07-03	0.545	0.147	0.154	0.244	0.036	0.032	0.003	0.001	6.6	21.8	1.9	0.4	89.2	8.0	2.8
	2010	07-04—07-07	0.418	0.126	0.117	0.175	0.553	0.356	0.094	0.103	132.3	282.7	80.5	58.9	64.3	17.0	18.7
	2011	07-04—07-07	0.273	0.114	0.065	0.094	0.329	0.219	0.063	0.047	120.5	191.2	97.3	50.3	66.6	19.1	14.3
	2012	07-02—07-12	0.448	0.142	0.097	0.209	0.577	0.296	0.129	0.152	128.8	208.6	132.6	72.7	51.4	22.3	26.3
	2013	07-02—07-09	0.377	0.149	0.087	0.141	0.632	0.419	0.124	0.089	167.5	281.7	142.6	62.8	66.3	19.7	14.0
	合计		4.533	1.578	1.238	1.717	2.949	2.001	0.503	0.445	65.1	126.8	40.7	25.9	67.8	17.1	15.1
汛期调水调沙	2007	07-29—08-07	0.828	0.442	0.160	0.226	0.426	0.356	0.045	0.025	51.4	80.5	28.1	10.9	83.5	10.6	5.9
	2010	07-24—08-03	0.901	0.411	0.183	0.307	0.257	0.212	0.029	0.016	28.6	51.6	15.9	5.3	82.5	11.3	6.2
	2010	08-11—08-21	1.092	0.581	0.217	0.294	0.508	0.429	0.057	0.022	46.5	73.8	26.4	7.4	84.4	11.3	4.3
	2012	07-24—08-06	1.152	0.666	0.202	0.284	0.661	0.544	0.075	0.042	57.3	81.7	36.9	14.7	82.3	11.3	6.4
	2013	07-11—08-05	2.673	1.670	0.500	0.503	0.756	0.661	0.060	0.035	28.3	39.6	12.0	7.0	62.5	18.7	18.8
	合计		6.646	3.770	1.262	1.614	2.608	2.202	0.266	0.140	39.2	58.4	21.1	8.6	84.5	10.2	5.3

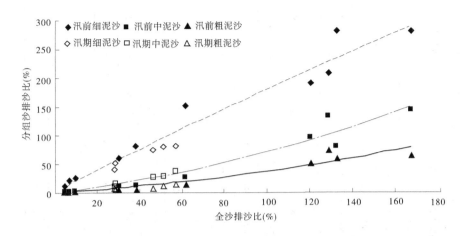

图1-4　洪水期全沙、分组沙排沙比关系

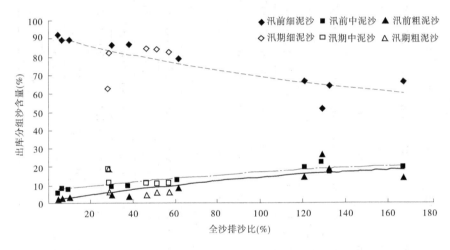

图1-5　洪水期出库分组沙含量与全沙排沙比关系

四、近期水库淤积形态及输沙方式

小浪底水库运用以来,随着库区淤积的发展,三角洲顶点不断向坝前推进。至2013年10月,三角洲顶点移至距坝11.32 km的HH09断面,高程为215.06 m(见图1-6)。三角洲顶点以下库容为2.520亿 m^3,前汛期汛限水位230 m以下为11.038亿 m^3,后汛期汛限水位248 m以下为37.091亿 m^3(见表1-11)。从淤积形态分析,近期小浪底水库排沙方式仍为异重流排沙,由于三角洲顶点距坝较近,形成的异重流很容易排沙出库。

在不同的运用方式下,淤积三角洲顶坡段输沙流态可相应为壅水明流输沙、溯源冲刷或沿程冲刷。当水库运用水位接近或低于三角洲顶点时,在三角洲顶点附近形成异重流潜入,同时三角洲洲面发生溯源冲刷,洲面冲刷的泥沙补充了异重流的沙源,增大水库排沙效果;当水库运用水位高于三角洲顶点时,三角洲洲面发生壅水明流输沙,入库泥沙会在洲面产生淤积,对水库排沙不利。因此,2014年汛期有较高含沙水流入库时,建议库水位降至215 m,甚至更低,以提高水库排沙效果。

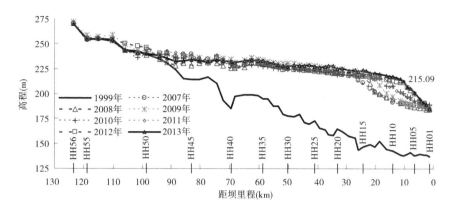

图 1-6　小浪底水库淤积纵剖面

表 1-11　2013 年 10 月各特征水位及对应库容

高程(m)	210	215	215.06	225.63	228.35	230	248	275
库容(亿 m³)	1.579	2.495	2.520	7.579	9.579	11.038	37.091	97.134

五、小结

(1)2007 年以来,调水调沙调度期小浪底水库运用分为 7 月 11 日至 8 月 20 日和 8 月 21 日至 9 月 30 日两个阶段。7 月 11 日至 8 月 20 日,初期水位较低,随着水库蓄水,水位逐渐抬升至汛限水位附近,部分年份利用洪水进行汛期调水调沙降低水位运用。8 月 21 至 9 月 30 日,水库持续蓄水,8 月下旬,库水位超过前汛期汛限水位。

(2)2007—2013 年平均进出库水量分别为 262.10 亿 m³、273.11 亿 m³;其中,汛期年均进出库水量分别为 131.20 亿 m³、99.46 亿 m³,分别占全年进出库水量的 50.1%、36.4%。

(3)调水调沙调度期是汛期来水的主要时段。2007—2013 年调水调沙调度期,年均进出库水量分别为 99.56 亿 m³、62.26 亿 m³,分别占汛期进出库水量的 80.1%、71.6%。

(4)小浪底水库进出库泥沙集中在汛前调水调沙期和汛期[*]。2007—2013 年汛前调水调沙期、汛期[*],年均入库沙量分别为 0.488 亿 t、2.203 亿 t,分别占全年入库沙量的 18.0%、81.2%;年均出库沙量分别为 0.403 亿 t、0.399 亿 t,分别占全年出库沙量的 50.2%、49.8%。除进行汛前调水调沙外,增加汛期[*]排沙机会是小浪底水库减淤的有效方法。

(5)调水调沙调度期是汛期泥沙入库的主要时段。2007—2013 年调水调沙调度期,年均进出库沙量分别为 2.066 亿 t、0.396 亿 t,分别占汛期的 93.8%、99.5%,排沙比为 19.2%。

(6)2007—2013 年入库细泥沙的 71.6%淤积在水库中,加速了水库拦沙库容的淤损,降低了拦沙效益,缩短了水库的拦沙寿命。分组泥沙与全沙排沙关系表明,随着全沙排沙比的增大,各分组泥沙的排沙比增大,其中细泥沙排沙比增大最快,中泥沙次之,粗泥沙增量缓慢。

（7）至 2013 年 10 月，三角洲顶点距坝 11.32 km（HH09），高程为 215.09 m。三角洲顶点以下库容为 2.520 亿 m³，前汛期汛限水位 230 m 以下为 11.038 亿 m³，后汛期汛限水位 248 m 以下为 37.091 亿 m³。2014 年汛期洪水期间，建议库水位降至 215 m，甚至更低，以使形成的异重流在三角洲顶点附近潜入，同时使三角洲洲面发生溯源冲刷，冲刷的泥沙补充形成异重流的沙源，增大水库排沙效果。

第二章　小浪底水库来水来沙分析

一、潼关洪水分析

小浪底水库运用初期,调水调沙调度期潼关水文站洪水量级相对较小而含沙量相对较高。2007 年以来,潼关洪水增多、量级增大,而含沙量降低(见图 2-1)。

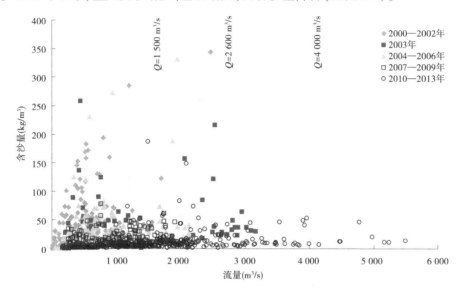

图 2-1　2000—2013 年调水调沙调度期潼关流量、含沙量关系

表 2-1 给出了调水调沙调度期潼关不同流量、含沙量级天数。2007 年以前,调水调沙调度期潼关流量大于等于 1 500 m³/s 的洪水较少,年均出现 8.7 d;2000 年、2002 年未出现过日均流量大于等于 1 500 m³/s 的洪水,2001 年、2004 年日均流量大于 1 500 m³/s 的洪水均出现 3 d,仅 2003 年出现过流量大于 2 600 m³/s 的洪水。2007 年以后潼关流量大于等于 1 500 m³/s 的洪水明显增加,年均达到 28.5 d,2010 年以来年均 43.3 d,其中 2012 年、2013 年分别达到 66 d、51 d;2007 年以来流量大于 2 600 m³/s 的洪水年均 7.6 d,2010 年以来年均达到 13.3 d。

2007 年以前,各流量级下潼关日均含沙量大于等于 50 kg/m³、100 kg/m³ 的洪水出现天数年均合计分别为 11.8 d、4.4 d;潼关流量大于等于 1 500 m³/s 且含沙量大于等于 50 kg/m³ 洪水出现 11 d。2007 年以后,潼关各流量级含沙量大于等于 50 kg/m³ 的洪水较少,年均合计出现 2.0 d,含沙量超过 100 kg/m³ 的洪水仅出现 2 d,年均 0.3 d;潼关流量大于等于 1 500 m³/s 且含沙量大于等于 50 kg/m³ 洪水出现 10 d。

表 2-2 给出了调水调沙调度期 7 月 11 日至 8 月 20 日潼关不同流量、含沙量级天数。

表 2-1　2000—2013 年调水调沙调度期潼关不同流量、含沙量级天数

年份	$Q_{潼}<1500\ \mathrm{m^3/s}$			$1500\ \mathrm{m^3/s}\leqslant Q_{潼}<2600\ \mathrm{m^3/s}$			$2600\ \mathrm{m^3/s}\leqslant Q_{潼}<4000\ \mathrm{m^3/s}$			$Q_{潼}\geqslant 4000\ \mathrm{m^3/s}$		
	天数(d)	不同含沙量级天数(d)		天数(d)	不同含沙量级天数(d)		天数(d)	不同含沙量级天数(d)		天数(d)	不同含沙量级天数(d)	
		$S_{潼}\geqslant 50$ $\mathrm{kg/m^3}$	$S_{潼}\geqslant 100$ $\mathrm{kg/m^3}$		$S_{潼}\geqslant 50$ $\mathrm{kg/m^3}$	$S_{潼}\geqslant 100$ $\mathrm{kg/m^3}$		$S_{潼}\geqslant 50$ $\mathrm{kg/m^3}$	$S_{潼}\geqslant 100$ $\mathrm{kg/m^3}$		$S_{潼}\geqslant 50$ $\mathrm{kg/m^3}$	$S_{潼}\geqslant 100$ $\mathrm{kg/m^3}$
2000	82	10	1	0	0	0	0	0	0	0	0	0
2001	79	14	5	3	2	2	0	0	0	0	0	0
2002	82	20	11	0	0	0	0	0	0	0	0	0
2003	49	10	3	20	5	3	13	1	0	0	0	0
2004	79	12	0	3	3	2	0	0	0	0	0	0
2005	71	3	2	11	0	0	0	0	0	0	0	0
2006	71	3	2	11	0	0	0	0	0	0	0	0
2007	71	0	0	11	1	0	0	0	0	0	0	0
2008	82	1	0	0	0	0	0	0	0	0	0	0
2009	67	1	0	15	0	0	0	0	0	0	0	0
2010	50	1	0	29	4	2	3	0	0	0	0	0
2011	58	0	0	13	0	0	7	0	0	4	0	0
2012	16	1	0	36	1	0	26	0	0	4	0	0
2013	31	0	0	42	3	0	8	1	1	1	0	0
2000—2006年均	73.3	10.3	3.4	6.8	1.4	1.0	1.9	0.1	0	0	0	0
2007—2013年均	53.6	0.6	0	20.9	1.3	0.3	6.3	0.1	0	1.3	0	0
2010—2013年均	38.8	0.5	0	30	2.0	0.5	11.0	0.3	0	2.3	0	0

表 2-2 2000—2013 年 7 月 11 日至 8 月 20 日潼关不同流量、含沙量级天数

年份	Q潼<1500 m³/s			1500 m³/s≤Q潼<2600 m³/s			2600 m³/s≤Q潼<4000 m³/s			Q潼≥4000 m³/s		
	天数(d)	不同含沙量级天数(d)		天数(d)	不同含沙量级天数(d)		天数(d)	不同含沙量级天数(d)		天数(d)	不同含沙量级天数(d)	
		$S_潼 \geq 50$ kg/m³	$S_潼 \geq 100$ kg/m³		$S_潼 \geq 50$ kg/m³	$S_潼 \geq 100$ kg/m³		$S_潼 \geq 50$ kg/m³	$S_潼 \geq 100$ kg/m³		$S_潼 \geq 50$ kg/m³	$S_潼 \geq 100$ kg/m³
2000	41	9	1	0	0	0	0	0	0	0	0	0
2001	40	10	2	1	1	1	0	0	0	0	0	0
2002	41	18	11	0	0	0	0	0	0	0	0	0
2003	41	10	3	0	0	0	0	0	0	0	0	0
2004	41	11	0	0	0	0	0	0	0	0	0	0
2005	38	3	2	3	0	0	0	0	0	0	0	0
2006	41	3	2	0	0	0	0	0	0	0	0	0
2007	35	0	0	6	1	0	0	0	0	0	0	0
2008	41	1	0	0	0	0	0	0	0	0	0	0
2009	41	0	0	0	0	0	0	0	0	0	0	0
2010	30	1	0	11	4	2	0	0	0	0	0	0
2011	41	0	0	0	0	0	0	0	0	0	0	0
2012	16	1	0	21	1	0	4	0	0	0	0	0
2013	8	0	0	24	2	0	8	1	0	1	0	0
2000—2006年均	40.4	9.1	3.0	0.6	0.1	0.1	0	0	0	0	0	0
2007—2013年均	30.3	0.4	0	8.9	1.3	0.3	1.7	0.1	0	0.1	0	0
2010—2013年均	23.8	0.5	0	14.0	1.8	0.5	3.0	0.3	0	0.3	0	0
2000—2013年均	35.4	4.8	1.5	4.7	0.6	0.2	0.9	0.1	0	0.1	0	0

小浪底水库运用以来,7月11日至8月20日潼关日均流量大于等于1 500 m³/s的洪水年均出现5.7 d。2007年以前,仅2001年、2005年出现过,分别为1 d和3 d;2007年以来,7月11日至8月20日流量大于等于1 500 m³/s的洪水出现概率与历时均有所增加,除2008年、2009年、2011年未出现外,其他年份均出现6 d以上,2013年达到33 d。

2007年以来,虽然洪水有所增加,但7月11日至8月20日潼关日均流量大于等于2 600 m³/s的洪水出现机会较少,仅2012年和2013年出现过4 d和9 d,2011年之前未出现过;潼关流量大于等于4 000 m³/s的洪水仅2013年出现过1 d(见图2-2)。

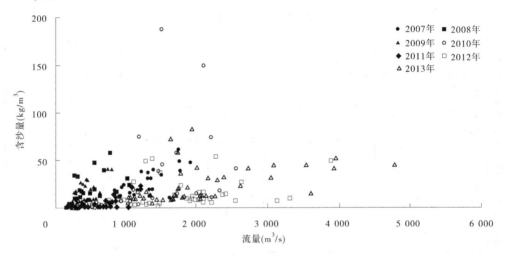

图2-2　2007—2013年7月11日至8月20日潼关流量、含沙量关系

小浪底水库运用以来,7月11日至8月20日潼关流量大于等于1 500 m³/s且含沙量大于等于50 kg/m³的洪水出现19 d。除2013年7月25日潼关流量达到3 960 m³/s,其他9 d潼关流量均介于1 500 m³/s与2 600 m³/s之间(见表2-3)。

表2-4给出了调水调沙调度期8月21日至9月30日潼关不同流量、含沙量级天数。与7月11日至8月20日相比,8月21日至9月30日潼关出现洪水机会增加。小浪底水库运用以来,8月21日至9月30日,潼关流量大于等于1 500 m³/s的洪水年均出现12.9 d。2007年以来,年均出现17.7 d,其中2012年8月21日至9月30日潼关日均流量均在1 500 m³/s以上。

与7月11日至8月20日相比,8月21日至9月30日潼关日均流量大于2 600 m³/s的洪水出现机会也有所增加,年均达到3.8 d。但总体来讲,潼关流量大于2 600 m³/s的时机也不多,小浪底水库运用以来仅2003年、2010年、2011年和2012年出现过,分别为13 d、3 d、7 d和22 d。流量大于4 000 m³/s的洪水仅2011年、2012年均出现过4 d。

8月21日至9月30日,潼关流量大于等于1 500 m³/s且含沙量大于等于50 kg/m³的洪水出现10 d,2007年以来未出现过(见图2-3)。

表 2-3　2007—2013 年潼关流量大于 1 500 m³/s 且含沙量大于 50 kg/m³ 的洪水有关参数

时间	潼关			三门峡		
（年-月-日）	流量（m³/s）	含沙量（kg/m³）	沙量（亿 t）	流量（m³/s）	含沙量（kg/m³）	沙量（亿 t）
2007-07-30	1 760	60.8	0.092	2 150	171	0.318
2010-07-26	2 100	149.05	0.270	2 150	147	0.273
2010-08-12	1 510	187.42	0.245	1 770	208	0.318
2010-08-14	2 210	74.21	0.142	1 920	102	0.169
2010-08-15	1 730	57.57	0.086	2 050	114	0.202
2012-07-30	2 290	53.28	0.105	3 260	88.7	0.250
2013-07-12	1 740	60.34	0.091	2 170	24.8	0.046
2013-07-18	1 990	83.92	0.144	2 450	34.2	0.072
2013-07-25	3 960	52.78	0.181	4 650	65.2	0.262

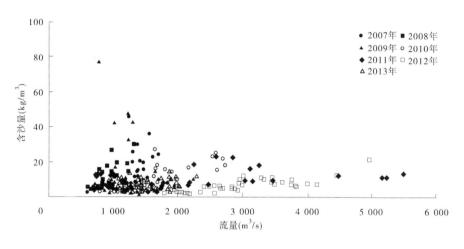

图 2-3　2007—2013 年 8 月 21 日至 9 月 30 日潼关站流量、含沙量关系

二、小浪底水库来水来沙分析

表 2-5、表 2-6 分别为 2007 年以来调水调沙调度期 7 月 11 日至 8 月 20 日和 8 月 21 日至 9 月 30 日两个时段潼关水文站不同流量级时，潼关水文站、三门峡水文站水量变化。2007 年以来，小浪底水库调水调沙调度期潼关、三门峡年均水量分别为 97.05 亿 m³、99.57 亿 m³。受洪水影响，水量年际变化较大。如来水较多的 2012 年，潼关站、三门峡站水量分别为 165.46 亿 m³、163.27 亿 m³，而来水较少的 2008 年，两水文站水量分别为 50.59 亿 m³、55.46 亿 m³。2010 年之后，洪水增多，水量也明显增大。2010—2013 年，调水调沙调度期潼关站、三门峡站年均水量分别为 121.08 亿 m³、123.75 亿 m³。

表2-4 2000—2013年8月21日至9月30日潼关不同流量、含沙量级天数

年份	$Q_潼<1\ 500\ \mathrm{m^3/s}$ 天数(d)	不同含沙量级天数(d) $S_渣≥50\ \mathrm{kg/m^3}$	不同含沙量级天数(d) $S_渣≥100\ \mathrm{kg/m^3}$	$1\ 500\ \mathrm{m^3/s}≤Q_潼<2\ 600\ \mathrm{m^3/s}$ 天数(d)	$S_渣≥50\ \mathrm{kg/m^3}$	$S_渣≥100\ \mathrm{kg/m^3}$	$2\ 600\ \mathrm{m^3/s}≤Q_潼<4\ 000\ \mathrm{m^3/s}$ 天数(d)	$S_渣≥50\ \mathrm{kg/m^3}$	$S_渣≥100\ \mathrm{kg/m^3}$	$Q_潼≥4\ 000\ \mathrm{m^3/s}$ 天数(d)	$S_渣≥50\ \mathrm{kg/m^3}$	$S_渣≥100\ \mathrm{kg/m^3}$
2000	41	1	0	0	0	0	0	0	0	0	0	0
2001	39	4	3	2	1	1	0	0	0	0	0	0
2002	41	2	0	0	0	0	0	0	0	0	0	0
2003	8	0	0	20	5	3	13	1	0	0	0	0
2004	38	1	0	3	3	2	0	0	0	0	0	0
2005	33	0	0	8	0	0	0	0	0	0	0	0
2006	30	0	0	11	0	0	0	0	0	0	0	0
2007	36	0	0	5	0	0	0	0	0	0	0	0
2008	41	0	0	0	0	0	0	0	0	0	0	0
2009	26	1	0	15	0	0	0	0	0	0	0	0
2010	20	0	0	18	0	0	3	0	0	0	0	0
2011	17	0	0	13	0	0	7	0	0	4	0	0
2012	0	0	0	15	0	0	22	0	0	4	0	0
2013	23	0	0	18	0	0	0	0	0	0	0	0
2000—2006年均	32.9	1.1	0.4	6.3	1.3	0.9	1.9	0.1	0	0	0	0
2007—2013年均	23.3	0.1	0	12.0	0	0	4.6	0	0	1.1	0	0
2010—2013年均	15.0	0	0	16.0	0	0	8.0	0	0	2.0	0	0
2000—2013年均	28.1	0.6	0.2	9.1	0.6	0.4	3.2	0.1	0	0.6	0	0

7月11日至8月20日、8月21日至9月30日两个时段潼关年均水量分别为37.50亿 m³、59.55亿 m³,分别占调水调沙调度期的38.6%、61.4%。三门峡水量与潼关基本一致, 7月11日至8月20日、8月21日至9月30日三门峡水量分别为37.82亿 m³、 61.75亿 m³,分别占调水调沙调度期的38.0%、62.0%。受洪水出现时机影响,调水调沙 调度期水量变化较大,如7月11日至8月20日来水较多的2013年,潼关、三门峡7月11 日至8月20日水量分别达到75.69亿 m³、83.68亿 m³,而8月21日至9月30日,两水文 站水量分别为52.73亿 m³、60.26亿 m³。总体来讲,8月21日至9月30日洪水出现机会 多于7月11日至8月20日,因此水量也明显偏多。

表2-7、表2-8分别为2007年以来调水调沙调度期7月11日至8月20日、8月21日至 9月30日潼关、三门峡水文站沙量。2007年以来,潼关、三门峡调水调沙调度期年均沙量 分别为1.383亿 t、2.066亿 t。受洪水影响,水量年际变化较大。2010年之后,洪水增多,沙量 也明显增大,尤其是7月11日至8月20日来水较多的2010年、2012年和2013年,调水调沙 调度期潼关沙量分别为1.857亿 t、1.703亿 t、2.545亿 t。由于潼关流量大于1 500 m³/s时, 三门峡水库敞泄排沙,三门峡沙量增大,分别为3.076亿 t、2.854亿 t、3.553亿 t。

调水调沙调度期7月11日至8月20日、8月21日至9月30日,潼关年均沙量分别 为0.824亿 t、0.559亿 t,分别占调水调沙调度期沙量1.383亿 t 的59.6%、40.4%;三门 峡年均沙量分别为1.137亿 t、0.929亿 t,分别占调水调沙调度期沙量2.066亿 t 的 55.0%、45.0%。

泥沙主要集中在洪水期,潼关日均流量大于1 500 m³/s时,7月11日至8月20日、8 月21日至9月30日潼关年均来沙分别为0.605亿 t、0.349亿 t,分别占时段来沙量的 73.4%、62.5%;由于三门峡水库敞泄排沙,三门峡沙量明显增加,两个时段分别为0.961 亿 t、0.729亿 t,分别占该时段来沙量的84.6%、78.5%。潼关流量1 500~2 600 m³/s时 沙量最多,两个时段潼关年均来沙分别占时段来沙量的50.2%、30.4%。

图2-4给出了2007—2013年不同时段潼关水沙量关系。7月11日至8月20日随着 水量的增加,潼关来沙量不断增大;而8月21日至9月30日,当水量超过一定范围后,沙 量增幅减小。相同的洪水量级及水量的情况下,7月11日至8月20日沙量明显大于8月 21日至9月30日时段(见图2-5)。

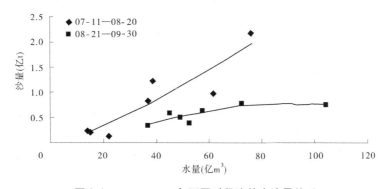

图2-4 2007—2013年不同时段潼关水沙量关系

表2-5 7月11日至8月20日潼关不同量级时潼关、三门峡水量

年份	Q潼<1500 m³/s			1500 m³/s≤Q潼<2600 m³/s				2600 m³/s≤Q潼<4000 m³/s				Q潼≥4000 m³/s				合计		
	出现天数(d)	水量(亿m³) 潼关	三门峡	天数(d) 出现	持续	水量(亿m³) 潼关	三门峡	天数(d) 出现	持续	水量(亿m³) 潼关	三门峡	天数(d) 出现	持续	水量(亿m³) 潼关	三门峡	出现天数(d)	水量(亿m³) 潼关	三门峡
2007	35	27.67	27.33	6	3	8.94	9.61									41	36.61	36.94
2008	41	13.94	13.57													41	13.94	13.57
2009	41	14.62	14.90													41	14.62	14.90
2010	30	19.52	17.72	11	4	18.99	18.77									41	38.51	36.49
2011	41	21.82	19.74													41	21.82	19.74
2012	14	12.60	12.29	21	17	37.51	36.60	4	2	11.22	10.50					39	61.33	59.39
2013	8	8.55	11.08	24	7	40.11	44.57	8	5	22.90	23.93	1	1	4.13	4.10	41	75.69	83.68
年均	30	16.96	16.66	8.9		15.08	15.65	1.7		4.87	4.92	0.1		0.59	0.59	40.7	37.50	37.82

注：表中2012年扣除汛前调水调沙。

表2-6 8月21日至9月30日潼关不同流量级时潼关、三门峡水量

年份	Q潼<1500 m³/s			1500 m³/s≤Q潼<2600 m³/s				2600 m³/s≤Q潼<4000 m³/s				Q潼≥4000 m³/s				合计		
	出现天数(d)	水量(亿m³) 潼关	三门峡	天数(d) 出现	持续	水量(亿m³) 潼关	三门峡	天数(d) 出现	持续	水量(亿m³) 潼关	三门峡	天数(d) 出现	持续	水量(亿m³) 潼关	三门峡	出现天数(d)	水量(亿m³) 潼关	三门峡
2007	36	37.70	37.85	5	2	7.00	6.03									41	44.70	43.88
2008	41	36.65	41.89													41	36.65	41.89
2009	26	25.84	26.67	15	10	23.12	24.14									41	48.96	50.81
2010	20	21.53	22.61	18	6	28.83	29.24	3	3	6.98	7.50					41	57.34	59.35
2011	17	14.71	13.41	13	5	21.46	23.07	7	3	18.56	18.73	4	4	17.62	16.99	41	72.35	72.20
2012				15	14	28.27	29.22	22	7	60.65	60.28	4	2	15.21	14.38	41	104.13	103.88
2013	23	24.78	30.22	18	8	27.95	30.04									41	52.73	60.26
年均	23.3	23.03	24.66	12	8	19.52	20.25	4.6		12.31	12.36	1.1		4.69	4.48	41.0	59.55	61.75

表 2-7 7月11日至8月20日潼关不同流量级时潼关、三门峡沙量

年份	$Q_{潼关}<1500 \text{ m}^3/\text{s}$				$1500 \text{ m}^3/\text{s} \leq Q_{潼关}<2600 \text{ m}^3/\text{s}$				$2600 \text{ m}^3/\text{s} \leq Q_{潼关}<4000 \text{ m}^3/\text{s}$				$Q_{潼关} \geq 4000 \text{ m}^3/\text{s}$				合计（亿 t）	
	潼关		三门峡		潼关		三门峡		潼关		三门峡		潼关		三门峡		潼关	三门峡
	沙量（亿 t）	占比（%）	沙量（亿 t）	占比（%）	沙量（亿 t）	占比（%）	沙量（亿 t）	占比（%）	沙量（亿 t）	占比（%）	沙量（亿 t）	占比（%）	沙量（亿 t）	占比（%）	沙量（亿 t）	占比（%）		
2007	0.466	56.3	0.408	34.2	0.362	43.7	0.783	65.8									0.828	1.191
2008	0.238	100	0.138	100													0.238	0.138
2009	0.210	100	0.179	100													0.210	0.179
2010	0.219	17.7	0.194	9.7	1.016	82.3	1.798	90.3									1.235	1.992
2011	0.123	100	0.056	100													0.123	0.056
2012	0.182	18.6	0.146	10.1	0.521	53.3	0.965	67.1	0.276	28.2	0.328	22.8					0.979	1.439
2013	0.092	4.3	0.101	3.4	1.001	46.4	1.333	45.1	0.874	40.5	1.353	45.7	0.191	8.8	0.172	5.8	2.158	2.959
年均	0.219	26.6	0.175	15.4	0.414	50.2	0.697	61.3	0.164	19.9	0.240	21.1	0.027	3.3	0.025	2.2	0.824	1.137

注：表中 2012 年扣除汛前调水调沙。

表 2-8 8月21日至9月30日潼关不同流量级时潼关、三门峡沙量

年份	$Q_{潼关}<1500 \text{ m}^3/\text{s}$				$1500 \text{ m}^3/\text{s} \leq Q_{潼关}<2600 \text{ m}^3/\text{s}$				$2600 \text{ m}^3/\text{s} \leq Q_{潼关}<4000 \text{ m}^3/\text{s}$				$Q_{潼关} \geq 4000 \text{ m}^3/\text{s}$				合计（亿 t）	
	潼关		三门峡		潼关		三门峡		潼关		三门峡		潼关		三门峡		潼关	三门峡
	沙量（亿 t）	占比（%）	沙量（亿 t）	占比（%）	沙量（亿 t）	占比（%）	沙量（亿 t）	占比（%）	沙量（亿 t）	占比（%）	沙量（亿 t）	占比（%）	沙量（亿 t）	占比（%）	沙量（亿 t）	占比（%）		
2007	0.433	73.4	0.357	75.4	0.156	26.5	0.116	24.6									0.589	0.473
2008	0.321	100	0.302	100													0.321	0.302
2009	0.333	66.6	0.336	27.1	0.167	33.4	0.905	72.9									0.500	1.241
2010	0.108	17.3	0.104	9.6	0.385	61.9	0.612	56.5	0.129	20.8	0.368	33.9	0.211	27.3	0.334	23.9	0.622	1.084
2011	0.116	15.0	0.059	4.2	0.168	21.7	0.264	18.9	0.278	35.9	0.738	52.9	0.189	26.2	0.295	20.8	0.773	1.395
2012					0.089	12.3	0.138	9.7	0.446	61.6	0.982	69.4					0.724	1.415
2013	0.162	41.8	0.242	40.7	0.225	58.2	0.352	59.3									0.387	0.594
年均	0.210	37.5	0.200	21.5	0.170	30.4	0.341	36.7	0.122	21.8	0.298	32.1	0.057	10.2	0.090	9.7	0.559	0.929

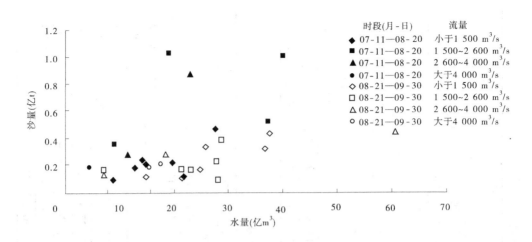

图 2-5　2007—2013 年潼关不同流量级水沙量关系

当潼关水文站流量大于等于 1 500 m³/s 时,三门峡水库敞泄冲刷,三门峡水文站沙量一般增加(见图 2-6)。

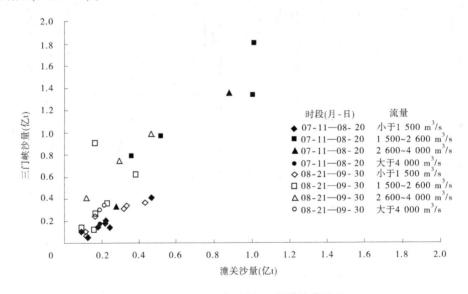

图 2-6　2007—2013 年潼关、三门峡沙量关系

7 月 11 日至 8 月 20 日小浪底水库入库沙量集中在潼关水文站流量大于 1 500 m³/s 且含沙量超过 50 kg/m³ 的洪水过程。2007 年以来潼关共出现 5 场流量大于 1 500 m³/s 且含沙量大于 50 kg/m³ 的洪水。2007—2013 年 7 月 11 日至 8 月 20 日潼关沙量共 5.771 亿 t,流量大于 1 500 m³/s 且含沙量超过 50 kg/m³ 的洪水过程期间潼关站沙量为 4.177 亿 t(见表 2-9);而三门峡对应沙量分别为 7.954 亿 t、6.639 亿 t,即潼关出现流量大于 1 500 m³/s 且含沙量超过 50 kg/m³ 的洪水过程期间,小浪底水库入库沙量占 7 月 11 日至 8 月 20 日的 83.5%。2007 年、2010 年、2012 年和 2013 年,洪水期间入库沙量占 7 月 11 日至 8 月 20 日的 70.0%以上。建议在潼关出现流量大于 1 500 m³/s 且含沙量超过 50

kg/m^3 的洪水过程时,开展以小浪底水库减淤为目的的汛期调水调沙。

表 2-9 潼关洪水流量大于 1 500 m^3/s 且含沙量大于 50 kg/m^3 时各水文站沙量及比例

年份	时段 (月-日)	潼关沙量 (亿 t)	三门峡沙量 (亿 t)	洪水期占 7 月 11 日至 8 月 20 日比例(%)	
				潼关	三门峡
2007	07-11—08-20	0.828	1.191		
	07-29—08-08	0.369	0.834	44.6	70.0
2008	07-11—08-20	0.238	0.138		
2009	07-11—08-20	0.210	0.179		
2010	07-11—08-20	1.235	1.992		
	07-24—08-03	0.469	0.901	38.0	45.2
	08-11—08-21	0.738	1.079	59.8	54.2
2011	07-11—08-20	0.123	0.056		
2012	07-11—08-20	0.979	1.439		
	07-24—08-06	0.683	1.152	69.8	80.1
2013	07-11—08-20	2.158	2.959		
	07-11—08-05	1.918	2.673	88.9	90.3
合计	07-11—08-20	5.771	7.954		
	洪水期	4.177	6.639	72.4	83.5

三、小结

(1)小浪底水库运用初期,潼关洪水量级相对较小、含沙量相对较高。流量大于等于 1 500 m^3/s 的洪水年均出现 8.7 d,日均含沙量大于等于 50 kg/m^3 的洪水年均出现 11.8 d;2007 年以来,洪水增多、量级增大,而含沙量有所降低,流量大于等于 1 500 m^3/s 的洪水年均达到 28.5 d,日均含沙量大于等于 50 kg/m^3 的洪水年均出现 2.0 d。2007 年以来流量大于 2 600 m^3/s 的洪水年均出现 7.6 d。

(2)小浪底水库运用以来,7 月 11 日至 8 月 20 日潼关日均流量大于等于 1 500 m^3/s 的洪水年均出现 5.7 d,8 月 21 日至 9 月 30 日年均出现 12.9 d。

(3)潼关流量为 1 500~2 600 m^3/s 时沙量最为集中,该流量区间潼关沙量均超过 0.3 亿 t,而三门峡水文站沙量更大,均在 0.8 亿 t 以上;2007 年以来 7 月 11 日至 8 月 20 日和 8 月 21 日至 9 月 30 日两个时段该流量区间三门峡年均沙量分别为 0.697 亿 t、0.341 亿 t,分别占相应时段的 61.3%、36.7%。

(4)7 月 11 日至 8 月 20 日小浪底水库入库沙量集中在潼关流量大于 1 500 m^3/s 且含沙量超过 50 kg/m^3 的洪水过程中。

第三章 洪水期水库排沙效果及水库调度存在的问题

2007—2013 年 7 月 11 日至 8 月 20 日三门峡水文站沙量为 7.954 亿 t,而潼关流量大于 1 500 m³/s 且含沙量超过 50 kg/m³ 的洪水过程期间三门峡沙量 6.639 亿 t,占小浪底水库 7 月 11 日至 8 月 20 日入库沙量的 83.5%。2007 年以来潼关共出现 5 场上述洪水,小浪底水库均进行了排沙调度。5 场洪水期间,小浪底入库沙量 6.652 亿 t,出库沙量 2.608 亿 t,排沙比仅为 39.2%。

一、小浪底水库场次洪水及排沙效果

(一)场次洪水过程及水库运用

1. 2007 年 7 月 29 日至 8 月 8 日洪水

图 3-1 给出了 2007 年 7 月 29 日至 8 月 8 日洪水期间小浪底进出库日均流量、含沙量过程及坝前水位。洪水初期(7 月 29 日、30 日),潼关、三门峡流量、含沙量相对较大,三门峡最大日均流量为 2 150 m³/s,含沙量为 171 kg/m³。此时,小浪底水库出库流量小于入库的,水库蓄水,最高水位达 227.74 m,回水距坝 52.35 km,壅水输沙距离较长(见图 3-2)。壅水输沙库段,尤其是壅水明流,高含沙水流挟带的泥沙大量落淤。在此期间,最大出库含沙量 74.60 kg/m³(7 月 30 日),明显小于入库含沙量 171 kg/m³。

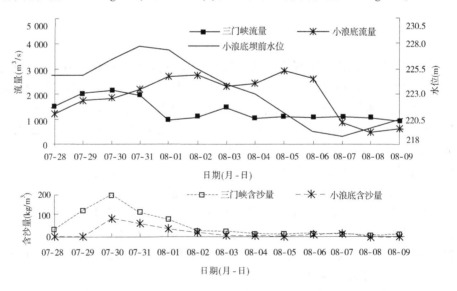

图 3-1 小浪底水库进出库水沙过程及坝前水位(2007 年 7 月 29 日至 8 月 8 日)

之后,入库流量、含沙量减小,而小浪底水库加大下泄流量,出库流量一度增至 2 930 m³/s(8 月 5 日),水位下降,最低降至 218.83 m。

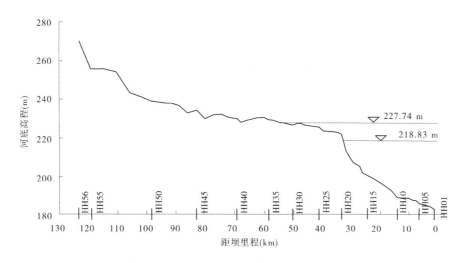

图 3-2 小浪底库水位与汛前地形(2007 年 7 月 29 日至 8 月 8 日)

从图 3-3 可以看到,洪水初期入库水流输沙率较大,受坝前水位较高及下泄流量较小的影响,此时泥沙严重落淤。如 7 月 29 日、30 日累计入库沙量 0.501 亿 t,出库沙量 0.126 亿 t,滞留泥沙 0.375 亿 t。

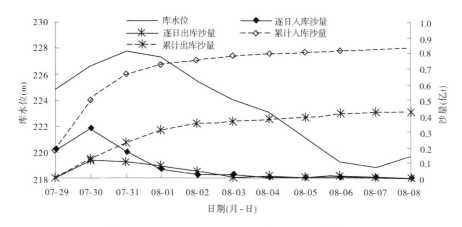

图 3-3 小浪底水库逐日进出库沙量过程及坝前水位(2007 年 7 月 29 日至 8 月 8 日)

本次汛期调水调沙持续 11 d,小浪底进出库水量分别为 13.008 亿 m³、19.739 亿 m³,进出库沙量分别为 0.834 亿 t、0.426 亿 t,淤积量为 0.408 亿 t,排沙比为 51.02%。

2.2010 年 7 月 24 日至 8 月 3 日洪水

图 3-4 给出了 2010 年 7 月 24 日至 8 月 3 日洪水期间小浪底进出库日均流量、含沙量及坝前水位。洪水初期(7 月 26 日、27 日),三门峡流量、含沙量相对较大,三门峡最大流量为 2 380 m³/s,含沙量为 183.00 kg/m³。此时,小浪底水库泄流相对较小,水库蓄水,水位抬升,最高水位达 222.66 m,回水距坝 34.15 km(见图 3-5)。由于壅水输沙库段泥沙落淤,最大出库含沙量 45.4 kg/m³(7 月 30 日)。

28 日之后,入库流量、含沙量逐渐减小,而小浪底水库下泄流量持续维持在 2 000 m³/s 左右,水位下降。洪水末期,水位降至 217.99 m。

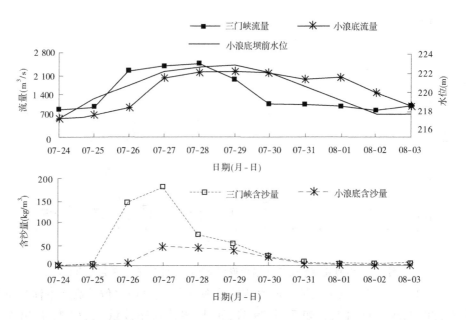

图 3-4　小浪底水库进出库水沙过程及坝前水位(2010 年 7 月 24 日至 8 月 3 日)

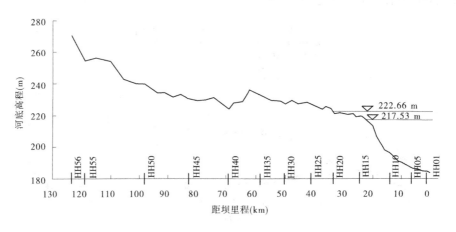

图 3-5　小浪底库水位与汛前地形(2010 年 7 月 24 日至 8 月 3 日)

图 3-6 给出了洪水期间小浪底水库逐日进出库沙量及坝前水位。洪水初期入库沙量较大,泥沙严重落淤。如 7 月 26 日、27 日累计入库沙量 0.637 亿 t,出库沙量仅 0.081 亿 t,滞留泥沙 0.556 亿 t。

本次调水调沙持续 11 d,小浪底水库进出库水量分别为 13.275 亿 m^3、14.376 亿 m^3,进出库沙量分别为 0.901 亿 t、0.258 亿 t,淤积量为 0.643 亿 t,排沙比为 28.61%。

3. 2010 年 8 月 11 日至 8 月 21 日洪水

图 3-7 给出了 2010 年 8 月 11 日至 8 月 21 日洪水期间小浪底进出库日均流量、含沙量及坝前水位。洪水初期(8 月 12 日、13 日),高含沙洪水入库,含沙量达到 208 kg/m^3。小浪底水库开始加大出库流量,库水位下降,此时水库回水末端距坝 33.7 km,三角洲洲面壅水输沙距离 9.27 km(见图 3-8),最大出库含沙量 41.2 kg/m^3(8 月 13 日)。

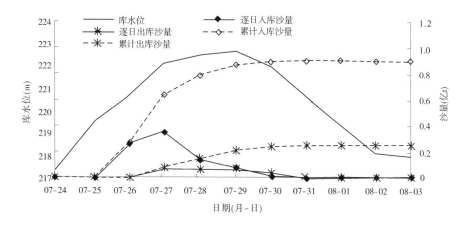

图 3-6　小浪底水库进出库沙量过程及坝前水位(2010 年 7 月 24 日至 8 月 3 日)

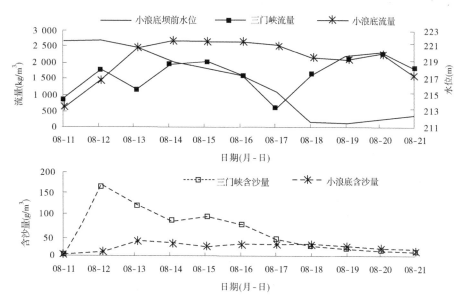

图 3-7　小浪底水库进出库水沙过程及坝前水位(2010 年 8 月 11 日至 8 月 21 日)

8 月 14 日库水位下降至三角洲顶点高程 219.61 m 附近时,入库含沙量降至 102 kg/m³。8 月 19 日库水位下降至最低水位 211.6 m 时,入库含沙量 15.6 kg/m³。之后,小浪底出库流量减小,水库蓄水。

从图 3-9 可以看到,洪水初期入库水流输沙率较大,泥沙严重落淤。如 8 月 12 日、13 日累计入库沙量 0.471 亿 t,出库沙量仅 0.097 亿 t。

本次调水调沙小浪底水库进出库水量分别为 15.456 亿 m³、19.824 亿 m³,进出库沙量分别为 1.092 亿 t、0.508 亿 t,淤积量为 0.584 亿 t,排沙比 46.52%。

4. 2012 年 7 月 24 日至 8 月 6 日洪水

2012 年是小浪底水库运用以来水量最丰的一年,全年入库水量 358.24 亿 m³,汛期 211.99 亿 m³。图 3-10 给出了 2012 年 7 月 24 日至 8 月 6 日小浪底进出库日均流量、含沙

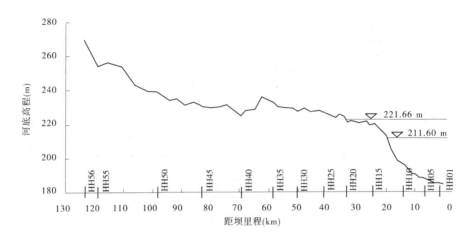

图 3-8　小浪底库水位与汛前地形关系(2010 年 8 月 11 日至 8 月 21 日)

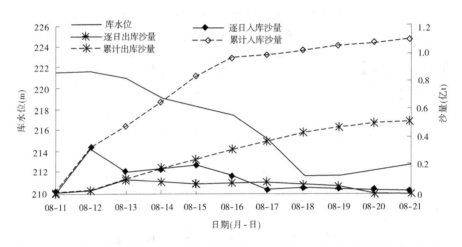

图 3-9　小浪底水库逐日进出库沙量过程及坝前水位(2010 年 8 月 11 日至 8 月 21 日)

量及坝前水位。7 月 24 日,三门峡流量、含沙量分别为 2 470 m³/s、103 kg/m³,小浪底水库下泄流量为 2 620 m³/s,库水位为 222.71 m,此时水库回水末端距坝 46.32 km,三角洲顶点以上壅水输沙距离 29.39 km(见图 3-11)。壅水段泥沙落淤较多,7 月 24、25 日出库含沙量分别为 0、10.9 kg/m³,明显小于入库。7 月 25—28 日,入库流量、含沙量均比洪水初期减小,小浪底水库维持下泄流量 2 700 m³/s 左右,水位下降。至 7 月 29 日,水位下降至 214.84 m,基本接近三角洲顶点高程 214.61 m。

7 月 29 日开始,三门峡流量、含沙量再次增加。29 日三门峡流量、含沙量分别为 3 530 m³/s、45.9 kg/m³,30 日分别为 3 260 m³/s、88.7 kg/m³,小浪底水库库水位有所增加,至 7 月 31 日库水位上升至 217.8 m。8 月 1 日之后,入库流量基本维持在 1 600~2 010 m³/s,而小浪底水库下泄流量维持在 2 500 m³/s 以上至 8 月 3 日,库水位再次下降,最低降至 211.59 m(8 月 4 日)。之后出库流量减小,水库蓄水,水位回升,至 8 月 18 日蓄水位达到 230.41 m,超过汛限水位 230 m。

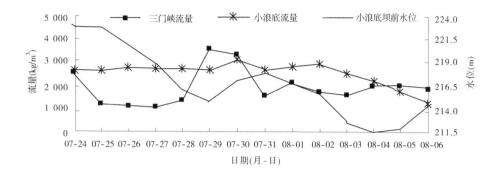

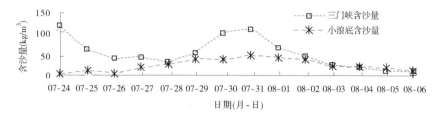

图 3-10　小浪底水库进出库水沙过程及坝前水位(2012 年 7 月 24 日至 8 月 6 日)

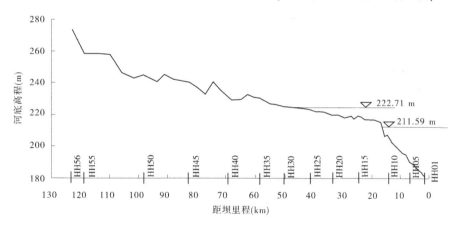

图 3-11　小浪底库水位与汛前地形(2012 年 7 月 24 日至 8 月 6 日)

从图 3-12 可以看出,洪水初期泥沙严重落淤。7 月 24 日入库沙量 0.220 亿 t,水库下泄清水。7 月 29 日、30 日,入库沙量 0.390 亿 t,出库沙量 0.167 亿 t,滞留泥沙 0.223 亿 t。

本次汛期洪水调控持续 14 d,小浪底进出库水量分别为 23.337 亿 m³、30.491 亿 m³,进出库沙量分别为 1.152 亿 t、0.660 亿 t,淤积量为 0.492 亿 t,排沙比为 57.29%。

5.2013 年 7 月 11 日至 8 月 5 日洪水

2013 年入库水量 322.56 亿 m³,其中汛期 174.29 亿 m³。2013 年 7 月 11 日至 8 月 5 日三门峡流量大于 1 600 m³/s,其最小值 1 680 m³/s,最大值 4 740 m³/s(见图 3-13)。

洪水初期,小浪底水库下泄流量维持在 800 m³/s 以下,水库蓄水,水位抬升。至 7 月 14 日,三门峡水库下泄流量 3 050 m³/s、含沙量 103 kg/m³ 时,小浪底水库库水位升至 222.7 m。7 月 18 日,小浪底水库增大下泄流量至 1 060 m³/s,但出库流量小于入库,库水

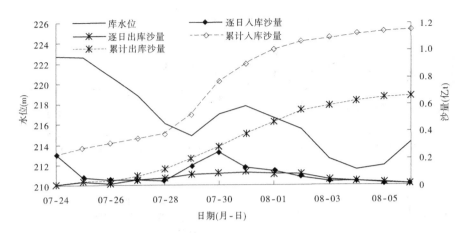

图 3-12　小浪底水库逐日进出库沙量过程及坝前水位(2012 年 7 月 24 日至 8 月 6 日)

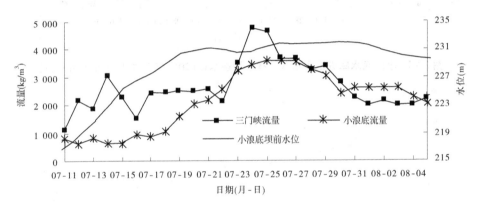

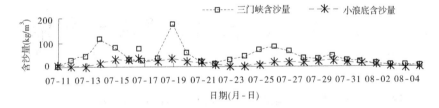

图 3-13　小浪底水库进出库水沙过程及坝前水位(2013 年 7 月 11 日至 8 月 5 日)

位持续上升。至 7 月 19 日,三门峡水库下泄流量 2 530 m³/s、含沙量 164 kg/m³ 时,小浪底水库下泄流量增大至 1 560 m³/s,库水位升至 230.34 m,超过汛限水位 230 m,回水末端距坝 58.0 km,三角洲洲面壅水输沙距离 47.68 km(见图 3-14)。

7 月 19 日之后,小浪底水库下泄流量持续增大,由于 7 月 24 日、25 日第二个洪峰入库,出库流量增大至 3 580 m³/s。至 7 月 27 日,出库流量一直维持在 3 500 m³/s 以上,最大为 3 590 m³/s,但仍小于入库流量,库水位升至 231.8 m。7 月 30 日以后,进出库流量均明显减小,库水位基本维持在汛限水位 230 m 左右。

本场洪水期间库水位一直相对较高,水库排沙受到影响,整个洪水期间,最大出库含沙量为 34.2 kg/m³(7 月 19 日),小于同时段入库含沙量 164 kg/m³;小浪底水库进出库水

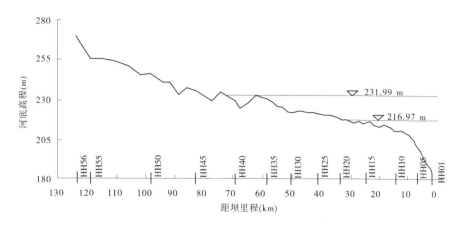

图 3-14　小浪底库水位与汛前地形(2013 年 7 月 11 日至 8 月 5 日)

量分别为 59.556 亿 m³、48.127 亿 m³,进出库沙量分别为 2.673 亿 t、0.756 亿 t(见图 3-15),淤积量为 1.917 亿 t,排沙比为 28.28%。

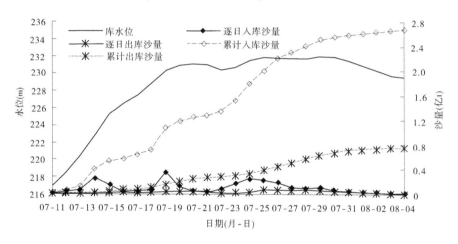

图 3-15　小浪底水库逐日进出库沙量过程及坝前水位(2013 年 7 月 11 日至 8 月 5 日)

(二)洪水排沙效果

小浪底水库汛期排沙效果与入库水沙、水库运用、边界条件等因素密切相关。表 3-1、表 3-2 给出了上述 5 场洪水排沙的相关参数。

2007 年 7 月 29 日至 8 月 8 日与 2010 年 7 月 24 日至 8 月 3 日,在入库水量、沙量相差不大的条件下,前者最大回水范围 52.35 km,明显大于后者 34.15 km,前者出库沙量和排沙比分别为 0.426 亿 t、51.02%,而后者分别为 0.258 亿 t、28.61%,前者明显大于后者。分析发现,输沙率大于 100 t/s 的入库沙量占整场洪水入库沙量比例较大,两者分别为80.6%、96.3%。在此期间,虽然前者排沙水位与三角洲顶点高差为 4.43 m,大于后者2.40 m,但在洪水过程中前者蓄水 0.31 亿 m³,明显小于后者蓄水 1.38 亿 m³,水库蓄水使得运行至坝前的浑水大量滞留,泥沙落淤,影响了排沙效果。两场洪水在入库输沙率大于100 t/s 过程中滞留泥沙分别为 0.441 亿 t、0.650 亿 t,排沙比分别为 34.4%、25.1%,前者排沙效果优于后者。

表 3-1 2007—2013 年洪水期间特征参数

年份			2007	2010	2010	2012	2013
时段(月-日)			07-29—08-08	07-24—08-03	08-11—08-21	07-24—08-06	07-11—08-05
历时(d)			11	11	11	14	26
三门峡水文站	水量(亿 m³)		13.008	13.275	15.456	23.337	59.556
	沙量(亿 t)		0.834	0.901	1.092	1.152	2.673
	流量(m³/s)	最大值	2 150.0	2 380.0	2 280.0	3 530.0	4 740.0
		平均值	1 368.7	1 396.8	1 626.3	1 929.3	2 651.2
	含沙量(kg/m³)	最大值	171.00	183.00	208.00	103.00	164.00
		平均值	64.12	67.87	70.67	49.38	44.89
小浪底水文站	水量(亿 m³)		19.739	14.376	19.824	30.491	48.127
	沙量(亿 t)		0.426	0.258	0.508	0.660	0.756
	滞留沙量(亿 t)		0.408	0.643	0.584	0.492	1.917
	流量(m³/s)	最大值	2 930.0	2 140.0	2 650.0	3 100.0	3 590.0
		平均值	2 076.9	1 512.6	2 085.8	2 520.7	2 142.4
	含沙量(kg/m³)	最大值	74.59	45.40	41.20	41.40	34.20
		平均值	21.56	17.93	25.61	21.657	15.70
小浪底库区	三角洲顶点	距坝里程(km)	33.48	24.43	24.43	16.93	10.32
		高程(m)	221.94	219.61	219.61	214.16	208.91
	三角洲比降(‰)	顶坡段	2.63	2.04		3.46	3.46
		前坡段	16.48	22.1		20.58	30.32
	水位(m)	最小值	218.83	217.53	211.60	211.59	216.97
		最大值	227.74	222.66	221.66	222.71	231.99
		洪水前	224.85	217.53	221.58	222.71	216.97
		洪水后	219.73	217.99	212.65	214.31	229.59
	最大回水距坝(km)		52.35	34.15	33.70	46.32	71.7
	洲面最大明流壅水输沙距离(km)		18.87	9.72	9.27	29.39	61.38
小浪底水库排沙比(%)			51.02	28.61	46.52	57.29	28.28

对比 2010 年 7 月 24 日至 8 月 3 日与 8 月 11 日至 8 月 21 日两场洪水可以发现,在地形条件相差不大,后者入库水量、沙量相对较大的情况下,两个时段出库沙量分别为 0.258 亿 t、0.508 亿 t,排沙比分别为 28.61%、46.48%,后者排沙效果明显优于前者。分析发现,输沙率大于 100 t/s 的入库沙量占整场洪水入库沙量比例较大,两个时段分别为 96.3%、88.4%;在此期间,后者排沙水位低于三角洲顶点 0.12 m,水库泄量大于入库;而前者排沙水位高于三角洲顶点 2.4 m,水库处于蓄水状态,泥沙落淤严重。入库输沙率大于 100 t/s 的两场洪水排沙比分别为 25.1%、31.4%,后者排沙效果优于前者。

总体来看,虽然 2010 年 8 月 11 日至 8 月 21 日洪水排沙效果优于 7 月 24 日至 8 月 3 日,入库输沙率大于 100 t/s 的水库泄量大于入库,但在入库输沙率达到最大值 368 t/s 的 8 月 12 日,进出库流量分别为 1 770 m³/s、1 470 m³/s,库区滞留沙量 0.307 亿 t。

表 3-2　2007—2013 年洪水期小浪底入库输沙率大于 100 t/s 时的特征参数

年份		2007	2010	2010	2012	2013
时段（月-日）		07-29—31	07-26—29	08-12—16	07-24、07-29—08-01	07-14—15、07-19—20、07-23—30
历时		3	4	5	4	12
水量（亿 m³）	入库	5.31	7.52	7.38	11.15	34.580
	出库	5.00	6.14	10.20	11.95	26.800
	蓄水量	0.31	1.38	-2.82	-0.80	7.780
沙量（亿 t）	入库	0.672	0.868	0.965	0.841	2.135
	出库	0.231	0.218	0.303	0.348	0.480
	滞留量	0.441	0.650	0.662	0.493	1.655
水库排沙比（%）		34.4	25.1	31.4	41.4	22.5
入库沙量占整场洪水入库沙量比例（%）		80.6	96.3	88.4	73.0	79.9
滞留量占整场洪水比例（%）		108.1	101.1	113.4	100.2	86.3
排沙水位（m）		226.37	222.01	219.49	217.8	230.070
回水距坝（km）		43.85	33.94	24.23	31.12	58.000
洲面明流壅水输沙距离（km）		10.37	9.51	0	14.7	47.680
水位与三角洲顶点高差（m）		4.43	2.4	-0.12	3.64	21.160

2013 年 7 月 11 日至 8 月 5 日入库水量、沙量是这几次洪水中最大的,水量为 59.556 亿 m³,沙量为 2.673 亿 t。输沙率大于 100 t/s 期间,小浪底水库处于持续蓄水状态,蓄水量达到 7.780 亿 m³,水位高达 230.07 m,库区三角洲顶坡段壅水明流输沙距离达到 47.68 km,洲面泥沙落淤严重,滞留沙量 1.655 亿 t,排沙比 22.5%。由于本场洪水入库沙量大,排沙量也比较大,为 0.756 亿 t,但排沙比仅 28.28%,为这几场洪水中最小值。

2012 年 7 月 24 日至 8 月 6 日洪水,是这几次洪水过程排沙效果最好的,出库沙量 0.660 亿 t,排沙比为 57.29%。分析发现,输沙率大于 100 t/s 的水流入库期间,水库整体下泄水量大于入库水量,水库补水 0.80 亿 m³,滞留沙量 0.493 亿 t,排沙比 41.4%,而且本场洪水中后期,水库运用水位持续降低,提高了排沙效果。但是,7 月 24 日入库输沙率为 254.4 t/s,而出库为 0,造成库区滞留泥沙 0.220 亿 t,使入库输沙率大于 100 t/s 的水流排沙效果受到影响,从而也影响到整场洪水排沙效果。

5 场洪水初期,入库沙量较大,一般占整场洪水沙量的 80% 以上。而在此期间,5 场洪水排沙调度均存在库水位相对较高、下泄流量小于入库的现象。水位较高意味着高含沙洪水运行至坝前时壅水输沙距离较长,下泄流量小于入库说明运行至坝前的高含沙洪水不能及时排泄出库,这种调度大大降低了水库排沙效果,从而使整场洪水的排沙效果受到影响。从表 3-2 知,在入库输沙率大于 100 t/s 过程中,5 场洪水滞留沙量均较大,占整场洪水滞留沙量的 86% 以上,而此期间,水库排沙比较小,最大 41.4%。

二、汛前调水调沙排沙期水库调度

为了说明入库输沙率大于 100 t/s 的水库排沙效果对整场洪水的影响,下面对汛前调水调沙排沙比大于 100% 的 2010—2013 年排沙期水库运用情况进行分析。

(一)水沙过程及水库运用

1. 2010 年

图 3-16、图 3-17 分别为 2010 年汛前调水调沙排沙期日均进出库水沙过程与沙量。受三门峡清水冲刷的影响,排沙初期 7 月 4 日,出库含沙量达到 97.6 kg/m³,明显大于入库含沙量 21.7 kg/m³;进出库流量分别为 3 910 m³/s、2 950 m³/s,入库流量大于出库流量,水位上升。7 月 5 日高含沙水流入库,小浪底水库进出库流量分别为 1 370 m³/s、2 380 m³/s,由于出库流量远大于入库流量,到达坝前的异重流基本能够及时排泄出库。7 月 5 日进出库沙量分别为 0.295 亿 t、0.253 亿 t,滞留泥沙 0.042 亿 t(见图 3-17)。7 月 6 日,入库流量、含沙量均明显减小,出库含沙量降低,出库流量大于入库流量,水位下降至三角洲顶点以下,运行到坝前的异重流基本全部排泄出库。

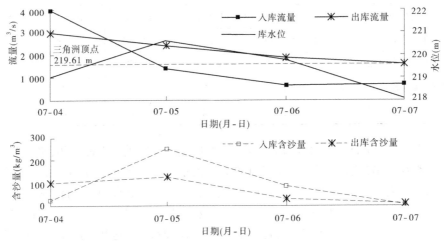

图 3-16 小浪底水库进出库水沙过程及库水位(2010 年 7 月 4 日至 7 月 7 日)

本次调水调沙排沙期间,小浪底水库进出库水量分别为 5.72 亿 m³、7.59 亿 m³,进出库沙量分别为 0.418 亿 t、0.553 亿 t,排沙比为 132.30%。

2. 2011 年

图 3-18、图 3-19 分别为 2011 年汛前调水调沙排沙期进出库水沙过程与沙量。与 2010 年相似,排沙初期三门峡水库下泄清水,小浪底水库库区冲刷,出库含沙量为 62.7 kg/m³。7 月 5 日高含沙水流入库,进出库含沙量分别为 82.6 kg/m³、80.4 kg/m³,出库流量 2 190 m³/s 小于入库流量 2 820 m³/s,到达坝前的异重流未及时排泄出库,水位抬升,其间进出库沙量分别为 0.201 亿 t、0.152 亿 t,滞留泥沙 0.049 亿 t。7 月 6 日,进出库含沙量分别为 123 kg/m³、28.3 kg/m³,由于出库流量 2 370 m³/s 远远大于入库流量 651 m³/s,水位下

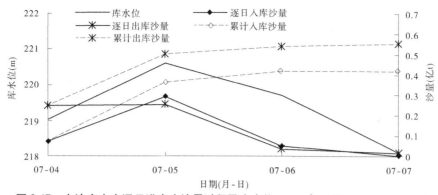

图 3-17　小浪底水库逐日进出库沙量过程及库水位(2010 年 7 月 4 日至 7 月 7 日)

降,运行至坝前的异重流及时排泄出库。

本次调水调沙排沙期间,小浪底水库进出库水量分别为 5.96 亿 m³、6.49 亿 m³,进出库沙量分别为 0.273 亿 t、0.329 亿 t,排沙比为 120.51%。

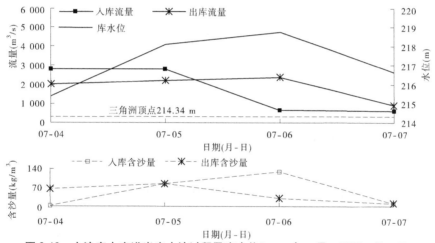

图 3-18　小浪底水库进出库水沙过程及库水位(2011 年 7 月 4 日至 7 月 7 日)

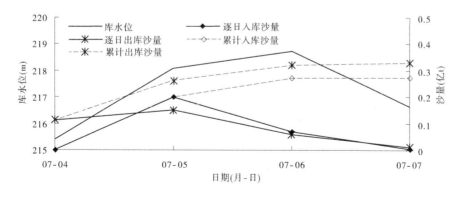

图 3-19　小浪底水库逐日进出库沙量过程及库水位(2011 年 7 月 4 日至 7 月 7 日)

3. 2012 年

图 3-20、图 3-21 分别为 2012 年汛前调水调沙排沙期日均进出库水沙过程与沙量。与 2010 年、2011 年相似,排沙初期三门峡水库下泄清水,小浪底水库库区冲刷。7 月 5 日高含沙洪水入库,出库流量 2 340 m³/s,小于入库流量 3 500 m³/s,水库蓄水,库水位抬升,运行至坝前未及时排泄出库的异重流在库区发生落淤,该期间进出库沙量分别为 0.268 亿 t、0.184 亿 t,滞留沙量 0.084 亿 t。之后,出库流量加大,水位下降,运行至坝前的异重流及时排泄出库。

本次调水调沙排沙期间,小浪底水库进出库水量分别为 17.02 亿 m³、18.58 亿 m³,进出库沙量分别为 0.448 亿 t、0.576 亿 t,排沙比为 128.6%。

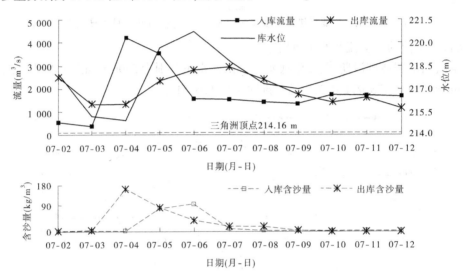

图 3-20 小浪底水库进出库水沙过程及库水位(2012 年 7 月 2 日至 7 月 12 日)

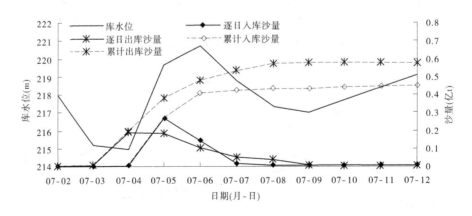

图 3-21 小浪底水库逐日进出库沙量过程及库水位(2012 年 7 月 2 日至 7 月 12 日)

4. 2013 年

2013 年汛前调水调沙排沙期进出库水沙过程与沙量变化与前几年相似(图 3-22、

图 3-23）。7 月 6 日三门峡水库下泄高含沙洪水期间，小浪底水库出库流量 3 340 m³/s，小于入库流量 3 900 m³/s，该期间入库沙量 0.225 亿 t，出库沙量为 0.119 亿 t，滞留泥沙 0.106 亿 t，部分滞留泥沙在后期水库降低水位运用中排泄出库。

本次调水调沙排沙期间，小浪底水库入库水量 11.96 亿 m³，入库沙量 0.377 亿 t。小浪底水库出库水量 18.06 亿 m³，出库沙量 0.632 亿 t，排沙比为 167.6%。

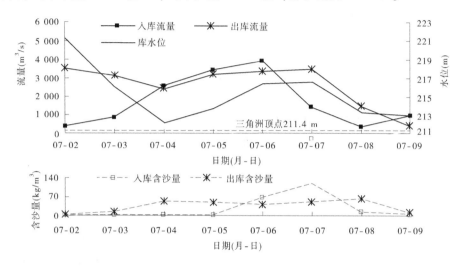

图 3-22　小浪底水库进出库水沙过程及库水位(2013 年 7 月 2 日至 7 月 9 日)

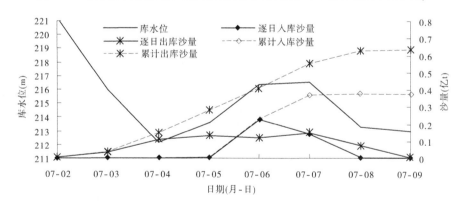

图 3-23　小浪底水库逐日进出库沙量过程及库水位(2013 年 7 月 2 日至 7 月 9 日)

(二)排沙效果及水库调度综合分析

汛前调水调沙排沙期小浪底水库排出库外的泥沙来源有三种：一是黄河中游发生小洪水期间潼关以上的来沙；二是淤积在三门峡水库中的泥沙，这部分泥沙通过水库调节、潼关来水，包括万家寨水库补水的冲刷，进入小浪底水库，是形成异重流的主要沙源；三是来自于小浪底水库顶坡段自身冲刷的泥沙，三门峡水库在调水调沙初期下泄的大流量过程冲刷堆积在水库上段的淤积物，其中部分较细颗粒泥沙以异重流方式排沙出库。近几年来自潼关以上的沙量较少，小浪底水库排出库外的泥沙主要为三门峡水库在调水调沙初期下泄清水冲刷的小浪底库区的泥沙和三门峡水库排泄的泥沙。

2010—2013年汛前调水调沙排沙期小浪底水库排沙比均大于100%。其中,2013年高达167.6%。2010—2013年之所以取得较好的排沙效果,一方面是三门峡水库在调水调沙初期下泄大流量清水使得小浪底水库库区发生大量冲刷,并在回水区形成异重流运行至坝前;另一方面三门峡水库下泄高含沙水流期间,小浪底水库出库水量基本大于入库水量,降低了高含沙水流入库期间泥沙的滞留量。表3-3给出了2010—2013年汛前调水调沙排沙期小浪底水库水沙特征参数。入库输沙率大于100 t/s的入库沙量一般占调水调沙排沙期入库沙量的70%以上,而在此期间,小浪底水库加大下泄流量,库水位降低,含沙水流运行至坝前泥沙滞留相对较少,排沙比一般大于70%。如2013年入库输沙率大于100 t/s的入库沙量0.368亿t,占调水调沙排沙期入库沙量的97.5%,出库0.269亿t,排沙比达到73.1%。

表3-3 2010—2013年汛前调水调沙排沙期小浪底水库水沙特征参数

			2010	2011	2012	2013
整个排沙期	时段(月-日)		07-04—07	07-04—07	07-02—12	07-02—09
	历时(d)		4	4	11	8
	流量(m³/s)	入库	1 656	1 724	1 791	1 730
		出库	2 195	1 877	1 956	2 613
	含沙量(kg/m³)	入库	73.1	45.8	26.3	3 1.5
		出库	72.9	50.7	31.0	35.0
	水量(m³)	入库	5.72	5.96	17.02	11.96
		出库	7.59	6.49	18.58	18.06
	沙量(亿t)	入库	0.418	0.273	0.448	0.377
		出库	0.553	0.329	0.576	0.632
	小浪底水库排沙比(%)		132.3	120.5	128.6	167.6
入库输沙率大于100 t/s时段	时段(月-日)		07-05	07-05	07-05—06	07-06—07
	历时(d)		1	1	2	2
	流量(m³/s)	入库	1 370	2 820	2 530	2 645
		出库	2 380	2 190	2 575	3 410
	含沙量(kg/m³)	入库	249.0	82.6	94.0	80.4
		出库	123.0	80.4	64.6	45.6
	水量(m³)	入库	1.18	2.44	4.37	4.57
		出库	2.06	1.89	4.45	5.89
		蓄水量	-0.88	0.55	-0.08	-1.32

入库输沙率大于 100 t/s 时段	沙量（亿 t）	入库	0.295	0.201	0.411	0.368
		出库	0.253	0.152	0.288	0.269
		滞留量	0.042	0.049	0.123	0.099
	排沙水位(m)		220.60	218.10	220.17	216.47
	三角洲顶点高程(m)		219.61	214.34	214.16	208.91
	小浪底水库排沙比(%)		85.8	75.6	70.0	73.1
	入库沙量占排沙期入库沙量比例(%)		70.5	73.7	91.8	97.5

汛期 5 场洪水输沙率大于 100 t/s 的入库沙量均占整场洪水入库沙量的 70% 以上,汛期比例更高。汛期高含沙洪水排沙比一般为 30% 左右,最大达到 41%,而汛前调水调沙期高含沙洪水排沙比在 70% 以上,最大为 97.5%。因此,高含沙洪水期间水库排沙效果直接影响整场洪水的排沙效果。在水沙条件、地形条件一定的情况下,洪水期间,要取得较好的排沙效果,建议在高含沙洪水运行至回水末端之前降低库水位,以缩短库区壅水输沙距离,减小洲面泥沙落淤,同时还要保证高含沙洪水运行至坝前时出库流量不小于入库流量,以使运行至坝前的异重流能够及时排泄出库,缩短含沙水流在库区滞留时间。

三、小结

(1)2007—2013 年汛期进行排沙调度的 5 场洪水,入库沙量范围为 0.834 亿~2.673 亿 t,出库沙量为 0.258 亿~0.756 亿 t,排沙比为 28.3%~57.3%。

5 场洪水初期入库输沙率及沙量均较大,而在此期间,水库调度存在库水位相对较高、出库流量小于入库流量的现象,大大降低了水库排沙效果。5 场洪水入库输沙率大于 100 t/s 的入库沙量为 0.672 亿~2.135 亿 t,入库沙量占整场洪水的 73.0%~96.3%;出库沙量为 0.218 亿~0.480 亿 t,排沙比为 22.5%~41.4%。

(2)2010—2013 年汛前调水调沙排沙期入库沙量为 0.273 亿~0.448 亿 t,出库沙量为 0.329 亿~0.632 亿 t,排沙比为 120.5%~167.6%。

(3)入库输沙率大于 100 t/s 的水库排沙效果直接影响到整场洪水的排沙效果。在水沙条件、地形条件一定的情况下,建议在高含沙洪水运行至回水末端之前适当降低库水位以缩短库区壅水输沙距离,并保证高含沙洪水运行至坝前时水库泄流量不小于入库流量,以使运行至坝前的异重流能够及时排泄出库,以便提高水库排沙效果。

第四章　对近期小浪底水库汛期调水调沙运用方式的建议

2007年以来,调水调沙调度期内来沙较多,占全年入库沙量的76.1%,而调水调沙调度期排沙比为19.2%,细泥沙排沙比为28.4%。根据目前地形条件以及2007年以来洪水特点及调度情况,建议加强小浪底水库汛期调水调沙,以减缓水库淤积,延长水库的拦沙寿命。

一、较高含沙洪水调度方式

7月11日至8月20日小浪底水库入库沙量集中在潼关流量大于1 500 m³/s且含沙量超过50 kg/m³的洪水过程,而2007年以来潼关流量大于1 500 m³/s且含沙量超过50 kg/m³的洪水共出现9 d,因此7月11日至8月20日适时开展以小浪底水库减淤为目的的调水调沙,具体调度如下:

若三门峡水库6月以来没有发生敞泄排沙,则当预报潼关水文站流量大于等于1 500 m³/s持续2 d时,小浪底水库开始进行调水调沙,塑造有利于下游输沙塑槽的洪水过程。小浪底水库按控制花园口流量等于4 000 m³/s开始预泄,直至低水位(210~215 m)。根据后续来水情况尽量将三门峡水库敞泄时间放在小浪底水库水位降至低水位后,三门峡水库敞泄排沙时小浪底水库维持低水位排沙。当潼关流量小于1 500 m³/s且三门峡水库出库含沙量小于50 kg/m³时,或者小浪底水库保持低水位持续4 d且三门峡水库出库含沙量小于50 kg/m³时,水库开始蓄水,小浪底水库按满足灌溉、发电用水并考虑下游河道生态用水要求控制出库流量。

若三门峡水库当年发生过敞泄排沙,则当预报潼关流量大于等于1 500 m³/s持续2 d、含沙量大于50 kg/m³时,小浪底水库开始进行调水调沙,水库调度运用同上。

按上述调水调沙,小浪底出库水沙过程在初始是大流量清水过程,对维持下游河槽过流能力有利,后期是小水高含沙过程,会在黄河下游河道淤积,主要是淤积在花园口以上河段,可待下次调水调沙时再予以恢复。

二、相机凑泄造峰调水调沙

根据《小浪底水库拦沙后期防洪减淤运用方式研究》成果,调水调沙调度期,当出现潼关、三门峡平均流量大于2 600 m³/s且水库可调节水量大于等于6亿 m³时,水库开展相机凑泄造峰调水调沙。以利用自然洪水排沙、检验下游河道工程及过流能力,同时塑造下游中水河槽。

(1)7月11日至8月20日,满足相机凑泄造峰条件时,开展相机凑泄造峰调水调沙。

7月11日至8月20日,潼关日均流量大于2 600 m³/s的洪水出现机会较少,而此时段小浪底水库入库沙量占潼关来沙量的比例较大。与后汛期相比,此时段库水位相对较低,因此通过调水调沙可望取得一定的排沙效果。据此,建议当满足相机凑泄造峰条件时,开展相机凑泄造峰调水调沙。

(2)8月21日至9月30日,是否开展相机凑泄造峰调水调沙,视具体情况而定。

8月21日至9月30日,出现潼关流量大于2 600 m³/s的时机也不多,而潼关流量大于2 600 m³/s时沙量较大。但是,由于小浪底水库从8月21日起,蓄水位向后汛期过渡,蓄水量相对较大。同时黄河水资源相对短缺,为了满足用水要求,该时段内是否开展相机凑泄造峰调水调沙,视具体情况而定。

①若年内已经开展过相机凑泄造峰或不完全蓄满造峰调水调沙,同时下游最小过流能力超过4 000 m³/s,则可以不开展调水调沙。

②若年内未开展过相机凑泄造峰和不完全蓄满造峰调水调沙,为了检验下游河道工程的适应性,则开展调水调沙。

(3)调度原则。

调度原则采用《小浪底水库拦沙后期防洪减淤运用方式研究》成果。

(4)小花间发生小于4 000 m³/s洪水时,建议根据小浪底水库蓄水情况开展凑泄造峰调水调沙。

为了利用对下游河道减淤冲刷,以及下游河槽维持较为有利的流量过程,建议当小花间发生小于4 000 m³/s洪水时,若小浪底水库蓄水相对较多,凑泄花园口站流量4 000 m³/s,历时4~6 d。若小浪底水库蓄水相对较少,凑泄花园口站流量2 600 m³/s,历时6 d左右。

三、不完全蓄满造峰调水调沙

若当年未开展相机凑泄造峰调水调沙,建议在7月11日至8月20日开展以减缓水库淤积和检验下游工程适应性及河道过流能力为目的的汛期不完全蓄满造峰调水调沙。

(一)不完全蓄满造峰调水调沙含义

近期7月11日至8月20日汛限水位为230 m,相应可调水量无法满足蓄满造峰蓄水13亿m³的要求。在这种情况下,为了减少水库淤积和维持下游中水河槽及检验下游工程的适应性,提出不完全蓄满造峰调水调沙,即当小浪底水库可调节水量大于等于8亿m³时,小浪底水库开始进行不完全蓄满造峰调水调沙。

(二)不完全蓄满造峰调水调沙

若当年未开展相机凑泄造峰调水调沙,则当小浪底水库可调节水量大于等于8亿m³时,小浪底水库开始进行不完全蓄满造峰调水调沙。首先按控制花园口站流量3 500~4 000 m³/s泄放,直至小浪底水库水位降至三角洲顶点时,三门峡水库敞泄排沙,小浪底水库改为按控制花园口站流量2 600 m³/s泄放;当小浪底水库水位降至210 m时,维持210 m排沙。当潼关流量小于1 500 m³/s且三门峡水库出库含沙量小于50 kg/m³时,或者小浪底水库维持210 m持续4 d且三门峡水库出库含沙量小于50 kg/m³时,水库开始蓄水。之后小浪底水库按满足灌溉、发电用水并考虑下游河道生态用水要求控制出库流量。

按上述调水调沙,小浪底出库水沙过程初始是大流量清水过程,对维持下游河槽过流能力有利,后期是小水高含沙过程,会在黄河下游河道淤积,主要是淤积在花园口以上河段,可待下次调水调沙恢复。

四、蓄满造峰调水调沙(8月21日至9月30日)

8月21日水库开始蓄水向后汛期汛限水位248 m过渡,根据近期水沙条件分析,8月21日之后水量较丰,增加了蓄满造峰的机遇。

若年内未开展过相机凑泄造峰和不完全蓄满造峰调水调沙,或者下游平滩流量低于4 000 m³/s,则建议在上游来水较丰时开展蓄满造峰调水调沙,调度原则采用《小浪底水库拦沙后期防洪减淤运用方式研究》成果。

五、加强浑水水库沉降观测适时排沙

根据小浪底水库资料分析及坝区泥沙沉降试验,浑水水库沉降分四个阶段:第一阶段,水中细泥沙颗粒开始碰撞接触后,逐渐形成絮体或絮团,并以浑液面形式整体下沉,沉降较快;第二阶段,浑水水库含沙量增加,整个浑水水库呈现干扰网体沉降状态;第三阶段,泥沙絮体颗粒进一步靠近与互相接触,絮团的网状结构很快出现并在较短的时间内形成网状整体,泥沙颗粒的相对运动逐渐变弱甚至消失,各种大小不同的颗粒以整体形式下沉,这时不存在泥沙的分选与相对运动,浑液面沉速进一步减小,此时的浑水层即为"浮泥"层;第四阶段则是沉降结束,沉降物逐渐压密。"浮泥"层多为细泥沙,沉降密实速度极其缓慢。如2009年9月30日至2010年7月1日,浑水水库经历干扰网体沉降和整体密实下沉状态,浑液面下降0.2 m,浑水厚度仍达到4.2 m。

建议加强对坝前浑水水库、入库浑水及其运动状态的观测,适时开启排沙洞排泄坝前高含沙浑水,以减少细颗粒泥沙在库区的淤积。

第五章　认识及建议

一、认识

（1）应加强小浪底水库汛期调水调沙。2007 年以来，调水调沙调度期年均入库沙量为 2.066 亿 t，占全年入库沙量的 76.1%；7 月 11 日至 8 月 20 日年均入库沙量 1.137 亿 t，占调水调沙调度期的 55.0%。调水调沙调度期年均出库沙量为 0.396 亿 t，排沙比为 19.2%，细泥沙排沙比为 28.4%；7 月 11 日至 8 月 20 日排沙比为 33.8%。

（2）随着全沙排沙比的增加，各分组泥沙的排沙比也在增大，当全年排沙比接近 60% 时，入库细泥沙基本全部排泄出库。

（3）7 月 11 日至 8 月 20 日小浪底水库入库沙量集中在潼关流量大于等于 1 500 m³/s 且含沙量大于等于 50 kg/m³ 的洪水过程。2007 年以来，7 月 11 日至 8 月 20 日潼关流量大于等于 1 500 m³/s 且含沙量大于等于 50 kg/m³ 的 5 场洪水，小浪底水库入库沙量 6.652 亿 t，占 7 月 11 日至 8 月 20 日入库沙量 7.954 亿 t 的 83.6%。7 月 11 日至 8 月 20 日潼关流量 1 500~2 600 m³/s 时三门峡沙量 0.697 亿 t，占该时段来沙量的 61.3%。

（4）2007—2013 年 5 场洪水平均排沙比为 39.2%。5 场洪水初期入库沙量较大，入库输沙率大于 100 t/s 的平均入库沙量为 1.052 亿 t，占整场洪水入库沙量的 79.1%，排沙比为 30.0%。水库排沙比均大于 100% 的 2010—2013 年汛前调水调沙，平均排沙比为 137.9%，入库输沙率大于 100 t/s 的平均入库沙量为 0.319 亿 t，占整场洪水入库沙量的 84.1%，排沙比为 75.5%。

（5）高含沙洪水时段的排沙效果直接影响到整场洪水的排沙效果。在水沙条件、地形条件一定的情况下，要取得较好的洪水排沙效果，不仅要在高含沙洪水运行至回水末端之前适当降低库水位以缩短库区壅水输沙距离，还要保证运行至坝前的浑水能够及时排泄出库。

（6）目前的地形为取得较好的水库排沙效果提供了必要条件。2013 年 10 月三角洲顶点移至距坝 11.42 km 的 HH09 断面，三角洲顶点高程为 215.06 m。调水调沙排沙期，当库水位接近或低于 215 m 时，形成异重流之后很容易排沙出库。同时三角洲洲面发生溯源冲刷，洲面冲刷的泥沙补充形成异重流的沙源，可以提高水库排沙效果。

二、建议

（1）7 月 11 日至 8 月 20 日，若三门峡水库 6 月以来没有发生敞泄排沙，则当预报潼关流量大于等于 1 500 m³/s 持续 2 d 时；或者三门峡水库当年发生过敞泄排沙，则当预报潼关流量大于等于 1 500 m³/s 持续 2 d、含沙量大于 50 kg/m³ 时，应开展以小浪底水库减淤为目的的汛期调水调沙。当出现潼关、三门峡平均流量大于 2 600 m³/s 且水库可调节水量大于等于 6 亿 m³ 时，水库开展相机凑泄造峰调水调沙。

（2）8月21日至9月30日，当出现潼关、三门峡平均流量大于2 600 m³/s且水库可调节水量大于等于6亿 m³ 时，若年内未开展过相机凑泄造峰和不完全蓄满造峰调水调沙，或下游最小过流能力低于4 000 m³/s，为了检验下游河道工程的适应性，则开展相机凑泄造峰调水调沙，或者上游来水较丰时，开展蓄满造峰调水调沙。

（3）小花间发生小于4 000 m³/s 洪水时，若小浪底水库蓄水相对较多，建议小浪底水库凑泄花园口站流量4 000 m³/s，历时4~6 d；若小浪底水库蓄水相对较少，凑泄花园口站流量2 600 m³/s，历时6 d 左右。

（4）若当年7月11日至8月20日未开展相机凑泄造峰调水调沙，则当小浪底水库可调节水量大于等于8亿 m³ 时，建议7月11日至8月20日开展以减缓水库淤积和检验下游工程适应性及河道过流能力为目的的汛期不完全蓄满造峰调水调沙。

（5）建议加强对坝前浑水水库、入库浑水及其运动状态的观测，适时开启排沙洞排泄坝前高含沙浑水，以减少细颗粒泥沙在库区的淤积。

第六专题　宁蒙河道不同水沙组合河道冲淤效果研究

　　根据黄河上游实测水沙资料,系统分析了三种水沙条件(考虑漫滩和支流孔兑、考虑孔兑不考虑漫滩、考虑漫滩孔兑不来沙)下,宁蒙河道洪水期各时期各河段冲淤调整的时空分布特点,阐明了宁蒙河道洪水期各河段冲淤调整特性;研究了宁蒙河道长河段以及内蒙古重点河段河道冲淤与水沙条件的关系,最后采用宁蒙河道一维水动力学模型对漫滩洪水河道冲淤效果进行了验证。研究成果表明,洪水期孔兑来沙对内蒙古三湖河口—头道拐河段的河道冲淤影响较大,拦减孔兑来沙是减少三湖河口—头道拐河段淤积的有效措施;在洪水期以及平水期低含沙量条件下,在平均流量在500~1 000 m³/s 时,三湖河口上下河段都存在"上冲下淤"现象,因此为减少三湖河口—头道拐河段的淤积,应尽量避免该流量级出现;漫滩洪水维持河槽的效果要远高于非漫滩洪水。研究成果可为宁蒙河段治理提供科学依据。

第一章　宁蒙河道洪水期河道冲淤调整特性研究

一、洪水期冲淤调整时空分布特点

来水来沙条件是宁蒙河段冲积性河道冲淤的主要影响因子,河道水沙条件特别复杂,整个河道既有支流入汇,又有暴雨季节性河流孔兑的加入,特别是集中入汇的三湖河口—头道拐河段(见图1-1)。为分析不同水沙条件对河道冲淤的影响,将水沙条件分几种情况,即:漫滩加支流孔兑、有孔兑无漫滩。

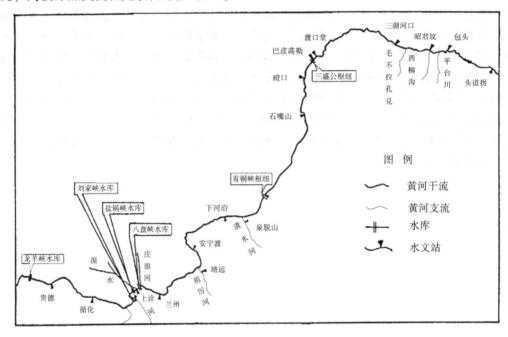

图 1-1　宁蒙河道位置图

(一)漫滩加支流孔兑

根据宁蒙河道1960—2012年实测水沙资料,统计6—10月下河沿水文站洪峰流量在1 000 m³/s以上的洪水,共计173场。考虑洪水传播时间和引水的影响,计算宁蒙河道下河沿—青铜峡、青铜峡—石嘴山、石嘴山—巴彦高勒、巴彦高勒—三湖河口和三湖河口—头道拐各河段场次洪水的冲淤量(见表1-1)。河段有青铜峡、三盛公水库,由于缺少入库水文站资料,本次洪水期冲淤计算未排除水库的冲淤量。水库运用初期拦沙年份对洪水期河道冲淤有一定影响,达到淤积基本平衡状态后对所在河道冲淤影响较小。同时考虑到6—10月风沙较小,洪水期冲淤计算未考虑风沙量的影响。

表1-1 宁蒙河道不同时期场次洪水冲淤量（有孔兑有漫滩）

河段	场次洪水平均冲淤量（亿t）					场次洪水冲淤总量（亿t）				
	1960—1968年	1969—1986年	1987—1999年	2000—2012年	1960—2012年	1960—1968年	1969—1986年	1987—1999年	2000—2012年	1960—2012年
下河沿—青铜峡	0.073	0.017	0.006	-0.003	0.017	1.762	0.926	0.286	-0.118	2.856
青铜峡—石嘴山	-0.023	0.030	0.074	0.019	0.032	-0.554	1.605	3.684	0.881	5.616
石嘴山—巴彦高勒	-0.006	-0.015	-0.007	0.001	-0.007	-0.133	-0.774	-0.327	0.029	-1.205
巴彦高勒—三湖河口	-0.051	-0.026	0.030	-0.013	-0.010	-1.220	-1.365	1.476	-0.587	-1.697
三湖河口—头道拐	0.027	-0.026	0.057	0.027	0.019	0.649	-1.386	2.825	1.220	3.308
下河沿—石嘴山	0.050	0.047	0.080	0.016	0.049	1.208	2.531	3.970	0.763	8.472
石嘴山—头道拐	-0.030	-0.067	0.080	0.015	0.002	-0.704	-3.525	3.974	0.662	0.406
下河沿—头道拐	0.020	-0.020	0.160	0.031	0.051	0.504	-0.994	7.944	1.425	8.878

注：计算冲淤量含青铜峡和三盛公库区淤积量。

从长时期来看,宁蒙河道洪水期呈淤积状态(见图 1-2),河段淤积总量为 8.878 亿 t。主要淤积期是 1987—1999 年,洪水期淤积总量为 7.944 亿 t,占长时期淤积总量的 89.5%。其次是 2000—2012 年和 1960—1968 年,其中 2000—2012 年场次洪水淤积总量为 1.425 亿 t,占长时期淤积总量的 16%;1960—1968 年场次洪水淤积总量为 0.504 亿 t,占长时期淤积总量的 6%,主要是由于青铜峡、三盛公水库投入运用的影响。整个河段只有 1969—1986 年洪水期呈冲刷状态,冲刷总量为 0.994 亿 t。

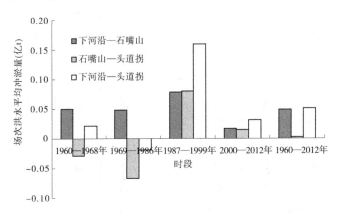

图 1-2 宁蒙河道各河段不同时期场次洪水冲淤量

长时期宁蒙河道洪水期淤积空间分布主要是集中在宁夏青铜峡—石嘴山和内蒙古三湖河口—头道拐河段,河段场次洪水淤积总量分别为 5.616 亿 t 和 3.308 亿 t(图 1-3、表 1-1);冲刷主要在石嘴山—巴彦高勒河段和巴彦高勒—三湖河口河段,冲刷总量分别为 1.205 亿 t 和 1.697 亿 t。

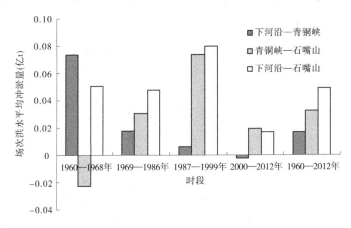

图 1-3 宁夏河段不同时期场次洪水冲淤量分布

洪水期河道冲淤与水库以及上下河段的调整密切相关。1960—1968 年水沙条件比较有利,流量大,沙量不多,但是洪水期呈微淤状态,淤积总量为 0.504 亿 t。该时期淤积分布主要在下河沿—青铜峡河段(见图 1-3),洪水期淤积总量为 1.762 亿 t,是整个河段淤积量的 3.5 倍,这是青铜峡水库 1967 年开始运用造成的。青铜峡水库运用初期淤积很快,1967—1971 年年均淤积为 1.056 亿 m³,1967—1968 年淤积总量为 2.75 亿 t。而在有利的水沙条件下,内蒙古石嘴山—巴彦高勒、巴彦高勒—三湖河口河段都发生了冲刷(见图 1-4),冲刷总量分别为 0.133 亿 t 和 1.220 亿 t。上段冲刷形成来沙量增多,同时 1966 年、1967 年孔兑来沙造成三湖河口以下河段转为淤积,共淤积 0.649 亿 t。

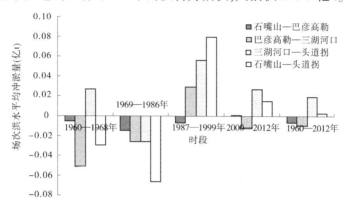

图 1-4　内蒙古河段不同时期场次洪水冲淤量分布

1969—1986 年由于刘家峡水库拦沙以及来水多的自然水沙特点,整个宁蒙河道呈冲刷状态,冲刷总量为 0.994 亿 t。从该时期的冲淤分布上来看,除下河沿—青铜峡、青铜峡—石嘴山发生淤积外,石嘴山以下河段普遍发生冲刷,并且石嘴山—巴彦高勒、巴彦高勒—三湖河口、三湖河口—头道拐三个河段冲刷比较均匀,三河段共冲刷 3.525 亿 t。

龙羊峡水库运用之后,水沙条件发生了很大变化。水量减少,洪峰减少,流量减小,整个宁蒙河道洪水期的河道冲淤也发生了强烈变化。可根据水沙条件将龙刘水库(指龙羊峡水库、刘家峡水库,下同)联合运用的 1987—2012 年分为 1987—1999 年和 2000—2012 年两个时段,两个时段洪水期共同特点是水少、沙多、孔兑来沙量大(1989 年),整个河段除个别河道外,基本上都发生了淤积。1987—1999 年来沙多,孔兑加沙多,淤积更为严重,尤其是调整的主要河段青铜峡—石嘴山和巴彦高勒—三湖河口、三湖河口—头道拐河段淤积严重。2000—2012 年,得益于宁蒙河道来沙量大幅减少,河道淤积量较小,巴彦高勒—三湖河口河段还有所冲刷。

(二)无漫滩加支流孔兑

在 1960—2012 年统计的 173 场洪水中,其中有 10 场洪水发生了漫滩,漫滩洪水分别发生在 1961 年、1963 年、1964 年、1967 年、1968 年、1976 年、1981 年、1983 年、1984 年和 2012 年,漫滩洪水发生的具体时间见表 1-2。分析 10 场漫滩洪水的冲淤情况(见表 1-3)可以看到,10 场漫滩洪水宁蒙河道主要呈冲刷状态,冲刷总量为 1.285 亿 t;冲刷主要集中在内蒙古河段,冲刷总量为 1.987 亿 t。在内蒙古石嘴山—巴彦高勒河段和巴彦高勒—三湖河口河段,冲刷总量分别为 1.281 亿 t 和 1.766 亿 t。宁夏河段漫滩洪水是淤积的,下河沿—石嘴山 10 场漫滩洪水淤积总量为 0.702 亿 t,淤积主要发生在宁夏的下河沿—青铜峡河段,其淤积量为 0.504 亿 t,占宁夏河段淤积总量的 72%,青铜峡—石嘴山河段淤积量为 0.198 亿 t,占宁夏河段淤积总量的 28%。

表 1-2　10 场漫滩洪水的发生时间及历时

年份	起(月-日)	止(月-日)	历时(d)
1961	08-06	09-30	56
1963	08-25	10-30	67
1964	07-07	08-10	35
1967	08-17	10-01	46
1968	08-25	10-16	53
1976	07-27	10-07	73
1981	08-23	10-21	60
1983	07-04	08-10	38
1984	07-09	08-22	45
2012	07-15	09-23	71

表 1-3　10 场漫滩洪水的冲淤量

河段	10 场漫滩洪水冲淤量(亿 t)	
	平均值	总量
下河沿—青铜峡	0.050 4	0.504
青铜峡—石嘴山	0.019 8	0.198
石嘴山—巴彦高勒	-0.128 1	-1.281
巴彦高勒—三湖河口	-0.176 6	-1.766
三湖河口—头道拐	0.106 0	1.060
下河沿—石嘴山	0.070 2	0.702
石嘴山—头道拐	-0.198 7	-1.987
下河沿—头道拐	-0.128 5	-1.285

表 1-4 为去除 10 场漫滩洪水的洪水期冲淤情况,可以看到,长时期 1960—2012 年来看仍呈淤积状态,宁蒙河段淤积总量较未去除掉漫滩洪水的淤积总量有所增加,为 10.163 亿 t。主要淤积时期仍是 1987—1999 年、2000—2012 年,1987—1999 年淤积量为 7.944 亿 t。在 1960—1968 年,由于 1961 年、1963 年、1964 年、1967 年和 1968 年漫滩洪水有冲有淤,冲淤量相互抵消,因此该时期冲淤量变化不大,变化较大的时段主要是 1969—1986 年,冲淤量由包含漫滩洪水的冲刷转为去掉漫滩洪水之后的淤积,淤积总量为 0.369 亿 t。淤积空间分布主要集中在宁夏青铜峡—石嘴山河段和下河沿—青铜峡河段,河段场次洪水淤积总量分别为 5.418 亿 t 和 2.352 亿 t;与未去除漫滩洪水的冲淤量相比,各河段都处于淤积状态,石嘴山—巴彦高勒河段和巴彦高勒—三湖河口河段由未去除漫滩洪水的冲刷转为微淤,两个河段淤积总量分别为 0.076 亿 t 和 0.070 亿 t。

与未去除漫滩洪水之前洪水期冲淤情况相比,只有 1969—1986 年变化较大,石嘴山—巴彦高勒河段由原来的冲刷转为去掉漫滩洪水的淤积,淤积总量为 0.104 亿 t。其他时期冲淤情况变化不大。

表 1-4 宁蒙河道不同时期场次洪水冲淤量（有孔兑无漫滩）

河段	场次洪水平均冲淤量（亿 t）				场次洪水冲淤总量（亿 t）					
	1960—1968 年	1969—1986 年	1987—1999 年	2000—2012 年	1960—2012 年	1960—1968 年	1969—1986 年	1987—1999 年	2000—2012 年	1960—2012 年
下河沿—青铜峡	0.055	0.024	0.006	-0.004	0.014	1.042	1.193	0.286	-0.169	2.352
青铜峡—石嘴山	-0.020	0.026	0.074	0.019	0.033	-0.386	1.275	3.684	0.845	5.418
石嘴山—巴彦高勒	0.012	0.002	-0.007	0.001	0.001	0.236	0.104	-0.327	0.063	0.076
巴彦高勒—三湖河口	-0.025	-0.014	0.030	-0.005	0	-0.477	-0.687	1.476	-0.241	0.070
三湖河口—头道拐	0.005	-0.031	0.057	0.019	0.014	0.093	-1.516	2.825	0.845	2.247
下河沿—石嘴山	0.035	0.050	0.080	0.015	0.047	0.656	2.468	3.970	0.676	7.770
石嘴山—头道拐	-0.008	-0.043	0.080	0.015	0.015	-0.148	-2.099	3.974	0.667	2.393
下河沿—头道拐	0.027	0.007	0.160	0.030	0.062	0.508	0.369	7.944	1.343	10.163

(三)有漫滩无孔兑

内蒙古十大孔兑在内蒙古三湖河口—头道拐河段直接入黄,从西向东依次为毛不拉、卜尔色太沟、黑赖沟、西柳沟、罕台川、壕庆河、哈什拉川、木哈尔河、东柳沟、呼斯太河,是内蒙古河段的主要产沙支流。有实测资料的只有毛不拉孔兑图格日格水文站(官长井)、西柳沟龙头拐水文站、罕台川红塔沟水文站(瓦窑、响沙湾)。十大孔兑降雨主要以暴雨形式出现,形成峰高量小、陡涨陡落的高含沙量洪水,洪水挟带大量泥沙入黄,汇入黄河后遇干流小水造成干流淤积,严重时可短期淤堵河口附近干流河道,1961年、1966年、1989年都发生过这种情况,因此孔兑来沙对河道冲淤有直接影响。

为分析孔兑来沙对河道冲淤的影响,不考虑孔兑来沙,即视孔兑来沙量为零。若孔兑来沙量之和(毛不拉孔兑+西柳沟+罕台川)占三湖河口水文站沙量的比例大于30%,并且以三大孔兑场次洪水平均沙量0.022亿t作为基准,与全部场次洪水(含漫滩+孔兑)进行对比,当场次来沙量达到场次洪水平均值1倍以上时,则认为是孔兑来沙,经统计共有25场孔兑来沙洪水。孔兑洪水期来沙量见表1-5。25场洪水的来沙总量为3.311亿t。为分析孔兑来沙对内蒙古三湖河口—头道拐河段的河道冲淤的影响,统计了孔兑有无来沙条件下内蒙古三湖河口—头道拐河段的河道冲淤量(见表1-6)。三大孔兑沙量占来沙量比例的34%,孔兑来沙时三湖河口—头道拐河段的淤积总量为3.454亿t,在相同的水流条件下,如果不考虑孔兑来沙影响,三湖河口—头道拐河段的淤积总量为0.143亿t,可见孔兑来沙对三湖河口—头道拐河段淤积影响量较大。

表 1-5　洪水期三大孔兑来沙量

年份	起（月-日）	止（月-日）	沙量(亿t)			
			毛不拉（图格日格）	西柳沟（龙头拐）	罕台川（响沙湾）	三大孔兑沙量
1961	06-16	08-05	0.034	0.033		0.067
1961	08-06	09-30	0.002	0.002		0.003
1966	07-19	08-25	0.024	0.166		0.19
1967	07-29	08-06	0.105	0.011		0.116
1967	08-17	10-01	0.029	0.008		0.037
1973	06-22	07-22		0.127		0.127
1976	06-30	07-26		0.083		0.083
1978	08-02	08-11		0.023		0.023
1982	09-04	09-21	0.000 044	0.028		0.028
1984	07-09	08-22	0.016	0.043	0.024	0.082
1985	08-13	08-31	0.086	0.011	0.009	0.106
1988	07-05	07-28	0.068	0.007	0.002	0.077
1988	07-29	09-04	0.018	0.026	0.001	0.045

续表 1-5

年份	起(月-日)	止(月-日)	沙量(亿 t)			
			毛不拉(图格日格)	西柳沟(龙头拐)	罕台川(响沙湾)	三大孔兑沙量
1989	07-05	07-18	0.667	0.475	0.069	1.211
1992	08-01	08-18	0.039	0.002	0.002	0.043
1993	08-02	08-14	0.024	0.002	0.000 05	0.025
1994	07-04	07-22	0.002	0.041	0.023	0.067
1994	07-23	09-01	0.104	0.055	0.022	0.181
1996	07-04	07-22	0.000 7	0.002	0.038	0.041
1996	07-23	08-02	0.047	0.041	0.012	0.1
1996	08-03	08-14	0.044	0.000 1	0.000 2	0.045
1997	07-26	08-20	0.078	0.03	0.003	0.111
1998	06-21	07-29	0.000 4	0.148	0.031	0.18
2003	06-18	08-04	0.178	0.081	0.018	0.276
2006	07-20	08-11	0.011	0.024	0.012	0.047
总量						3.311

表 1-6　孔兑来沙量对三湖河口—头道拐河段冲淤量影响估算

干流河段总来沙量(亿 t)	三大孔兑沙量(亿 t)	孔兑来沙占总来沙比例(%)	考虑孔兑来沙的冲淤量(亿 t)	不考虑孔兑来沙的冲淤量(亿 t)
9.747	3.311	34	3.454	0.143

在不考虑 25 场孔兑来沙但有漫滩的条件下,宁蒙河道各河段的冲淤见表 1-7。与有漫滩有孔兑、有孔兑无漫滩的宁蒙河道相比淤积量是明显减小的,长时期 1960—2012 年宁蒙河道淤积总量为 5.573 亿 t,淤积的空间分布主要在宁夏河段;宁夏河段淤积总量为 8.472 亿 t,而内蒙古河段是冲刷的,冲刷总量为 2.899 亿 t。宁夏河段淤积主要集中在青铜峡—石嘴山河段,淤积总量为 5.616 亿 t;下河沿—青铜峡也是淤积的,淤积量相对较小,淤积总量为 2.856 亿 t。

在不考虑孔兑来沙的条件下,内蒙古石嘴山—巴彦高勒和巴彦高勒—三湖河口都是冲刷的,冲刷总量分别为 1.205 亿 t 和 1.696 亿 t,而孔兑入汇的三湖河口—头道拐河段基本冲淤平衡。

表 1-7 宁蒙河道不同时期场次洪水冲淤量（孔兑不来沙不考虑漫滩）

河段	场次洪水平均冲淤量（亿 t）					场次洪水冲淤总量（亿 t）				
	1960—1968 年	1969—1986 年	1987—1999 年	2000—2012 年	1960—2012 年	1960—1968 年	1969—1986 年	1987—1999 年	2000—2012 年	1960—2012 年
下河沿—青铜峡	0.073	0.017	0.006	-0.003	0.017	1.762	0.926	0.286	-0.118	2.856
青铜峡—石嘴山	-0.023	0.030	0.074	0.019	0.032	-0.554	1.605	3.684	0.881	5.616
石嘴山—巴彦高勒	-0.006	-0.015	-0.007	0.001	-0.007	-0.133	-0.774	-0.327	0.029	-1.205
巴彦高勒—三湖河口	-0.051	-0.026	0.030	-0.013	-0.010	-1.220	-1.365	1.476	-0.587	-1.696
三湖河口—头道拐	0.010	-0.035	0.014	0.019	0	0.236	-1.835	0.704	0.897	0.001
下河沿—石嘴山	0.050	0.047	0.080	0.016	0.049	1.208	2.531	3.970	0.763	8.472
石嘴山—头道拐	-0.047	-0.076	0.037	0.007	-0.017	-1.117	-3.974	1.853	0.339	-2.899
下河沿—头道拐	0.003	-0.029	0.117	0.023	0.032	0.091	-1.443	5.823	1.102	5.573

冲淤时间分布上也有明显不均匀性。宁蒙河道 1960—2012 年淤积的时期分布仍是在 1987—1999 年、2000—2012 年,淤积总量分别为 5.823 亿 t 和 1.102 亿 t,淤积部位主要集中在宁夏的青铜峡—石嘴山河段。而 1960—1968 年宁蒙河道长河段也是淤积的,淤积总量为 0.091 亿 t,淤积的空间部位集中在下河沿—青铜峡河段,淤积总量为 1.762 亿 t,而青铜峡—石嘴山河段是冲刷的,冲刷总量为 0.554 亿 t。该时期内蒙古河道整体表现为冲刷状态,冲刷总量为 1.117 亿 t,其中石嘴山—巴彦高勒和巴彦高勒—三湖河口两个河段是冲刷的,冲刷总量分别为 0.133 亿 t 和 1.220 亿 t,而三湖河口—头道拐河段是淤积的,淤积总量为 0.236 亿 t。在几个时段中,只有 1969~1986 年,整个宁蒙河道处于冲刷状态,冲刷总量为 1.443 亿 t。

从冲刷量的空间分布来看,冲刷的部位主要集中在内蒙古河段,内蒙古河段 1969—1986 年冲刷总量为 3.974 亿 t,尤其集中在三湖河口—头道拐河段,冲刷总量为 1.835 亿 t,巴彦高勒—三湖河口河段冲刷总量为 1.365 亿 t,石嘴山—巴彦高勒河段冲刷量为 0.774 亿 t。而宁夏河段该时期淤积量较大,淤积总量为 2.531 亿 t,其中下河沿—青铜峡和青铜峡—石嘴山分别淤积 0.926 亿 t 和 1.605 亿 t。

二、宁蒙河道洪水期冲淤调整特性

(一)有孔兑来沙有漫滩洪水

1. 不同流量级条件下不同含沙量级的洪水冲淤特点

表 1-8 为宁蒙河道全部场次洪水(173 场)不同流量级条件下洪水的冲淤情况。可以看出,宁蒙河道冲淤与水流条件关系密切,在来沙条件相同时,淤积量随着平均流量的增加而减少,河道冲刷量随着平均流量的增大而增大。如在来水含沙量小于 7 kg/m³ 时,洪水期平均流量小于 1 000 m³/s 时,宁蒙河道长河段基本上都是处于微淤状态,场次洪水平均淤积量为 0.004 亿 t,淤积的主要部位是在青铜峡—石嘴山河段和三湖河口—头道拐河段,场次洪水淤积量分别为 0.011 亿 t 和 0.016 亿 t;巴彦高勒—三湖河口河段呈微淤状态,淤积量仅为 0.002 亿。下河沿—青铜峡河段和石嘴山—巴彦高勒河段处于冲刷状态,冲刷量分别为 0.021 亿 t 和 0.004 亿 t,;随着流量增大到 1 000~1 500 m³/s 时,该含沙量级洪水宁蒙河道长河段处于冲刷状态,宁蒙河道场次洪水平均冲刷 0.035 亿 t,场次洪水的冲刷主要集中在宁夏下河沿—石嘴山河段,场次洪水平均冲刷量为 0.030 亿 t,其中下河沿—青铜峡和青铜峡—石嘴山两个河段场次洪水平均冲刷量相当,都为 0.015 亿 t;内蒙古石嘴山—头道拐河段呈微冲状态,其中巴彦高勒—三湖河口冲刷量较大,场次洪水平均冲刷量为 0.019 亿 t,石嘴山—巴彦高勒河段场次洪水平均淤积量为 0.012 亿 t,三湖河口—头道拐河段处于微淤状态,场次洪水平均淤积量为 0.002 亿 t。当流量在 1 500~2 000 m³/s 时,该含沙量级宁蒙河段场次洪水冲刷量值有所增大,场次洪水平均增大到 0.149 亿 t;冲刷仍主要集中在宁夏河段,宁夏河段场次洪水平均冲刷量为 0.093 亿 t,其中下河沿—青铜峡、青铜峡—石嘴山场次洪水平均冲刷量分别为 0.037 亿 t 和 0.056 亿 t;内蒙古河段该流量级也是冲刷的,场次洪水冲刷量为 0.056 亿 t,冲刷主要集中在巴彦高勒以下河段,其中巴彦高勒—三湖河口河段场次洪水平均冲刷量为 0.052 亿 t,三湖河口—头道拐河段场次洪水平均冲刷量为 0.018 亿 t,而石嘴山—巴彦高勒河段是淤积的,

表 1-8 宁蒙河道不同流量级条件下不同含沙量级的洪水冲淤情况（含孔兑和漫滩 173 场）

流量级 (m³/s)	含沙量级 (kg/m³)	下河沿+清水河场洪水河次水特征值			各河段冲淤量 (亿 t)							
		总场次 (次)	平均流量 (m³/s)	含沙量 (kg/m³)	下河沿—青铜峡	青铜峡—石嘴山	石嘴山—巴彦高勒	巴彦高勒—三湖河口	三湖河口—头道拐	下河沿—石嘴山	石嘴山—头道拐	全河段
<1 000	S<7	28	873	3.1	-0.021	0.011	-0.004	0.002	0.016	-0.010	0.014	0.004
	S=7~10	5	815	7.9	0.031	0.017	-0.004	0.006	0.008	0.048	0.010	0.058
	S=10~20	11	853	12.4	0.046	0.044	0.001	0.011	0.036	0.090	0.048	0.138
	S>20	7	898	43.4	0.028	0.279	-0.038	0.131	0.072	0.307	0.165	0.472
1 000~1 500	S<7	40	1 191	2.5	-0.015	-0.015	0.012	-0.019	0.002	-0.030	-0.005	-0.035
	S=7~10	5	1 272	8.5	0.010	0.031	-0.002	0.012	0.007	0.041	0.017	0.058
	S=10~20	13	1 166	13.3	0.096	0.035	0.013	0.007	0.015	0.131	0.035	0.166
	S>20	9	1 179	28.6	0.103	0.255	0.014	0.064	0.065	0.358	0.143	0.501
1 500~2 000	S<7	10	1 802	3.4	-0.037	-0.056	0.014	-0.052	-0.018	-0.093	-0.056	-0.149
	S=7~10	5	1 690	8.4	-0.025	0.051	0.004	0.014	0.237	0.026	0.255	0.281
	S=10~20	2	1 999	15.6	0.067	0.182	0.057	0.030	-0.013	0.249	0.074	0.323
	S>20	3	1 704	23.7	0.414	0.119	-0.005	0.020	-0.025	0.533	-0.010	0.523
2 000~2 500	S<7	14	2 209	3.7	-0.040	-0.038	-0.051	-0.062	-0.044	-0.078	-0.157	-0.235
	S=7~10	1	2 083	7.6	0.267	-0.082	-0.029	-0.056	-0.074	0.185	-0.159	0.026
	S=10~20	2	2 226	11.2	-0.003	0.025	0.075	-0.080	0.107	0.022	0.102	0.124
	S>20											
>2 500	S<7	10	2 848	3.4	-0.112	-0.019	-0.101	-0.107	-0.019	-0.131	-0.227	-0.358
	S=7~10	3	3 201	8.5	0.424	-0.075	-0.182	-0.177	0.104	0.349	-0.255	0.094
	S=10~20	3	2 875	13.7	0.045	0.168	0.006	0.068	0.102	0.213	0.176	0.389
	S>20	2	2 668	24.5	0.064	0.278	0.144	0.012	0.076	0.342	0.232	0.574

场次洪水平均淤积量为0.014亿t。随着流量进一步增大到2 000~2 500 m³/s时,整个宁蒙河道全线冲刷,即下河沿—青铜峡、青铜峡—石嘴山、石嘴山—巴彦高勒、巴彦高勒—三湖河口和三湖河口—头道拐都是冲刷的。宁蒙河道长河段场次洪水冲刷量增大到0.235亿t,冲刷主要在内蒙古河段,内蒙古河段场次洪水冲刷量为0.157亿t,冲刷量较大的是巴彦高勒—三湖河口河段,场次洪水平均冲刷量为0.062亿t,石嘴山—巴彦高勒和三湖河道—头道拐河段场次洪水平均冲刷量为0.051亿t和0.044亿t。宁夏河段场次洪水平均冲刷量为0.078亿t,下河沿—青铜峡和青铜峡—石嘴山河段冲刷量相当,分别冲刷0.04亿t和0.038亿t。5个河段冲刷量值范围在0.038亿~0.062亿t,其中巴彦高勒—三湖河口冲刷量最大,青铜峡—石嘴山河段冲刷量最小。当平均流量进一步增大到大于2 500 m³/s时,该含沙量级宁蒙河道场次洪水冲刷量略有增大,为0.358亿t,其中宁夏河段、内蒙古河段都是冲刷的,场次洪水平均冲刷量分别为0.131亿t和0.227亿t。宁夏河段冲刷主要集中在下河沿—青铜峡河段,场次洪水平均冲刷量为0.112亿t,青铜峡—石嘴山场次洪水平均冲刷量仅为0.019亿t。内蒙古河道石嘴山—巴彦高勒、巴彦高勒—三湖河口河段场次洪水平均冲刷量为0.101亿t和0.107亿t。

来水含沙量级7~10 kg/m³时,宁蒙河道各流量级长河段都处于淤积状态,但当流量级大于2 000 m³/s时,内蒙古石嘴山—头道拐河段呈冲刷的状态,宁夏河段呈淤积状态。平均流量为2 000~2 500 m³/s时,内蒙古河段场次洪水平均冲刷0.159亿t,其中石嘴山—巴彦高勒、巴彦高勒—三湖河口、三湖河口—头道拐场次洪水平均冲刷量为0.029亿t、0.056亿t和0.074亿t;流量大于2 500 m³/s时,内蒙古河段场次洪水平均冲刷量为0.255亿t,冲刷主要集中在巴彦高勒—三湖河口河段,场次洪水冲刷量为0.177亿t。当来水含沙量级大于10 kg/m³时,宁蒙河道各流量级各河段都处于淤积状态。

2. 不同来沙条件下洪水的冲淤特性

宁蒙河段洪水冲淤不仅与来水条件有关,而且与来沙条件关系密切,以含沙量表征来沙条件的指标,以洪水期平均流量大小代表水流条件,统计宁蒙河道有孔兑有漫滩洪水不同含沙量条件下各流量级洪水的冲淤量(见表1-9)。当进口站含沙量小于7 kg/m³时,宁蒙河段基本表现为冲刷状态,并且随着洪水期平均流量的增加,冲刷量明显增大;当含沙量大于7 kg/m³时,宁蒙河段基本表现为淤积,并且随着含沙量的增大,河道淤积量明显增大。在相同含沙量条件下,随着平均流量的增加,淤积量有所减小,如含沙量为7~10 kg/m³的洪水,当流量为1 000~1 500 m³/s时,宁蒙河段场次洪水淤积量为0.058亿t;增大为2 000~2 500 m³/s时,河道淤积量有所减少,场次洪水平均淤积0.026亿t;流量为2 500 m³/s以上时,场次洪水平均淤积量仅为0.094亿t。

表 1-9 宁蒙河道不同含沙量条件下不同流量级的洪水冲淤情况（含孔兑和漫滩洪水）

下河沿含沙量 (kg/m³)	流量级 (m³/s)	下河沿+清水河场次洪水特征值			各河段冲淤量（亿 t)							
		总场次 (次)	平均流量 (m³/s)	含沙量 (kg/m³)	下河沿—青铜峡	青铜峡—石嘴山	石嘴山—巴彦高勒	巴彦高勒—三湖河口	三湖河口—头道拐	下河沿—石嘴山	石嘴山—头道拐	全河段
S<7	<1 000	28	873	3.1	-0.021	0.011	-0.004	0.002	0.016	-0.010	0.014	0.003
	1 000~1 500	40	1 191	2.5	-0.015	-0.015	0.012	-0.019	0.002	-0.030	-0.005	-0.035
	1 500~2 000	9	1 827	3.2	-0.049	-0.061	0.019	-0.060	-0.017	-0.110	-0.058	-0.167
	2 000~2 500	14	2 209	3.7	-0.040	-0.038	-0.051	-0.062	-0.044	-0.078	-0.157	-0.235
	>2 500	10	2 848	3.4	-0.112	-0.019	-0.101	-0.107	-0.019	-0.131	-0.227	-0.358
S=7~10	<1 000	5	815	7.9	0.031	0.017	-0.004	0.006	0.008	0.048	0.010	0.058
	1 000~1 500	5	1 272	8.5	0.010	0.031	-0.002	0.012	0.007	0.041	0.017	0.058
	1 500~2 000	6	1 671	8.2	-0.010	0.040	-0.001	0.015	0.193	0.030	0.207	0.237
	2 000~2 500	1	2 083	7.6	0.267	-0.082	-0.029	-0.056	-0.074	0.185	-0.159	0.026
	>2 500	3	3 201	8.5	0.424	-0.075	-0.182	-0.177	0.104	0.349	-0.255	0.094
S=10~20	<1 000	11	853	12.4	0.046	0.044	0.001	0.011	0.036	0.090	0.048	0.138
	1 000~1 500	13	1 166	13.3	0.096	0.035	0.013	0.007	0.015	0.131	0.035	0.166
	1 500~2 000	2	1 999	15.6	0.067	0.182	0.057	0.030	-0.013	0.249	0.074	0.323
	2 000~2 500	2	2 226	11.2	-0.003	0.025	0.075	-0.080	0.107	0.023	0.102	0.124
	>2 500	3	2 875	13.7	0.045	0.168	0.006	0.068	0.102	0.213	0.176	0.389
S>20	<1 000	7	898	43.4	0.028	0.279	-0.038	0.131	0.072	0.307	0.165	0.472
	1 000~1 500	9	1 179	28.6	0.103	0.255	0.014	0.064	0.065	0.358	0.143	0.501
	1 500~2 000	3	1 704	23.7	0.414	0.119	-0.005	0.020	-0.025	0.533	-0.010	0.523
	2 000~2 500											
	>2 500	2	2 668	24.5	0.064	0.278	0.144	0.012	0.076	0.342	0.232	0.574

（二）有孔兑无漫滩

1. 不同流量条件下洪水冲淤特点

表1-10为宁蒙河道非漫滩洪水不同流量级下洪水冲淤情况。在洪水期平均流量小于1 000 m³/s时,宁蒙河道基本上都是处于淤积状态,随着流量的增大,到1 000~1 500 m³/s时,在来沙含沙量小于7 kg/m³时,宁蒙河道长河段处于冲刷的状态,场次洪水平均冲刷0.035亿t,冲刷主要集中在宁夏下河沿—石嘴山河段,场次洪水平均冲刷量为0.030亿t。内蒙古石嘴山—头道拐河段呈微冲状态,场次洪水平均冲刷量为0.005亿t。当流量在1 500~2 000 m³/s时,宁蒙河段场次洪水冲刷量增大,场次洪水平均增大到0.139亿t,仍主要集中在宁夏河段,其中下河沿—青铜峡、青铜峡—石嘴山场次洪水平均冲刷量分别为0.036亿t和0.052亿t。内蒙古河段在该流量级也是冲刷的,场次洪水冲刷量为0.051亿t,冲刷主要集中在巴彦高勒—三湖河口河段,该河段场次洪水平均冲刷量为0.049亿t,三湖河口—头道拐河段场次洪水平均冲刷量为0.016亿t,而石嘴山—巴彦高勒河段是淤积的,平均淤积量为0.014亿t。流量增大到2 000~2 500 m³/s时,宁蒙河道长河段场次洪水冲刷增大到0.245亿t;冲刷主要集中在石嘴山—头道拐河段,场次洪水平均冲刷量为0.139亿t,宁夏河段场次洪水平均冲刷量为0.106亿t。在这个流量级时,宁蒙河道下河沿—青铜峡、青铜峡—石嘴山、石嘴山—巴彦高勒、巴彦高勒—三湖河口和三湖河口—头道拐都是冲刷的。流量大于2 500 m³/s时,宁蒙河道场次洪水冲刷量略有增大,为0.253亿t,其中宁夏河段、内蒙古河段场次洪水平均冲刷量分别为0.113亿t和0.140亿t。对于来沙含沙量级在7~10 kg/m³时,在流量小于2 500 m³/s时,河道都是处于淤积状态,而当流量大于2 500 m³/s时,内蒙古河段呈冲刷状态,宁夏河段场次洪水呈淤积状态;含沙量大于10 kg/m³时,宁蒙河道各流量级都是淤积的。

2. 不同来沙条件下洪水的冲淤特性

以含沙量作为表征来沙条件的指标,以洪水期平均流量大小代表水流条件,统计宁蒙河道非漫滩洪水不同含沙量条件下不同流量级洪水的冲淤量(见表1-11)。宁蒙河段进口站含沙量小于7 kg/m³时,河段基本表现为冲刷状态,并且随着洪水期平均流量的增加,冲刷量明显增大。当含沙量大于7 kg/m³时,宁蒙河段基本表现为淤积,并且随着含沙量的增大,河道淤积量明显增大。

从洪水平均流量来看(见表1-12),2 000~2 500 m³/s的洪水河道冲刷量最大,冲刷总量为2.23亿t;大于2 500 m³/s洪水呈微冲状态,平均流量小于1 000 m³/s、1 000~1 500 m³/s洪水的淤积总量相差不大,分别为5.22亿t、5.56亿t,占洪水期总淤积量的51.4%和54.7%;流量为1 500~2 000 m³/s时,洪水也是淤积的,淤积总量较小,为1.62亿t,仅占淤积总量的15.9%。从洪水平均含沙量来看,含沙量大于20 kg/m³时,洪水淤积总量最大,达到10.52亿t(见表1-13),占洪水期总淤积量的103.5%;含沙量为10~20 kg/m³时,场次洪水淤积总量为4.82亿t,占总淤积量的47.4%;含沙量在7~10 kg/m³时,场次洪水淤积总量为2.08亿t,占总淤积量的20.5%;而当含沙量小于7 kg/m³时,洪水为冲刷,冲刷总量为7.26亿t。

表 1-10 宁蒙河道不同流量级条件下不同含沙量级的洪水冲淤情况（有孔兑无漫滩）

流量级 (m³/s)	含沙量级 (kg/m³)	下河沿+清水河场洪水河次特征值			各河段冲淤量（亿 t）							
		总场次（次）	平均流量（m³/s）	含沙量（kg/m³）	下河沿—青铜峡	青铜峡—石嘴山	石嘴山—巴彦高勒	巴彦高勒—三湖河口	三湖河口—头道拐	下河沿—石嘴山	石嘴山—头道拐	全河段
<1 000	S<7	27	868	3.0	-0.019	0.009	-0.004	0.003	0.015	-0.010	0.014	0.004
	S=7~10	5	815	7.9	0.031	0.017	-0.004	0.006	0.008	0.048	0.010	0.058
	S=10~20	11	853	12.4	0.046	0.044	0.001	0.011	0.036	0.090	0.048	0.138
	S>20	7	898	43.4	0.028	0.279	-0.038	0.131	0.072	0.307	0.165	0.472
1 000— 1 500	S<7	40	1 178	2.5	-0.017	-0.013	0.011	-0.019	0.003	-0.030	-0.005	-0.035
	S=7~10	5	1 272	8.5	0.010	0.031	-0.002	0.012	0.007	0.041	0.017	0.058
	S=10~20	13	1 166	13.3	0.096	0.035	0.013	0.007	0.015	0.131	0.035	0.166
	S>20	9	1 179	28.6	0.103	0.255	0.014	0.064	0.065	0.358	0.143	0.501
1 500~ 2 000	S<7	11	1 775	3.4	-0.036	-0.052	0.014	-0.049	-0.016	-0.088	-0.051	-0.139
	S=7~10	5	1 690	8.4	-0.025	0.051	0.004	0.014	0.237	0.026	0.255	0.281
	S=10~20	1	1 998	11.8	-0.003	0.115	0.006	0.042	0.003	0.112	0.051	0.163
	S>20	3	1 704	23.7	0.414	0.119	-0.005	0.020	-0.025	0.533	-0.010	0.523
2 000~ 2 500	S<7	12	2 184	3.5	-0.076	-0.030	-0.043	-0.029	-0.067	-0.106	-0.139	-0.245
	S=7~10	1	2 083	7.6	0.267	-0.082	-0.029	-0.056	-0.074	0.185	-0.159	0.026
	S=10~20	2	2 160	16.8	0.154	0.107	0.057	-0.005	0.028	0.261	0.080	0.341
	S>20											
>2 500	S<7	6	2 754	3.5	-0.084	-0.029	-0.024	-0.045	-0.071	-0.113	-0.140	-0.253
	S=7~10	1	2 976	7.8	0.440	-0.161	-0.145	-0.054	-0.006	0.279	-0.205	0.074
	S=10~20	2	2 549	11.2	0.007	0.063	-0.012	0.025	0.062	0.070	0.076	0.145
	S>20	2	2 668	24.5	0.064	0.278	0.144	0.012	0.076	0.342	0.232	0.574

表 1-11　宁蒙河道不同含沙量条件下不同流量级的洪水冲淤情况（有孔兑无漫滩）

下河沿含沙量 (kg/m³)	流量级 (m³/s)	下河沿+清水河场次洪水特征值			各河段冲淤量（亿 t）							
		总场次（次）	平均流量（m³/s）	含沙量（kg/m³）	下河沿—青铜峡	青铜峡—石嘴山	石嘴山—巴彦高勒	巴彦高勒—三湖河口	三湖河口—头道拐	下河沿—石嘴山	石嘴山—头道拐	全河段
S<7	<1 000	27	868	3.0	-0.019	0.009	-0.004	0.003	0.015	-0.010	0.014	0.004
	1 000~1 500	40	1 178	2.5	-0.017	-0.013	0.011	-0.019	0.003	-0.030	-0.005	-0.035
	1 500~2 000	11	1 775	3.4	-0.036	-0.052	0.014	-0.049	-0.016	-0.088	-0.051	-0.139
	2 000~2 500	12	2 184	3.5	-0.076	-0.030	-0.043	-0.029	-0.067	-0.106	-0.139	-0.245
	>2 500	6	2 754	3.5	-0.084	-0.029	-0.024	-0.045	-0.071	-0.113	-0.140	-0.253
S=7~10	<1 000	5	815	7.9	0.031	0.017	-0.004	0.006	0.008	0.048	0.010	0.058
	1 000~1 500	5	1 272	8.5	0.010	0.031	-0.002	0.012	0.007	0.041	0.017	0.058
	1 500~2 000	5	1 690	8.4	-0.025	0.051	0.004	0.014	0.237	0.026	0.255	0.281
	2 000~2 500	1	2 083	7.6	0.267	-0.082	-0.029	-0.056	-0.074	0.185	-0.159	0.026
	>2 500	1	2 976	7.8	0.440	-0.161	-0.145	-0.054	-0.006	0.279	-0.205	0.074
S=10~20	<1 000	11	853	12.4	0.046	0.044	0.001	0.011	0.036	0.090	0.048	0.138
	1 000~1 500	13	1 166	13.3	0.096	0.035	0.013	0.007	0.015	0.131	0.035	0.166
	1 500~2 000	1	1 998	11.8	-0.003	0.115	0.006	0.042	0.003	0.112	0.051	0.163
	2 000~2 500	2	2 160	16.8	0.154	0.107	0.057	-0.005	0.028	0.261	0.080	0.341
	>2 500	2	2 549	11.2	0.007	0.063	-0.012	0.025	0.062	0.070	0.075	0.145
S>20	<1 000	7	898	43.4	0.028	0.279	-0.038	0.131	0.072	0.307	0.165	0.472
	1 000~1 500	9	1 179	28.6	0.103	0.255	0.014	0.064	0.065	0.358	0.143	0.501
	1 500~2 000	3	1 704	23.7	0.414	0.119	-0.005	0.020	-0.025	0.533	-0.010	0.523
	2 000~2 500											
	>2 500	2	2 668	24.5	0.064	0.278	0.144	0.012	0.076	0.342	0.232	0.574

表 1-12　各流量级条件下河道冲淤总量及比例（有孔兑无漫滩）

流量级（m³/s）	各流量级冲淤量（亿 t）	各流量级冲淤量占总量比例（%）
<1 000	5.22	51.4
1 000~1 500	5.56	54.7
1 500~2 000	1.62	15.9
2 000~2 500	-2.23	-21.9
>2 500	-0.01	-0.1
全部	10.16	100.0

表 1-13　各含沙量级条件下河道冲淤总量及比例（有孔兑无漫滩）

含沙量级（kg/m³）	各含沙量级冲淤量（亿 t）	各含沙量级冲淤量占总量比例（%）
$S<7$	-7.26	-71.4
$S=7~10$	2.08	20.5
$S=10~20$	4.82	47.4
$S>20$	10.52	103.5
全部	10.16	100

（三）有漫滩无孔兑来沙

1. 不同流量条件下不同含沙量级的洪水冲淤特点

表 1-14 为宁蒙河道考虑漫滩和孔兑不来沙条件下 173 场洪水不同流量级下的洪水冲淤情况。在来水含沙量小于 7 kg/m³、平均流量小于 1 000 m³/s 时,宁蒙河道呈微冲的状态,冲刷量为 0.003 亿 t;流量增大到 1 000~1 500 m³/s 时,冲刷量增大到 0.035 亿 t,冲刷主要集中在宁夏下河沿—石嘴山河段,场次洪水平均冲刷量为 0.030 亿 t,内蒙古石嘴山—头道拐河段为 0.005 亿 t;当流量在 1 500~2 000 m³/s 时,场次洪水冲刷量平均增大到 0.155 亿 t,冲刷仍主要集中在宁夏河段,场次洪水平均冲刷量为 0.093 亿 t,其中下河沿—青铜峡、青铜峡—石嘴山场次洪水平均冲刷量分别为 0.037 亿 t 和 0.056 亿 t,内蒙古河段场次洪水冲刷量为 0.062 亿 t,冲刷主要集中在巴彦高勒—三湖河口河段,该河段场次洪水平均冲刷量为 0.052 亿 t,三湖河口—头道拐河段场次洪水平均冲刷量为 0.024

表 1-14　宁蒙河道不同流量级条件下不同含沙量级的洪水冲淤情况（无孔兑有漫滩 173 场洪水）

流量级 (m³/s)	含沙量级 (kg/m³)	下河沿+清水河场次洪水特征值			各河段冲淤量（亿 t）							
		总场次 (次)	平均流量 (m³/s)	含沙量 (kg/m³)	下河沿—青铜峡	青铜峡—石嘴山	石嘴山—巴彦高勒	巴彦高勒—三湖河口	三湖河口—头道拐	下河沿—石嘴山	石嘴山—头道拐	全河段
<1 000	S<7	27	868	3.0	-0.019	0.009	-0.004	0.003	0.008	-0.010	0.007	-0.003
	S=7~10	5	815	7.9	0.031	0.017	-0.004	0.006	0.008	0.048	0.010	0.058
	S=10~20	11	853	12.4	0.046	0.044	0.001	0.011	0.007	0.090	0.019	0.109
	S>20	7	898	43.4	0.028	0.279	-0.038	0.131	0.024	0.307	0.117	0.424
1 000~1 500	S<7	41	1 186	2.5	-0.017	-0.013	0.011	-0.019	0.003	-0.030	-0.005	-0.035
	S=7~10	5	1 272	8.5	0.010	0.031	-0.002	0.012	-0.024	0.041	-0.014	0.027
	S=10~20	13	1 166	13.3	0.096	0.035	0.013	0.007	0.001	0.131	0.021	0.152
	S>20	9	1 179	28.6	0.103	0.255	0.014	0.064	0.028	0.358	0.106	0.464
1 500~2 000	S<7	10	1 802	3.4	-0.037	-0.056	0.014	-0.052	-0.024	-0.093	-0.062	-0.155
	S=7~10	5	1 690	8.4	-0.025	0.051	0.004	0.014	-0.005	0.026	0.013	0.039
	S=10~20	1	1 998	11.8	-0.003	0.115	0.006	0.042	0.003	0.112	0.051	0.163
	S>20	3	1 704	23.7	0.414	0.119	-0.005	0.020	-0.025	0.533	-0.010	0.523
2 000~2 500	S<7	14	2 209	3.7	-0.040	-0.038	-0.051	-0.062	-0.050	-0.078	-0.163	-0.241
	S=7~10	1	2 083	7.6	0.267	-0.082	-0.029	-0.056	-0.074	0.185	-0.159	0.026
	S=10~20	3	2 151	13.5	0.044	0.100	0.086	-0.048	0.022	0.144	0.060	0.204
	S>20											
>2 500	S<7	10	2 848	3.4	-0.112	-0.019	-0.101	-0.107	-0.019	-0.131	-0.227	-0.358
	S=7~10	3	3 201	8.5	0.424	-0.075	-0.182	-0.177	0.064	0.349	-0.295	0.054
	S=10~20	3	2 875	13.7	0.045	0.168	0.006	0.068	0.039	0.213	0.113	0.326
	S>20	2	2 668	24.5	0.064	0.278	0.144	0.012	0.076	0.342	0.232	0.574

· 299 ·

亿 t,而石嘴山—巴彦高勒河段是微淤的,场次洪水平均淤积量为 0.014 亿 t;流量增大到 2 000~2 500 m³/s 时,宁蒙河道长河段场次洪水冲刷增大到 0.241 亿 t,主要集中在石嘴山—头道拐河段,场次洪水平均冲刷量为 0.163 亿 t。

在 2 000~2 500 m³/s 这个流量级时,宁蒙河道下河沿—青铜峡、青铜峡—石嘴山、石嘴山—巴彦高勒、巴彦高勒—三湖河口和三湖河口—头道拐都是冲刷的。当平均流量进一步增大到大于 2 500 m³/s 时,该含沙量级宁蒙河道场次洪水冲刷量略有增大,达 0.358 亿 t,其中宁夏河段、内蒙古河段都是冲刷的,场次洪水平均冲刷量分别为 0.131 亿 t 和 0.227 亿 t。来沙含沙量级在 7~10 kg/m³,流量小于 2 500 m³/s 时河道都是淤积的,当流量大于 2 500 m³/s 时,内蒙古河段呈冲刷状态,场次洪水平均冲刷量为 0.295 亿 t,而宁夏河段呈淤积状态。含沙量大于 10 kg/m³ 时,宁蒙河道各流量级都是淤积的。

2. 不同来沙条件下不同量级洪水的冲淤特性

通过统计分析知(见表 1-15),当进口断面含沙量小于 7 kg/m³ 时,宁蒙河段基本表现为冲刷状态,随着洪水期平均流量的增加,冲刷量明显增大。当平均流量小于 1 000 m³/s 时,宁蒙河道的冲刷量为 0.003 亿 t,当平均流量增大到 2 000~2 500 m³/s 时,河道冲刷量增大到 0.241 亿 t;当增大到大于 2 500 m³/s 时,全河段的冲刷量增大到 0.358 亿 t。当含沙量大于 7 kg/m³ 时,宁蒙河段基本表现为淤积,并且随着含沙量的增大,河道淤积量明显增大。

进一步分析有漫滩无孔兑洪水河道冲淤与水沙关系(见表 1-16)可以看到,2 000~2 500 m³/s 的洪水河道冲刷量最大,冲刷总量为 2.74 亿 t;大于 2 500 m³/s 洪水呈微冲状态,冲刷量为 1.29 亿 t。平均流量小于 1 000 m³/s、1 000~1 500 m³/s 洪水的淤积总量分别为 4.38 亿 t、4.84 亿 t,占洪水期总淤积量的 78.7% 和 86.9%;流量为 1 500~2 000 m³/s 时,淤积总量较小,为 0.38 亿 t,仅占淤积总量的 6.8%。从洪水平均含沙量来看,含沙量大于 20 kg/m³ 时,洪水淤积总量最大,达到 9.86 亿 t(见表 1-17),占洪水期总淤积量的 177%;含沙量为 10~20 kg/m³ 时,场次洪水淤积总量为 4.93 亿 t,占总淤积量的 88.6%;含沙量为 7~10 kg/m³ 时,场次洪水淤积总量为 0.81 亿 t,占总淤积量的 14.5%;而当含沙量小于 7 kg/m³ 时,洪水为冲刷,冲刷总量为 10.03 亿 t。

(四)宁蒙河道冲淤调整特性

表 1-18 为下河沿—青铜峡河段不同流量及条件下的冲淤情况。该河段在相同流量条件下,随着含沙量的增加河道淤积量增多,如来水平均流量为 1 000~1 500 m³/s 时,该河段在含沙量小于 7 kg/m³ 时,河道是冲刷的,当含沙量增大到 7~10 kg/m³ 时,河道场次洪水淤积量为 0.010 亿 t,当含沙量为 10~20 kg/m³ 时,河道淤积量进一步增大到 0.096 亿 t,当来水含沙量大于 20 kg/m³ 时,场次洪水河道淤积量为 0.103 亿 t。同时在相同含沙量条件下,随着流量的增大,河道的冲刷量有所增大,河道淤积量有所减少。

表1-15 宁蒙河道不同含沙量条件下不同流量级的洪水冲淤情况（无孔兑有漫滩173场洪水）

下河沿含沙量 (kg/m³)	流量级 (m³/s)	下河沿+清水河场次洪水特征值			各河段冲淤量（亿t）							
		总场次 (次)	平均流量 (m³/s)	含沙量 (kg/m³)	下河沿—青铜峡	青铜峡—石嘴山	石嘴山—巴彦高勒	巴彦高勒—三湖河口	三湖河口—头道拐	下河沿—石嘴山	石嘴山—头道拐	全河段
S<7	<1 000	27	868	3.0	-0.019	0.009	-0.004	0.003	0.008	-0.010	0.007	-0.003
	1 000~1 500	40	1 178	2.5	-0.017	-0.013	0.011	-0.019	0.003	-0.030	-0.005	-0.035
	1 500~2 000	11	1 775	3.4	-0.036	-0.052	0.014	-0.049	-0.022	-0.088	-0.057	-0.145
	2 000~2 500	14	2 209	3.7	-0.040	-0.038	-0.051	-0.062	-0.050	-0.078	-0.163	-0.241
	>2 500	10	2 848	3.4	-0.112	-0.019	-0.101	-0.107	-0.019	-0.131	-0.227	-0.358
S=7~10	<1 000	5	815	7.9	0.031	0.017	-0.004	0.006	0.008	0.048	0.010	0.058
	1 000~1 500	5	1 272	8.5	0.010	0.031	-0.002	0.012	-0.024	0.041	-0.014	0.027
	1 500~2 000	5	1 690	8.4	-0.025	0.051	0.004	0.014	-0.005	0.026	0.013	0.039
	2 000~2 500	1	2 083	7.6	0.267	-0.082	-0.029	-0.056	-0.074	0.185	-0.159	0.026
	>2 500	3	3 201	8.5	0.424	-0.075	-0.182	-0.177	0.064	0.349	-0.295	0.054
S=10~20	<1 000	11	853	12.4	0.046	0.044	0.001	0.011	0.007	0.090	0.019	0.109
	1 000~1 500	13	1 166	13.3	0.096	0.035	0.013	0.007	0.001	0.131	0.021	0.152
	1 500~2 000	1	1 998	11.8	-0.003	0.115	0.006	0.042	0.003	0.112	0.051	0.163
	2 000~2 500	3	2 151	13.5	0.044	0.100	0.086	-0.048	0.022	0.144	0.060	0.204
	>2 500	3	2 875	13.7	0.045	0.168	0.006	0.068	0.039	0.213	0.113	0.326
S>20	<1 000	7	898	43.4	0.028	0.279	-0.038	0.131	0.024	0.307	0.117	0.424
	1 000~1 500	9	1 179	28.6	0.103	0.255	0.014	0.064	0.028	0.358	0.106	0.464
	1 500~2 000	3	1 704	23.7	0.414	0.119	-0.005	0.020	-0.025	0.533	-0.010	0.523
	2 000~2 500	0										
	>2 500	2	2 668	24.5	0.064	0.278	0.144	0.012	0.076	0.342	0.232	0.574

表 1-16 各流量级条件下河道冲淤总量及比例(有漫滩无孔兑)

流量级(m³/s)	各流量级冲淤量(亿 t)	各流量级冲淤量占总量比例(%)
<1 000	4.38	78.7
1 000~1 500	4.84	86.9
1 500~2 000	0.38	6.8
2 000~2 500	-2.74	-49.2
>2 500	-1.29	-23.2
全部	5.57	100.0

表 1-17 各含沙量级条件下河道冲淤总量及比例(有漫滩无孔兑)

含沙量级(kg/m³)	各含沙量级冲淤量(亿 t)	各含沙量级冲淤量占总量比例(%)
$S<7$	-10.03	-180.1
$S=7~10$	0.81	14.5
$S=10~20$	4.93	88.6
$S>20$	9.86	177.0
全部	5.57	100.0

表 1-18 下河沿—青铜峡河段冲淤量

流量级 (m³/s)	含沙量级 (kg/m³)	总场次 (次)	下河沿+清水河		下河沿—青铜峡 冲淤量(亿 t)
			平均流量(m³/s)	含沙量(kg/m³)	
<1 000	$S<7$	27	868	3.0	-0.019
	$S=7~10$	5	815	7.9	0.031
	$S=10~20$	11	853	12.4	0.046
	$S>20$	7	898	43.4	0.028
1 000~1 500	$S<7$	40	1 178	2.5	-0.017
	$S=7~10$	5	1 272	8.5	0.010
	$S=10~20$	13	1 166	13.3	0.096
	$S>20$	9	1 179	28.6	0.103
1 500~2 000	$S<7$	11	1 775	3.4	-0.036
	$S=7~10$	5	1 690	8.4	-0.025
	$S=10~20$	1	1 998	11.8	-0.003
	$S>20$	3	1 704	23.7	0.414

流量级 （m³/s）	含沙量级 （kg/m³）	总场次 （次）	下河沿+清水河		下河沿—青铜峡 冲淤量（亿 t）
			平均流量（m³/s）	含沙量（kg/m³）	
2 000~2 500	S<7	12	2 184	3.5	−0.076
	S=7~10	1	2 083	7.6	0.267
	S=10~20	2	2 160	16.8	0.154
	S>20				
>2 500	S<7	6	2 754	3.5	−0.084
	S=7~10	1	2 976	7.8	0.440
	S=10~20	2	2 549	11.2	0.007
	S>20	2	2 668	24.5	0.064

根据青铜峡—石嘴山河段不同流量条件下的冲淤分析（见表 1-19），可以看到，青铜峡—石嘴山河段除具有和下河沿—青铜峡河段相同的特点外，由于青铜峡水库引水的影响，该河段进口大流量过程很少，没有大于 2 500 m³/s 以上的流量过程。流量为 1 500~2 000 m³/s 时，含沙量为 7~10 kg/m³ 时，河道也可以达到冲刷状态。从石嘴山—巴彦高勒河段不同流量条件下不同含沙量级的冲淤情况看（见表 1-20），该河段由于水库排沙的影响，与前两个河段特点有所不同，平均流量小于 1 000 m³/s 时，含沙量<7 kg/m³ 时，河道略有淤积，而含沙量在 7~10 kg/m³ 和 10~20 kg/m³ 时，河道却处于冲刷状态。

表 1-19 青铜峡—石嘴山河段冲淤量

流量级 （m³/s）	含沙量级 （kg/m³）	总场次 （次）	青铜峡+苦水河		青铜峡—石 嘴山冲淤量 （亿 t）
			平均流量（m³/s）	含沙量（kg/m³）	
<1 000	S<7	45	688	2.5	−0.020
	S=7~10	18	652	8.4	0.033
	S=10~20	16	621	13.0	0.067
	S>20	18	670	36.5	0.234
1 000~1 500	S<7	24	1 161	3.7	−0.024
	S=7~10	3	1 048	9.0	0.027
	S=10~20	8	1 305	14.0	0.112
	S>20	2	1 189	28.4	0.217
1 500~2 000	S<7	14	1 769	3.9	−0.057
	S=7~10	2	1 690	8.2	−0.014
	S=10~20				
	S>20				

流量级 （m³/s）	含沙量级 （kg/m³）	总场次 （次）	青铜峡+苦水河		青铜峡—石 嘴山冲淤量 （亿 t）
			平均流量（m³/s）	含沙量（kg/m³）	
2 000~2 500	S<7	8	2 248	4.2	−0.066
	S=7~10				
	S=10~20	4	2 163	12.8	0.158
	S>20	1	2 280	31.4	0.312
>2 500	S<7				
	S=7~10				
	S=10~20				
	S>20				

表 1-20　石嘴山—巴彦高勒河段冲淤量

流量级 （m³/s）	含沙量级 （kg/m³）	总场次 （次）	石嘴山		石嘴山—巴彦 高勒冲淤量 （亿 t）
			平均流量（m³/s）	含沙量（kg/m³）	
<1 000	S<7	51	757	3.4	0.001
	S=7~10	3	929	8.6	−0.004
	S=10~20	6	832	13.8	−0.039
	S>20				
1 000~1 500	S<7	53	1 188	4.1	0.009
	S=7~10	1	1 044	8.7	0.029
	S=10~20	7	1 122	12.5	−0.002
	S>20	1	1 038	31.5	0.030
1 500~2 000	S<7	11	1 822	4.5	−0.010
	S=7~10	7	1 744	7.9	0.002
	S=10~20	3	1 655	10.9	0.068
	S>20				
2 000~2 500	S<7	10	2 219	4.0	−0.041
	S=7~10	1	2 328	8.1	−0.111
	S=10~20				
	S>20				
>2 500	S<7	6	2 691	5.5	−0.034
	S=7~10	2	2 645	11.4	0.055
	S=10~20	1	2 612	20.5	0.266
	S>20				

由巴彦高勒—三湖河口河段不同流量条件下的冲淤情况看(见表1-21),由于三盛公库区引水的影响,小流量级的场次明显增大,大流量级的场次明显减少,大于2 500 m³/s这个流量级仅出现1次。该河段来水含沙量小于7 kg/m³时,河道都处于冲刷状态,并且含沙量为7~10 kg/m³、流量为1 000~1 500 m³/s时,河道仍处于冲刷状态。

表1-21　巴彦高勒—三湖河口河段冲淤量

流量级 (m³/s)	含沙量级 (kg/m³)	总场次 (次)	巴彦高勒		巴彦高勒—三湖河口冲淤量 (亿t)
			平均流量(m³/s)	含沙量(kg/m³)	
<1 000	S<7	87	578	3.6	-0.008
	S=7~10	7	612	8.3	0.034
	S=10~20	12	679	13.1	0.063
	S>20	3	816	25.6	0.176
1 000~1 500	S<7	17	1 161	4.1	-0.023
	S=7~10	9	1 264	8.0	-0.006
	S=10~20	4	1 344	11.2	0.085
	S>20				
1 500~2 000	S<7	7	1 723	4.6	-0.067
	S=7~10	3	1 728	8.0	0.026
	S=10~20	1	1 977	10.1	0.064
	S>20				
2 000~2 500	S<7	8	2 139	5.6	-0.047
	S=7~10	1	2 285	9.3	0.019
	S=10~20	3	2 351	16.3	0.011
	S>20				
>2 500	S<7	1	2 517	6.7	-0.054
	S=7~10				
	S=10~20				
	S>20				

沿程流量演进到三湖河口—头道拐河段时,小流量级的洪水场次明显增加,并且流量小于1 000 m³/s时,河道都处于淤积状态,随着流量的增大,河道也会冲刷(见表1-22),如河道平均流量分别为1 000~1 500 m³/s、1 500~2 000 m³/s和2 000~2 500 m³/s时,河道来水含沙量分别为<7 kg/m³、7~10 kg/m³时,河道处于冲刷状态,当流量大于2 500 m³/s,含沙量小于7 kg/m³时是冲刷的,含沙量在7~10 kg/m³时,河道呈淤积状态。

表 1-22 三湖河口—头道拐河段冲淤量

流量级 (m³/s)	含沙量级 (kg/m³)	总场次 (次)	三湖河口+支流		三湖河口—头道 拐冲淤量 (亿 t)
			平均流量(m³/s)	含沙量(kg/m³)	
<1 000	S<7	80	605	4.1	0.009
	S=7~10	11	786	8.3	0.034
	S=10~20	8	696	13.2	0.099
	S>20	2	524	31.3	0.200
1 000~ 1 500	S<7	25	1 165	4.6	−0.019
	S=7~10	6	1 399	8.2	−0.010
	S=10~20	5	1 317	10.7	0.063
	S>20	1	1 063	98.9	1.176
1 500~ 2 000	S<7	4	1 715	5.9	−0.070
	S=7~10	5	1 650	7.9	−0.015
	S=10~20	1	1 998	11.9	0.170
	S>20				
2 000~ 2 500	S<7	9	2 156	6.4	−0.108
	S=7~10	1	2 466	7.4	−0.023
	S=10~20	3	2 259	13.7	0.052
	S>20				
>2 500	S<7	1	2 580	7.6	−0.006
	S=7~10	1	2 562	10.8	0.034
	S=10~20				
	S>20				

统计下河沿—青铜峡、青铜峡—石嘴山、石嘴山—巴彦高勒、巴彦高勒—三湖河口和三湖河口—头道拐河段不同流量条件下不同含沙量级的冲淤量情况可以看到(见表 1-23~表 1-27),下河沿—青铜峡河段在含沙量小于 7 kg/m³ 时(见表 1-23),各流量级河道都处于冲刷状态,并且随着平均流量的增大,河道冲刷量明显增多。该河段含沙量为 7~10 kg/m³ 和 10~20 kg/m³、流量为 1 500~2 000 m³/s 时,河道是处于冲刷状态,场次洪水冲刷量分别为 0.025 亿 t 和 0.003 亿 t。

表 1-24 为青铜峡—石嘴山河段不同含沙量级条件下不同流量的冲淤情况,该河段在含沙量小于 7 kg/m³ 时,河道都处于冲刷状态。含沙量为 7~10 kg/m³、流量为 1 500~2 000 m³/s 时,河道处于冲刷状态。

表 1-23　下河沿—青铜峡河段冲淤量

含沙量级 （kg/m³）	流量级 （m³/s）	总场次 （次）	下河沿+清水河		下河沿—青铜峡 冲淤量 （亿 t）
			平均流量 （m³/s）	含沙量 （kg/m³）	
$S<7$	<1 000	27	868	3.0	−0.019
	1 000~1 500	40	1 178	2.5	−0.017
	1 500~2 000	11	1 775	3.4	−0.036
	2 000~2 500	12	2 184	3.5	−0.076
	>2 500	6	2 754	3.5	−0.084
$S=7~10$	<1 000	5	815	7.9	0.031
	1 000~1 500	5	1 272	8.5	0.010
	1 500~2 000	5	1 690	8.4	−0.025
	2 000~2 500	1	2 083	7.6	0.267
	>2 500	1	2 976	7.8	0.440
$S=10~20$	<1 000	11	853	12.4	0.046
	1 000~1 500	13	1 166	13.3	0.096
	1 500~2 000	1	1 998	11.8	−0.003
	2 000~2 500	2	2 160	16.8	0.154
	>2 500	2	2 549	11.2	0.007
$S>20$	<1 000	7	898	43.4	0.028
	1 000~1 500	9	1 179	28.6	0.103
	1 500~2 000	3	1 704	23.7	0.414
	2 000~2 500				
	>2 500	2	2 668	24.5	0.064

表 1-24 青铜峡—石嘴山河段冲淤量

含沙量级 （kg/m³）	流量级 （m³/s）	总场次 （次）	青铜峡+苦水河		青铜峡—石嘴山冲淤量 （亿 t）
			平均流量（m³/s）	含沙量（kg/m³）	
S<7	<1 000	45	688	2.5	-0.020
	1 000~1 500	24	1 161	3.7	-0.024
	1 500~2 000	14	1 769	3.9	-0.057
	2 000~2 500	8	2 207	4.4	-0.052
	>2 500	1	2 536	2.8	-0.161
S=7~10	<1 000	18	652	8.4	0.033
	1 000~1 500	3	1 048	9.0	0.027
	1 500~2 000	2	1 690	8.2	-0.014
	2 000~2 500				
	>2 500				
S=10~20	<1 000	16	621	13.0	0.067
	1 000~1 500	8	1 305	14.0	0.112
	1 500~2 000				
	2 000~2 500	4	2 163	12.8	0.158
	>2 500				
S>20	<1 000	18	670	36.5	0.234
	1 000~1 500	2	1 189	28.4	0.217
	1 500~2 000				
	2 000~2 500	1	2 280	31.4	0.312
	>2 500				

石嘴山—巴彦高勒河段,只有当平均流量大于 1 500 m³/s、含沙量小于 7 kg/m³ 时,河道处于冲刷状态(见表 1-25);含沙量为 7~10 kg/m³、流量为 2 000~2 500 m³/s 时,河道冲刷量较大,为 0.111 亿 t;含沙量为 10~20 kg/m³ 时,进口平均流量在 1 500 m³/s 以下河段是冲刷的。含沙量大于 20 kg/m³ 时,整个河道都处于淤积状态。

表 1-25　石嘴山—巴彦高勒河段冲淤量

含沙量级 (kg/m³)	流量级 (m³/s)	总场次 (次)	石嘴山		石嘴山—巴彦高勒冲淤量 (亿 t)
			平均流量(m³/s)	含沙量(kg/m³)	
S<7	<1 000	51	757	3.4	0.001
	1 000~1 500	53	1 188	4.1	0.009
	1 500~2 000	11	1 822	4.5	−0.010
	2 000~2 500	10	2 219	4.0	−0.041
	>2 500	6	2 691	5.5	−0.034
S=7~10	<1 000	3	929	8.6	−0.004
	1 000~1 500	1	1 044	8.7	0.029
	1 500~2 000	7	1 744	7.9	0.002
	2 000~2 500	1	2 328	8.1	−0.111
	>2 500	2	2 645	11.4	0.055
S=10~20	<1 000	6	832	13.8	−0.039
	1 000~1 500	7	1 122	12.5	−0.002
	1 500~2 000	3	1 655	10.9	0.068
	2 000~2 500				
	>2 500	1	2 612	20.5	0.266
S>20	<1 000				
	1 000~1 500	1	1 038	31.5	0.030
	1 500~2 000				
	2 000~2 500				
	>2 500				

　　分析巴彦高勒—三湖河口河段不同含沙量级条件下不同流量的冲淤情况表明(见表 1-26),含沙量小于 7 kg/m³ 时,河道都处于冲刷状态;含沙量为 7~10 kg/m³、进口平均流量为 1 000~1 500 m³/s 时,该河段河道处于冲刷状态。从表 1-27 中可以看到,三湖河口—头道拐河段含沙量小于 7 kg/m³、巴彦高勒站平均流量大于 1 000 m³/s 时,河道都处于冲刷状态;当进口站(三湖河口+支流)含沙量为 7~10 kg/m³、流量大于 1 000 m³/s 时河道也是冲刷的。

表 1-26　巴彦高勒—三湖河口河段冲淤量

含沙量级 （kg/m³）	流量级 （m³/s）	总场次 （次）	巴彦高勒		巴彦高勒—三湖河口 冲淤量 （亿 t）
			平均流量 （m³/s）	含沙量 （kg/m³）	
S<7	<1 000	87	578	3.6	−0.008
	1 000~1 500	17	1 161	4.1	−0.023
	1 500~2 000	7	1 723	4.6	−0.067
	2 000~2 500	8	2 139	5.6	−0.047
	>2 500	1	2 517	6.7	−0.054
S=7~10	<1 000	7	612	8.3	0.034
	1 000~1 500	9	1 264	8.0	−0.006
	1 500~2 000	3	1 728	8.0	0.026
	2 000~2 500	1	2 285	9.3	0.019
	>2 500				
S=10~20	<1 000	12	679	13.1	0.063
	1 000~1 500	4	1 344	11.2	0.085
	1 500~2 000	1	1 977	10.1	0.064
	2 000~2 500	3	2 351	16.3	0.011
	>2 500				
S>20	<1 000	3	816	25.6	0.176
	1 000~1 500				
	1 500~2 000				
	2 000~2 500				
	>2 500				

表 1-27 三湖河口—头道拐河段冲淤量

含沙量级 （kg/m³）	流量级 （m³/s）	总场次 （次）	三湖河口+支流		三湖河口—头道 拐冲淤量 （亿 t）
			平均流量 （m³/s）	含沙量 （kg/m³）	
S<7	<1 000	80	605	4.1	0.009
	1 000~1 500	25	1 165	4.6	−0.019
	1 500~2 000	4	1 715	5.9	−0.070
	2 000~2 500	9	2 156	6.4	−0.108
	>2 500	1	2 580	7.6	−0.006
S=7~10	<1 000	11	786	8.3	0.034
	1 000~1 500	6	1 399	8.2	−0.010
	1 500~2 000	5	1 650	7.9	−0.015
	2 000~2 500	1	2 466	7.4	−0.023
	>2 500	1	2 562	10.8	0.034
S=10~20	<1 000	8	696	13.2	0.099
	1 000~1 500	5	1 317	10.7	0.063
	1 500~2 000	1	1 998	11.9	0.170
	2 000~2 500	3	2 259	13.7	0.052
	>2 500				
S>20	<1 000	2	524	31.3	0.200
	1 000~1 500	1	1 063	98.9	1.176
	1 500~2 000				
	2 000~2 500				
	>2 500				

第二章　宁蒙河道洪水期河道冲淤与水沙的关系

一、宁蒙长河段河道冲淤与水沙的关系

洪水是河道冲淤演变的最主要动力,来水来沙条件是影响宁蒙河道洪水期冲淤演变的主要因素。用来沙系数 S/Q(洪水期平均含沙量 S 与平均流量 Q 的比值)反映河道来水来沙参数,以非漫滩洪水作为主要分析对象,点绘宁蒙河道洪水期河道冲淤效率与来沙系数的关系(见图 2-1)。洪水期河道冲淤调整与水沙关系十分密切,单位水量淤积量随着来沙系数的增大而增大。来沙系数较小时,河道单位水量淤积量小,甚至冲刷。宁蒙河道和宁夏、内蒙古河段冲淤效率与进口站来沙系数相关关系分别为

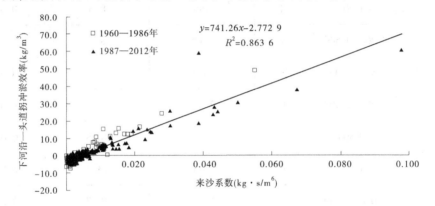

图 2-1　宁蒙河道洪水期冲淤效率与来沙系数的关系

宁蒙河段(下河沿—头道拐)

$$\frac{\Delta ws}{w} = 741.26\frac{S}{Q} - 2.7729 \tag{2-1}$$

宁夏河段(下河沿—石嘴山)

$$\frac{\Delta ws}{w} = 509.81\frac{S}{Q} - 1.7314 \tag{2-2}$$

内蒙古河段(石嘴山—头道拐)

$$\frac{\Delta ws}{w} = 802.74\frac{S}{Q} - 3.2168 \tag{2-3}$$

式(2-1)~式(2-3)中冲淤效率与平均含沙量的相关系数平方 R^2 分别为 0.863 6、0.850 6 和 0.728 3。当宁蒙河道洪水期来沙系数 S/Q 约为 0.003 7kg·s/m^6 时河道基本冲淤平衡,如洪水期平均流量为 2 200 m^3/s、含沙量 8.1 kg/m^3 左右时长河段冲淤基本平衡。

分析宁夏和内蒙古河段冲淤效率与洪水期来沙系数的关系(见图 2-2、图 2-3)表明,宁夏(下河沿—石嘴山)和内蒙古(石嘴山—头道拐)河段洪水期当来沙系数分别为

$0.003\ 4\ kg \cdot s/m^6$ 和 $0.004\ 0\ kg \cdot s/m^6$ 时,宁夏河道、内蒙古河道长河段基本可以达到冲淤平衡状态。

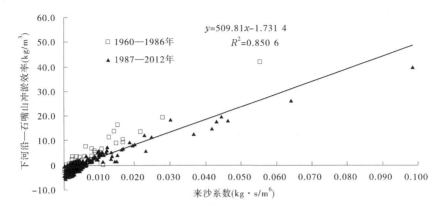

图 2-2　宁夏河道洪水期冲淤效率与来沙系数的关系

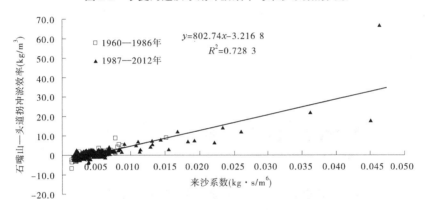

图 2-3　内蒙古河道洪水期冲淤效率与来沙系数的关系

二、重点河段河道冲淤与水沙的关系

从长时期来看,内蒙古三湖河口—头道拐河段河道淤积严重(见表 2-1),年均淤积量为 0.202 亿 t,占整个宁蒙河段淤积量的 81.1%,并且主要集中在汛期和平水期。点绘巴彦高勒—头道拐河段非漫滩洪水河道冲淤效率与进口站(巴彦高勒+支流,下同)平均流量的关系(见图 2-4)可以看到,河道冲淤效率与进口站平均流量关系密切,随着流量的增大,河道冲刷效率明显增大;河道的冲淤效率又受来沙量大小的影响,以含沙量作为反映来沙量的一个因子,巴彦高勒—头道拐河段河道冲淤效率随着含沙量的增大而增大,在相同流量条件下,含沙量越大河道淤积越多,河道淤积效率越大,具有"多来、多淤"的特点。来沙量较少、含沙量较低时,河道淤积效率越小甚至冲刷。进口站含沙量小于 $7\ kg/m^3$、平均流量大于 $1\ 500\ m^3/s$ 时,河道基本上是冲刷的,并且冲刷量随着流量的增大而增大;而当进口站含沙量大于 $7\ kg/m^3$ 时,河道基本上都是处于淤积状态,并且冲淤效率随着含沙量的增大而增大。进口站流量在 $2\ 000\ m^3/s$ 时,河道的冲刷效率最大。

表 2-1 宁蒙河道 1960—2012 年年均冲淤量年内分布 　　　　　（单位：亿 t）

时段	下河沿—青铜峡	青铜峡—石嘴山	石嘴山—巴彦高勒	巴彦高勒—三湖河口	三湖河口—头道拐	下河沿—头道拐
全年	0.042	-0.053	0.070	-0.012	0.202	0.249
洪水期	0.054	0.106	-0.023	-0.032	0.062	0.168
平水期	-0.012	-0.159	0.093	0.020	0.140	0.081
汛期	0.035	0.094	0.006	-0.027	0.171	0.278
非汛期	0.007	-0.147	0.064	0.015	0.031	-0.029

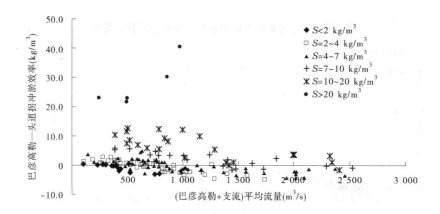

图 2-4 巴彦高勒—头道拐河段冲淤效率与平均流量的关系

　　点绘非漫滩洪水巴彦高勒—三湖河口、三湖河口—头道拐河段河道冲淤效率与平均流量的关系见图 2-5、图 2-6。该河段河道冲淤规律与长河段河道冲淤规律基本相同，但在含沙量小于 7 kg/m³、平均流量大于 1 500 m³/s 时，巴彦高勒—三湖河口、三湖河口—头道拐两个河段可以达到冲刷状态。两个小河段还具有"上段冲刷、下段淤积"的显著特点。例如巴彦高勒—三湖河口河段在含沙量约小于 4 kg/m³ 时，河道基本上都是处于冲刷的状态，但是同样的含沙量级在三湖河口—头道拐河段是淤积的。

　　统计宁蒙河道巴彦高勒—头道拐河段平水期 1987—1999 年冲淤量的年内分布可以看到，三湖河口—头道拐河段平水期的年均淤积量为 0.226 亿 t，较多年平均 0.140 亿 t 偏多 61%（见表 2-2）。平水期含沙量一般很低，从宁蒙河道各河段在低含沙量条件下各流量级的冲淤调整规律可见（见图 2-7），三湖河口—头道拐河段随着进口（下河沿+清水河）流量的增加，冲淤效率呈现淤积少—淤积多—淤积少—冲刷的变化特点，500 ~ 1 500 m³/s 为淤积效率最高的流量级，这是低含沙量小流量水流在下河沿—头道拐 980 km 河段内的正常演变，即存在"上冲下淤"的调整形式，在三湖河口以上冲刷的泥沙小流量无法挟带出头道拐，在河段尾部段三湖河口—头道拐淤积。由图 2-8 可知，1987 ~ 1999 年这一流量级年均高达 228 d，占全年的 63%，因此该时期平水期淤积也偏大。

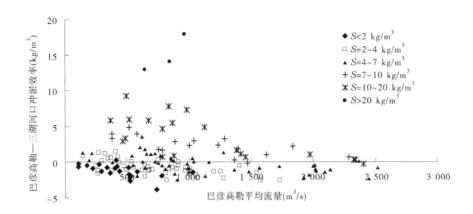

图 2-5　巴彦高勒—三湖河口河段冲淤效率与平均流量的关系

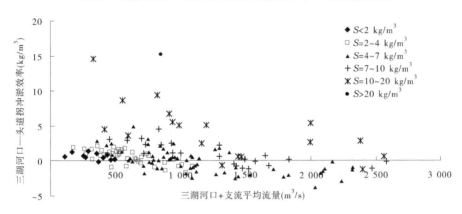

图 2-6　三湖河口—头道拐河段冲淤效率与平均流量的关系

表 2-2　宁蒙河道 1987—1999 年冲淤量年内分布　　　　　　　　（单位：亿 t）

时段	下河沿—青铜峡	青铜峡—石嘴山	石嘴山—巴彦高勒	巴彦高勒—三湖河口	三湖河口—头道拐	下河沿—头道拐
全年	0.043	0.142	0.085	0.224	0.443	0.937
洪水期	0.022	0.283	−0.025	0.114	0.217	0.611
平水期（汛期、非汛期）	0.021	−0.141	0.110	0.110	0.226	0.326
汛期	0.014	0.284	0.057	0.135	0.378	0.868
非汛期	0.029	−0.142	0.028	0.089	0.065	0.069
汛期平水期	−0.009	0	0.082	0.021	0.160	0.254

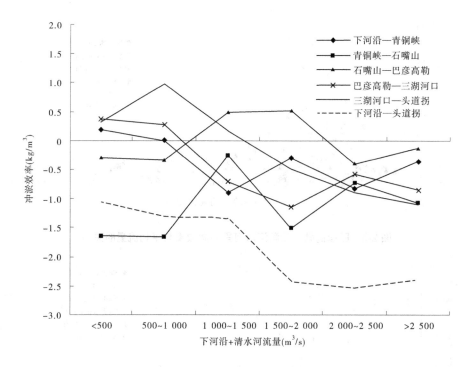

图 2-7 低含量条件下各河段冲淤效率

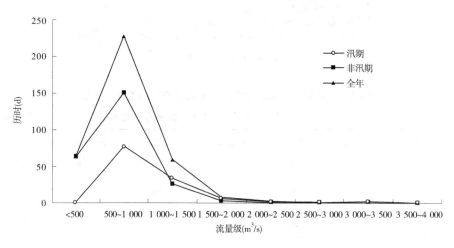

图 2-8 下河沿站 1987—1999 年各流量级历时

第三章 不同水沙组合的洪水河道冲淤效果

为了分析相同水量和沙量条件下不同水沙组合及孔兑来沙对巴彦高勒—头道拐河的段冲淤效果,采用宁蒙河道—维水动力学模型,对宁蒙河道不同水沙组合条件进行了方案计算。

一、模型介绍

(一)水动力学模型

1.基本方程

一维非恒定流方程包括水流连续方程和动量方程

$$\begin{cases} B\dfrac{\partial Z}{\partial t} + \dfrac{\partial Q}{\partial x} = q_1 \\ \dfrac{\partial Q}{\partial t} + \dfrac{\partial (Q^2/A)}{\partial x} = -gA\left(\dfrac{\partial Z}{\partial x} + S_f\right) \end{cases} \tag{3-1}$$

式中:Z 为水位,m;Q 为流量,m³/s;A 为面积,m²;B 为水面宽度,m;g 为重力加速度,m/s²;S_f 为摩阻坡度;t 为时间,s;x 为流程,m,;q_1 为旁侧入流(流入为"+",流出为"-")。

河床变形方程为

$$\frac{\partial(AS)}{\partial t} + \frac{\partial}{\partial x}(QS) + \alpha\omega B(S - S_*) = \theta q_1 S + \sum Sou \tag{3-2}$$

$$\gamma'\frac{\partial Z_{b1}}{\partial t} = \alpha_*\omega(S - \beta S_*) \tag{3-3}$$

$$G_b = G_b(U, H, d, \cdots) \tag{3-4}$$

$$\gamma'\frac{\partial Z_{b2}}{\partial t} + \frac{\partial G_b}{\partial x} = 0 \tag{3-5}$$

式中:S 为断面含沙量;S_* 为挟沙力;$\theta q_1 S$ 为引沙($\theta = 0.6$)或孔兑沙入黄($\theta = 1$);$\sum Sou$ 为源项,主要包括风沙入黄和河岸坍塌沙量。

风沙入黄量主要通过经验公式推求,风力输沙率(kg/m)

$$q = \frac{C_o \rho_a u_*^3}{g}\left[1 - \left(\frac{0.229}{u_*}\right)^2\right] \tag{3-6}$$

式中:C_o 为常数,约为1;ρ_a 为空气密度,在 0 ℃、标准大气压下为 1.29 kg/m³;u_* 为摩阻风速,m/s,可按下式求解:

$$u_* = ku_z / \ln\left(\frac{z}{z_0}\right) \tag{3-7}$$

或

$$u_z = \frac{u_*}{\kappa} \ln\left(\frac{10}{0.000\ 13}\right)$$

式中：u_z 为 z 高度时的风速，m/s；z 为气象站风速观测高度，一般为 10 m；κ 为冯卡曼常数，一般取 0.4；z_0 为空气动力粗糙度，取裸沙地平均粒径（0.113 mm）的 1/15。

小时风速 $u_z(i)$，可以按照下式求得：

$$u_z(i) = u_{rep} + 0.5(u_{max} - u_{min})\cos[2p(24 - hr_{max} + i)/24] \tag{3-8}$$

式中：$u_z(i)$ 为一天中第 i 个小时的风速，m/s；u_{rep} 可用平均风速代替；u_{max} 为日最大风速；u_{min} 为日最小风速，一般为 $2u_{rep} - u_{max}$，如果这个值小于零，u_{min} 可以假设为零；hr_{max} 为一天中风速最大的时间。

2. 方程求解

Preissmann 四点隐格式是求解一维非恒定流的经典算法，其基本思想是对相邻的四点平均地向前差分。对 t 的微商取相邻节点上向前时间差商的平均值，对 x 的微商则取相邻两向前空间差商的平均值或加权平均值。

(二) 模型中的关键问题处理

1. 非均匀沙沉速

单颗粒泥沙自由沉降公式一般采用水电部 1975 年水文测验规范中推荐的沉速公式：

$$\omega_{0k} = \begin{cases} \dfrac{\gamma_s - \gamma_0}{18\mu_0}d_k^2 & (d_k < 0.1\ \text{mm}) \\ (\lg S_a + 3.79)^2 + (\lg \varphi_a - 5.777)^2 = 39 & (0.1\ \text{mm} \leqslant d_k < 1.5\ \text{mm}) \end{cases} \tag{3-9}$$

式中：粒径判数 $\varphi_a = g^{1/3}[(\gamma_s - \gamma_0)/\gamma_0]^{1/3}d_k/\nu_0^{2/3}$；沉速判数 $S_a = \omega_{0k}/\{g^{1/3}[(\gamma_s - \gamma_0)/\gamma_0]^{1/3}\nu_0^{1/3}\}$；$\gamma_s$、$\gamma_0$ 分别为泥沙和水的重率，取值为 2.65 t/m³ 和 1.0 t/m³；μ_0、ν_0 分别为清水动力黏滞系数（kg·s/m²）和运动黏滞系数（m²/s）。

2. 挟沙水流单颗粒沉速

考虑到黄河水流含沙量高、细沙含量多，颗粒间的相互影响大，浑水黏性作用较强，故需对单颗粒泥沙的自由沉降速度做修正。代表性的相应修正公式如下：

1) 夏震寰、汪岗公式

$$\frac{\omega_s}{\omega_0} = (1 - S_V)^7 \tag{3-10}$$

式中：S_V 为体积含沙量；ω_s、ω_0 分别为浑水和清水单颗粒沉速，下同。

2) 张淑英、白咏梅公式

$$\frac{\omega_s}{\omega_0} = (1 - S_V)^{6\exp(-d_{50}/2)} \tag{3-11}$$

式中：d_{50} 的单位为 mm。

3) 张红武公式

$$\omega_s = \omega_0(1 - 1.25S_V)\left(1 - \frac{S_V}{2.25\sqrt{d_{50}}}\right)^{3.5} \tag{3-12}$$

式中:d_{50} 的单位为 mm。

4) 费祥俊公式

$$\omega = \frac{\sqrt{10.99d^3 + 36\left(\dfrac{\mu}{\rho_m}\right)^2 - 6\dfrac{\mu}{\rho_m}}}{d} \tag{3-13}$$

$$\mu = \mu_0\left\{1 - \left[1 + 2.0\left(\frac{S_V}{S_{Vm}}\right)^{0.3}\left(1 - \frac{S_V}{S_{Vm}}\right)^4\right]\frac{S_V}{S_{Vm}}\right\}^{-2.5} \tag{3-14}$$

$$S_{Vm} = 0.92 - 0.2\ln\sum_{i=1}^{n}\frac{P_i}{d_i} \tag{3-15}$$

式中:μ、μ_0 分别为泥沙悬液及同温度清水的黏滞系数;S_V、S_{Vm} 分别为固体体积比浓度及其极限浓度。

3. 非均匀沙混合沉速

非均匀沙代表沉速采用下式进行计算:

$$\omega = \sum_{k=1}^{NFS} p_k\omega_{sk} \tag{3-16}$$

式中:NFS 为泥沙粒径组数,模型中取 7;p_k 为悬移质泥沙级配。

4. 水流挟沙力及挟沙力级配

水流挟沙力是反映河床处于冲淤平衡状态下,水流挟带泥沙能力的综合性指标。模型中先计算全沙挟沙力,而后乘以挟沙力级配,求得分组挟沙力。

对于全沙挟沙力,模型中选用张红武公式:

$$S_* = 2.5\left[\frac{(0.002\,2 + S_V)\,U^3}{\kappa\,\dfrac{\gamma_s - \gamma_m}{\gamma_m}gh\omega_s}\ln\left(\frac{h}{6D_{50}}\right)\right]^{0.62} \tag{3-17}$$

式中:D_{50} 为床沙中数粒径,m;浑水卡门常数 $\kappa = 0.4\left[1 - 4.2\sqrt{S_V}(0.365 - S_V)\right]$。

挟沙力级配主要采用韩其为公式:

根据判数 $Z = \dfrac{P_{4.1}S}{S^*(\omega_1)} + \dfrac{P_{4.2}S}{S^*(\omega_{1.1}^*)}$ 的大小,分组挟沙能力 $P_{4.k}^*S^*(\omega^*)$、挟沙能力 $S^*(\omega^*)$、挟沙能力级配 $P_{4.k}^*$、有效床沙级配 $P_{1.k}$ 的普遍表达式如下。

(1) 若 $Z < 1$,河床处于冲刷或微淤状态,则

$$\left.\begin{aligned}
P_{4.k}^*S^*(\omega^*) &= P_{4.1}P_{4.k.1}S + P_{4.2}P_{4.k.2}S\frac{S^*(k)}{S^*(\omega_{1.1}^*)} + [1 - Z]P_1P_{4.k.1.1}^*S^*(\omega_{1.1}^*) \\[2ex]
S^*(\omega^*) &= P_{4.1}S + P_{4.2}S\frac{S^*(\omega_2^*)}{S^*(\omega_{1.1}^*)} + [1 - Z]P_1S^*(\omega_{1.1}^*) \\[2ex]
P_{4.k}^* &= P_{4.1}P_{4.k.1}\frac{S}{S^*(\omega^*)} + P_{4.2}P_{4.k.2}\frac{S}{S^*(\omega^*)}\frac{S^*(k)}{S^*(\omega_{1.1}^*)} + [1 - Z]P_1P_{4.k.1.1}^*\frac{S^*(\omega_{1.1}^*)}{S^*(\omega^*)} \\[2ex]
P_{1.k} &= P_{4.1}P_{4.k.1}\frac{S}{S^*(k)} + P_{4.2}P_{4.k.2}\frac{S}{S^*(\omega_{1.1}^*)} + [1 - Z]P_1P_{1.k.1.1}^*
\end{aligned}\right\}$$

$$\tag{3-18}$$

（2）若 $Z \geqslant 1$，河床处于单向淤积状态，那么

$$
\left.\begin{array}{l}
P_{4.k}^* S^* (\omega^*) = P_{4.1} P_{4.k.1} S + \left[1 - \dfrac{P_{4.1} S}{S^* (\omega_1)}\right] P_{4.k.2} S^* (k) \\[3mm]
S^* (\omega^*) = P_{4.1} S + \left[1 - \dfrac{P_{4.1} S}{S^* (\omega_1)}\right] S^* (\omega_2^*) \\[3mm]
P_{4.k}^* = P_{4.1} P_{4.k.1} \dfrac{S}{S^* (\omega^*)} + \left[1 - \dfrac{P_{4.1} S}{S^* (\omega_1)}\right] P_{4.k.2} \dfrac{S^* (k)}{S^* (\omega^*)} \\[3mm]
P_{1.k} = P_{4.1} P_{4.k.1} \dfrac{S}{S^* (k)} + \left[1 - \dfrac{P_{4.1} S}{S^* (\omega_1)}\right] P_{4.k.2}
\end{array}\right\}
\tag{3-19}
$$

式中：$P_{4.k}$ 为悬移质某粒径组沙重百分数；$P_{1.k}$ 为河床质某粒径组沙重百分数；$S^* (k)$ 为均匀沙挟沙能力（假定第 k 粒径组泥沙充满水流）；$P_{4.1}$ 为冲泻质部分累计沙重百分数，$P_{4.1} = \sum\limits_{k=1}^{Kd} P_{4.k}$；$P_{4.k.1}$ 为标准化后冲泻质各粒径组沙重百分数，$P_{4.k.1} = \begin{cases} P_{4.k}/P_{4.1} & k \leqslant Kd \\ 0 & k > Kd \end{cases}$；$Kd$ 为冲泻质与床沙质分界粒径组编号；$P_{4.2}$ 为床沙质部分累计沙重百分数，$P_{4.2} = \sum\limits_{k=Kd+1}^{ks\_max} P_{4.k}$；$ks\_max$ 为悬沙中最大粒径组数（其沙重百分数不为 0）；$P_{4.k.2}$ 为标准化后床沙质各粒径组沙重百分数，$P_{4.k.2} = \begin{cases} 0 & k \leqslant Kd \\ P_{4.k}/P_{4.2} & k > Kd \end{cases}$；$P_1$ 为参与交换的河床质累计沙重百分数，$P_1 = \sum\limits_{k=1}^{ks\_max} P_{1.k.1}$；$P_{1.k.1}^*$ 为标准化后河床质各粒径组沙重百分数，$P_{1.k.1.1} = \begin{cases} P_{1.k.1}/P_1 & k \leqslant nfs \\ 0 & k > nfs \end{cases}$；$P_{4.k.1.1}^*$ 为河床质部分挟沙能力级配，$P_{4.k.1.1}^* = \dfrac{S^* (k)}{S^* (\omega_{1.1})} P_{1.k.1.1}$；$S^* (\omega_1)$ 为冲泻质混合挟沙能力，$S^* (\omega_1) = 1 / \sum\limits_{k=1}^{Kd} \dfrac{P_{4.k.1}}{S^* (k)}$；$S^* (\omega_2^*)$ 为床沙质混合挟沙能力，$S^* (\omega_2^*) = \sum\limits_{k=Kd+1}^{nfs} P_{4.k.2} S^* (k)$；$S^* (\omega_{1.1}^*)$ 为河床质混合挟沙能力，$S^* (\omega_{1.1}^*) = \sum\limits_{k=1}^{nfs} P_{1.k.1.1} S^* (k)$。

5. 恢复饱和系数

恢复饱和系数采用韩其为公式：

$$
\alpha = \begin{cases}
0.5 \alpha_l^* & (SP_{4,l} \geqslant 1.5 S^* P_{4,l}^*) \\[2mm]
\left[2 - \dfrac{SP_{4,l}}{S^* P_{4,l}^*}\right] \alpha_l^* & (S^* P_{4,l}^* \leqslant SP_{4,l} \leqslant 1.5 S^* P_{4,l}^*) \\[2mm]
\left[3 - 2 \dfrac{SP_{4,l}}{S^* P_{4,l}^*}\right] \alpha_l^* & (0.5 S^* P_{4,l}^* \leqslant SP_{4,l} \leqslant S^* P_{4,l}^*) \\[2mm]
2 \alpha_l^* & SP_{4,l} \leqslant 0.5 S^* P_{4,l}^*
\end{cases}
\tag{3-20}
$$

式中：α_l^* 为平衡条件下恢复饱和系数。

6. 动床阻力变化

动床阻力是反映水流条件和河床形态的综合系数，取值的合理与否直接影响到水沙

演变的计算精度。通过比较国内目前的研究成果,采用以下黄委计算公式:

$$n = \frac{c_n \delta_*}{\sqrt{g}h^{5/6}}\left\{0.49\left(\frac{\delta_*}{h}\right)^{0.77} + \frac{3\pi}{8}\left(1 - \frac{\delta_*}{h}\right)\left[\sin\left(\frac{\delta_*}{h}\right)^{0.2}\right]^5\right\}^{-1} \tag{3-21}$$

式中:摩阻高度 $\delta_* = d_{50}10^{10[1-\sqrt{\sin(\pi Fr)}]}$,其中 Fr 为弗劳德数,$Fr = \sqrt{u^2+v^2}/gh$;涡团参数 $c_n = 0.375\kappa$。

7. 床沙级配调整

把河床淤积物概化为表、中、底三层,各层厚度和平均粒配分别为 h_u、h_m、h_b、P_{uk}、P_{mk}、P_{bk}。表层为交换层,中层为过渡层,底层为冲刷极限层。规定在每一计算时段内,各层间界面固定不变,泥沙交换限制在表层内进行。时段末,根据床面冲淤移动表层和中层,但各自厚度不变,而令底层厚度随冲淤厚度的大小而变化,其厚度 $h_b = h_b^{(0)} + \Delta Z_b$。

设在某一时段初表层粒配为 $P_{uk}^{(0)}$,则时段末表层底面以上粒配

$$P' = \frac{h_u \cdot P_{uk}^{(0)} + \Delta Z_{bk}}{h_u + \Delta Z_b} \tag{3-22}$$

相应各层粒配组成调整变化如下。

1)淤积情况

表层:

$$P_{uk} = P'$$

中层:

$$\left.\begin{array}{ll} P_{mk} = P' & (\Delta Z_b > h_m) \\[2mm] P_{mk} = \dfrac{\Delta Z_b \cdot P' + (h_m - \Delta Z_b) \cdot P_{mk}^{(0)}}{h_m} & (\Delta Z_b \leq h_m) \end{array}\right\} \tag{3-23}$$

底层:

$$\left.\begin{array}{ll} P_{bk} = \dfrac{(\Delta Z_b - h_m) \cdot P' + h_m \cdot P_{mk}^{(0)} + h_b^{(0)} \cdot P_{bk}^{(0)}}{h_b} & (\Delta Z_b > h_m) \\[4mm] P_{bk} = \dfrac{\Delta Z_b \cdot P_{mk}^{(0)} + h_b^{(0)} \cdot P_{bk}^{(0)}}{h_b} & (\Delta Z_b \leq h_m) \end{array}\right\} \tag{3-24}$$

2)冲刷情况

表层:

$$P_{uk} = \frac{(\Delta Z_b + h_u) \cdot P' - \Delta Z_b \cdot P_{mk}^{(0)}}{h_u} \tag{3-25}$$

中层:

$$P_{mk} = \frac{(\Delta Z_b + h_m) \cdot P_{mk}^{(0)} - \Delta Z_b \cdot P_{bk}^{(0)}}{h_m} \tag{3-26}$$

底层:

$$P_{bk} = P_{bk}^{(0)} \tag{3-27}$$

以上各式中,右上角标 0 表示该变量修改前的值。

二、模型验证

(一)大洪水验证

计算河段为巴彦高勒水文站(黄断 1)—头道拐水文站(黄断 109)。计算地形为:黄断 1—黄断 88 采用 2008 年汛前实测大断面资料;黄断 88—黄断 109 采用 2004 年实测大断面资料,由于宁蒙河道床沙级配测验测次较少,河床采用 1988 年 8 月巴彦高勒实测床沙级配。进口水沙条件为 2012 年巴彦高勒实测水沙过程(见图 3-1)、2008 年巴彦高勒实测悬沙级配过程。出口条件采用头道拐水文站 2008 年报汛水位流量关系曲线资料(见图 3-2)。

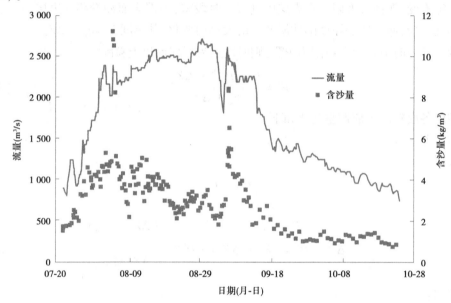

图 3-1　2012 年巴彦高勒水文站实测水沙过程

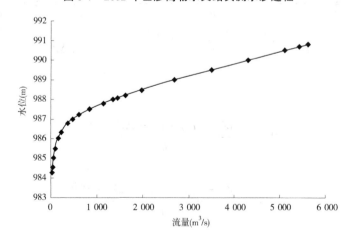

图 3-2　2008 年头道拐水位流量曲线

不考虑沿程引水、河道损失及孔兑入汇。

图 3-3、图 3-4 分别为三湖河口断面、头道拐断面计算与实测流量比较。三湖河口断面计算流量过程与实测值基本一致,头道拐断面计算值与实测值稍微有差异。头道拐断面在 2012 年 7 月 31 日之前的涨水期计算流量过程与实测一致,在 7 月 31 日至 8 月 20 日计算流量较实测偏大,8 月 20 日至出现最大洪峰流量 3 030 m^3/s 期间计算流量比实测偏小,计算最大洪峰流量为 2 763 m^3/s,偏小了 267 m^3/s。在落水期计算值无论传播时间,还是计算流量都与实测值一致。

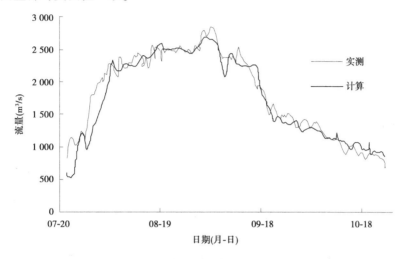

图 3-3　三湖河口断面流量过程计算值与实测值对比

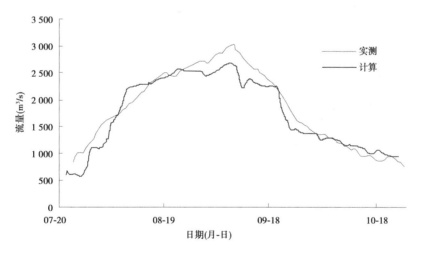

图 3-4　头道拐断面流量过程计算值与实测值对比

图 3-5 为 2012 年大洪水期间巴彦高勒断面、三湖河口断面和头道拐断面实测流量传播过程,巴彦高勒实测最大洪峰流量为 2 710 m^3/s,三湖河口实测最大洪峰流量为 2 840 m^3/s,而在头道拐实测洪峰流量达到了 3 030 m^3/s,洪水沿程演进过程中洪峰发生了增值,增值可能是孔兑汇入或上滩洪水归槽并与主槽内洪水叠加等原因造成的。模型验证时,无实测孔兑入黄过程资料,并且一维模型计算时采用的大断面资料,断面之间地形,特别

是滩地地物地貌特征不能反映,滩地洪水归槽现象尚不能准确模拟,因此有一定误差。

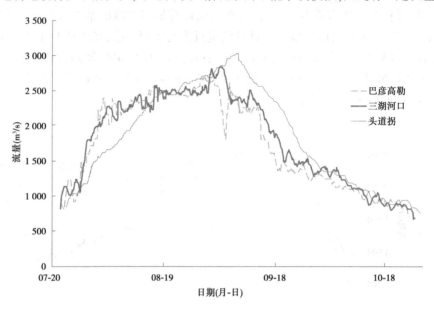

图 3-5　2012 年各水文站实测流量过程套绘

　　图 3-6、图 3-7 分别为三湖河口、头道拐计算含沙量与实测值过程对比,可以看出三湖河口计算含沙量与实测过程比较一致,头道拐计算含沙量沙峰滞后,计算含沙量在 8 月 13 日至 9 月 18 日偏大。

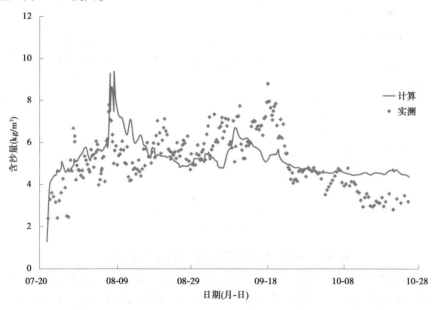

图 3-6　三湖河口计算与实测含沙量对比

　　图 3-8 为巴彦高勒、三湖河口、头道拐实测含沙量过程套绘图。巴彦高勒在 8 月 5 日出现最大沙峰 11.2 kg/m³,头道拐在 7 月 31 日 16 时出现最大沙峰 8.38　kg/m³,从最大

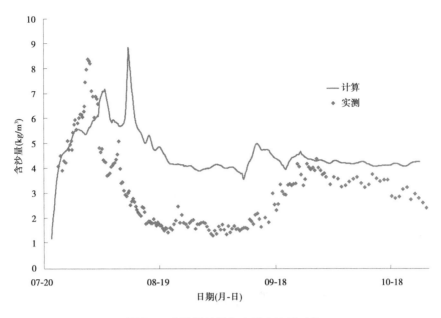

图 3-7   头道拐计算与实测含沙量对比

沙峰传播过程看,巴彦高勒出现最大含沙量的时间滞后。从沙峰传播过程看,实测沙峰传播规律不明显,而计算含沙量过程沿程传播较规律(见图 3-9)。

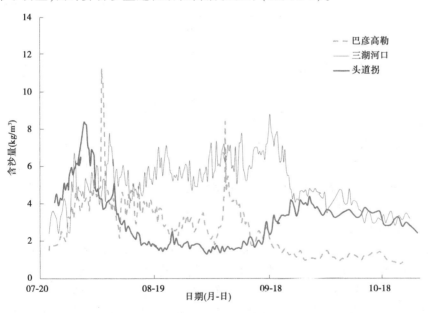

图 3-8   2012 年各站实测含沙量过程传播

从河段冲淤量(见表 3-1)看,巴彦高勒—三湖河口河段模型计算冲刷了 0.313 亿 t,输沙率法计算实测冲刷量 0.350 亿 t,三湖河口—头道拐河道计算淤积量 0.391 亿 t,实测资料输沙率法计算淤积量 0.369 亿 t。计算分河段冲淤量与输沙率法计算实测冲淤量比较接近。

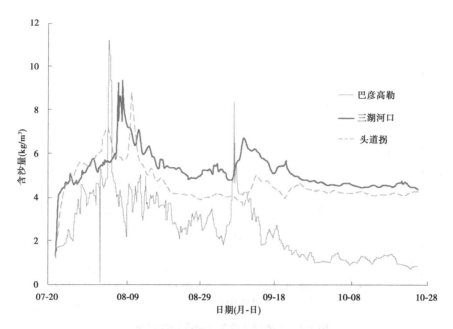

图 3-9　2012 年各水文站实测含沙量过程传播

表 3-1　巴彦高勒—头道拐河段计算冲淤量　　　　　　　　　（单位:亿 t）

河段	方案	主槽	滩地	全断面
巴彦高勒—三湖河口	计算	-0.694	0.381	-0.313
	实测	-0.684	0.334	-0.350
三湖河口—头道拐	计算	-0.404	0.795	0.391
	实测	-0.681	1.050	0.369

　　宁蒙河道 2012 年大洪水过程漫滩流量较大,漫滩时间较长,洪水过程比较复杂,针对该场洪水开展验证由于受到计算资料的限制,如缺少 2012 年汛前地形、河床质级配、巴彦高勒悬沙级配、孔兑来水等资料,计算值与实测值尚有一定的差异,但计算成果基本能够反映该洪水过程在巴彦高勒—头道拐河段的洪水演进,分河段、分滩槽冲淤规律。

　　(二)一般洪水验证

　　计算河段为三湖河口水文站(黄断 38)—头道拐水文站(黄断 109)。计算地形为:黄断 38—黄断 88 采用 2008 年汛前实测大断面资料;黄断 88—黄断 109 采用 2004 年实测大断面资料,河床采用 1988 年 8 月巴彦高勒实测床沙级配。进口水沙条件采用 2008 年三湖河口水文站实测水沙过程(见图 3-10)与 2008 年巴彦高勒实测悬沙级配过程。出口条件采用头道拐水文站 2008 年报汛资料。

　　没有考虑沿程引水、河道损失及孔兑入汇。

　　图 3-11、图 3-12 分别为头道拐断面计算流量、含沙量与实测值比较。可以看出,头道拐计算流量过程与实测值基本一致,计算含沙量过程基本能够反映头道拐站泥沙输移过程,在 2008 年 9 月 20 日后计算含沙量要较实测值偏大。从河段冲淤量看,通过输沙量法

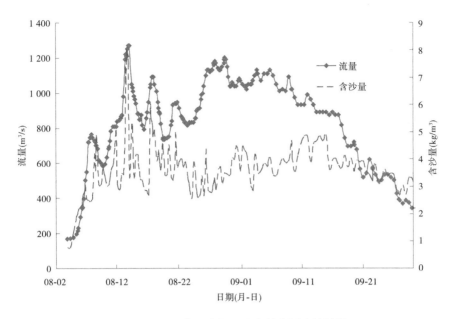

图 3-10　2008 年三湖河口水文站实测水沙过程

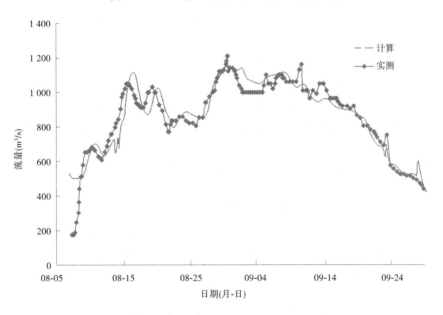

图 3-11　头道拐水文站流量过程计算值与实测值对比

计算三湖河口—头道拐河段在汛期实际冲刷了 255 万 t,一维非恒定水沙数学模型计算该河段冲刷 229 万 t,计算值比实测值偏少 26 万 t,误差低于 10%。

由于计算地形采用 2004 年汛前与 2008 年汛前组合资料,床沙级配采用 1988 年巴彦高勒资料,洪水期泥沙级配采用 2008 年巴彦高勒实测资料的平均值,计算含沙量过程与河段冲淤量和实测值有一些差异,但精度能够满足生产需要。

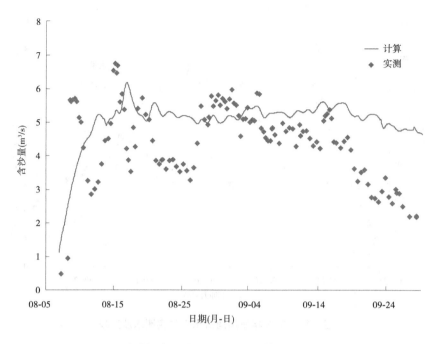

图 3-12 头道拐水文站含沙量过程计算值与实测值对比

三、方案计算

在 2012 年大洪水验证上开展方案计算,计算基本条件如下:

计算河段:青铜峡—巴彦高勒、巴彦高勒—头道拐水文站(黄断 109)。

计算地形:采用 2012 年汛后实测大断面。河床采用 1988 年 8 月巴彦高勒站实测床沙级配。

进口水沙条件:采用设计青铜峡水库出库水沙过程与 2012 年大洪水期间平均悬沙级配。

出口条件:采用头道拐水文站 2012 年水位流量关系曲线。

引水及河损条件:孔兑入汇采用 1966 年实测西柳沟 8 月 12—14 日的洪水过程,水、沙量分别为 0.235 亿 m³、0.166 亿 t,见表 3-2,平均流量 11.9 m³/s,平均含沙量 704 kg/m³,最大流量 3 660 m³/s,最大含沙量 1 380 kg/m³,洪水期西柳沟悬沙级配参考了实测皇甫川水文站产沙粒径级配资料。没有考虑沿程引水、河道损失。

表 3-2 1966 年西柳沟孔兑入黄水沙量

日期(月-日)	流量(m³/s)	输沙率(kg/s)
08-12	0.288	0.746
08-13	260	191 000
08-14	11.9	716

计算方案:水量和沙量保持一致,分别为 45 亿 m³ 和 0.2 亿 t,设计青铜峡水库出库按

平均流量 1 000 m³/s、2 000 m³/s、3 500 m³/s,水沙搭配过程见图 3-13~图 3-15。

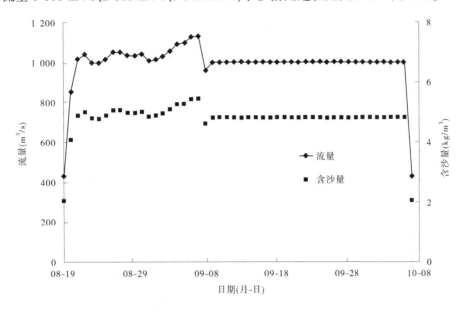

图 3-13　方案 1 青铜峡出库水沙过程

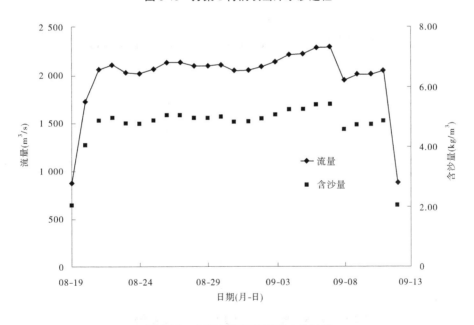

图 3-14　方案 2 青铜峡出库水沙过程

　　图 3-16 和图 3-17 分别为方案 1 青铜峡—巴彦高勒河段、巴彦高勒—头道拐河段洪水传播过程;图 3-18 和图 3-19 分别为方案 2 青铜峡—巴彦高勒河段、巴彦高勒—头道拐河段洪水传播过程;图 3-20 和图 3-21 分别为方案 3 青铜峡—巴彦高勒河段、巴彦高勒—头道拐河段洪水传播过程。

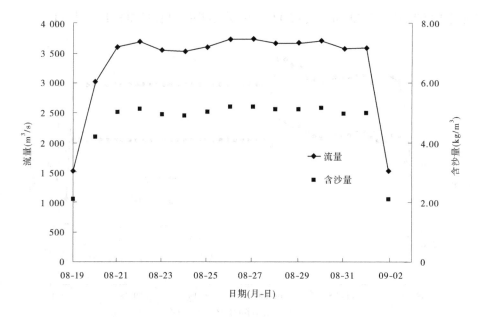

图 3-15 方案 3 青铜峡出库水沙过程

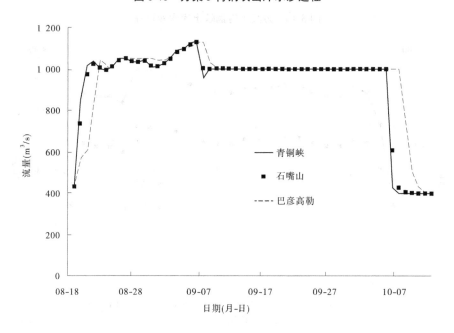

图 3-16 方案 1 青铜峡—巴彦高勒河段流量传播过程

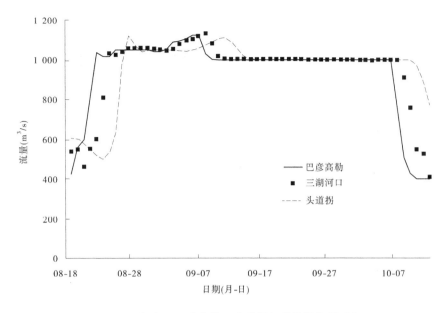

图 3-17　方案 1 巴彦高勒—头道拐河段流量传播过程

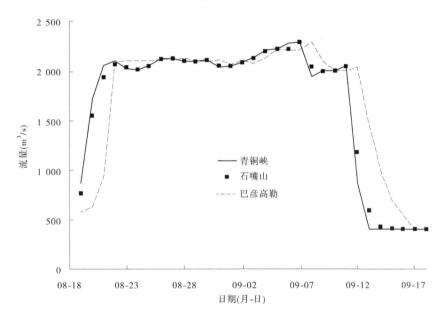

图 3-18　方案 2 青铜峡—巴彦高勒河段流量传播过程

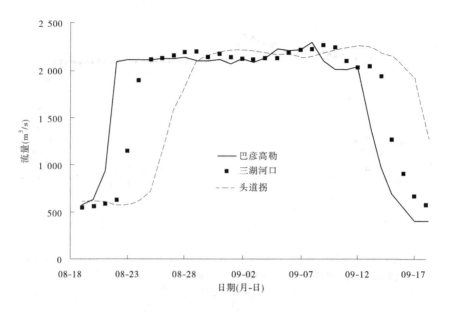

图 3-19 方案 2 巴彦高勒—头道拐河段流量传播过程

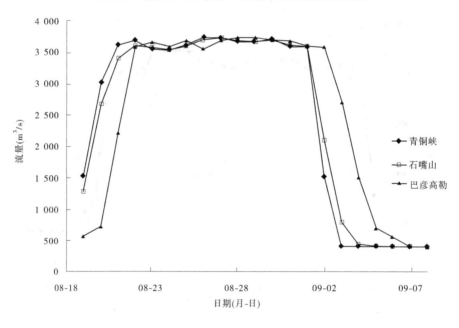

图 3-20 方案 3 青铜峡—巴彦高勒河段流量传播过程

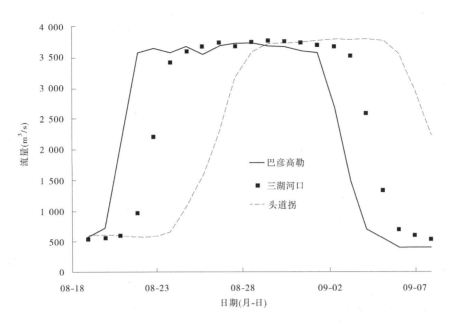

图 3-21　方案 3 巴彦高勒—头道拐河段流量传播过程

由模型计算结果(见表 3-3)可见,干流各流量下孔兑来沙加入后河道淤积明显增加,是无孔兑来沙时淤积量的 1.6~3.2 倍,增加淤积 0.173 亿~0.196 亿 t,甚至超过了孔兑来沙量 0.166 亿 t。

表 3-3　孔兑加沙对三湖河口—头道拐河段洪水期间冲淤的影响

方案		冲淤量(亿 t)		
		主槽	滩地	全断面
无孔兑加沙	方案 1	0.054	0	0.054
	方案 2	−0.240	0.356	0.116
	方案 3	−0.349	0.465	0.116
有孔兑加沙	方案 1	0.227	0	0.227
	方案 2	−0.118	0.430	0.312
	方案 3	−0.242	0.548	0.306
有孔兑-无孔兑	方案 1	0.173	0	0.173
	方案 2	0.122	0.074	0.196
	方案 3	0.107	0.083	0.190

表 3-4 为考虑西柳沟孔兑来沙影响青铜峡—头道拐河段三个方案计算滩槽冲淤量表,从表 3-4 中可以看到,在三个水沙方案条件下,宁蒙河道青铜峡—头道拐河段都处于淤积状态,淤积量有所不同,随着流量的增大,全河段淤积量有所减少。

表 3-4　计算各河段分滩槽冲淤量　　　　　　　　　　（单位：亿 t）

河段（项目）		方案 1	方案 2	方案 3
青铜峡— 石嘴山	主槽	-0.022	-0.026	-0.035
	滩地	0	0.002	0.009
	全断面	-0.022	-0.024	-0.026
石嘴山— 巴彦高勒	主槽	-0.016	-0.031	-0.026
	滩地	0	0.018	0.023
	全断面	-0.016	-0.013	-0.003
巴彦高勒— 三湖河口	主槽	-0.030	-0.322	-0.484
	滩地	0	0.195	0.332
	全断面	-0.030	-0.127	-0.152
三湖河口— 头道拐	主槽	0.227	-0.118	-0.242
	滩地	0	0.430	0.548
	全断面	0.227	0.312	0.305
青铜峡— 头道拐	全河段	0.159	0.149	0.124

　　青铜峡—石嘴山、石嘴山—巴彦高勒和巴彦高勒—三湖河口河段全断面三个方案河道都有所冲刷，并且滩槽冲淤分布主要集中在主槽冲刷、滩地淤积，而三湖河口—头道拐河段在方案 1 流量为 1 000 m³/s 时，全断面是淤积，淤积都集中在主槽，而方案 2、方案 3 在流量大于 2 000 m³/s 时，全断面淤积条件下，呈"淤滩刷槽"状态，即主槽冲刷，滩地淤积。

第四章 主要认识与结论

（1）非漫滩洪水河道冲淤与水沙条件关系密切，宁蒙河道洪水期平均流量为 2 000~2 500 m³/s 的洪水河道冲刷量最大。因此，从宁蒙河道减淤的角度来看，应尽量维持 2 000~2 500 m³/s 流量级洪水历时，同时含沙量在 7 kg/m³ 以下。

（2）孔兑来沙对内蒙古三湖河口—头道拐河段的河道冲淤影响量较大，在考虑孔兑来沙和不考虑孔兑来沙条件下三湖河口—头道拐河段的河道冲淤量对比情况可以看到，孔兑来沙时，三湖河口—头道拐河段的淤积总量为 3.454 亿 t，而不考虑孔兑来沙时，三湖河口—头道拐河段的淤积总量仅为 0.143 亿 t，因此拦减孔兑来沙是减少三湖河口—头道拐河段淤积的有效措施。

（3）巴彦高勒—头道拐是内蒙古重点淤积河段，在洪水期以及平水期低含沙量条件下，平均流量为 500~1 000 m³/s 时，三湖河口站上下河段都存在"上冲下淤"现象，即巴彦高勒—三湖河口河段冲刷，三湖河口—头道拐河段淤积。因此，为减少三湖河口—头道拐河段的淤积，应尽量避免该流量级出现。

（4）对于三湖河口—头道拐河段，洪水期平滩流量由 1 000 m³/s 增加到 2 000 m³/s 时主槽由淤转冲，由 2 000 m³/s 增加到 3 500 m³/s 时主槽冲刷量大为增加，滩地淤积并不十分严重。因此，在保证河道防洪安全的条件下，利用漫滩洪水维持河槽的效果要远高于非漫滩洪水。

参 考 文 献

[1] 李晓宇,李焯,邵岩,等.渭河清水来源区和泥沙来源区典型支流洪水期产流产沙特性变化研究 [R].郑州:黄河水文水资源科学研究院,2012.

[2] 黄河水利委员会水文局.黄河中游多沙粗沙区水沙动态分析总结报告(2005—2010 年)[R].郑州: 黄河水利委员会水文局,2014.

[3] 冉大川,左仲国,吴永红,等.黄河中游近期水沙变化对人类活动的响应[M].北京:科学出版社, 2012.

[4] 冉大川,柳林旺,赵力仪,等.黄河中游河口镇至龙门区间水土保持与水沙变化[M].郑州:黄河水 利出版社,2000.

[5] 冉大川,李占斌,李鹏,等.大理河流域水土保持生态工程建设的减沙作用研究[M].郑州:黄河水 利出版社,2008.

[6] 冉大川,赵力毅,张志萍,等.黄土高原不同尺度水保坡面措施减轻沟蚀作用定量研究[J].水利学 报,2010,41(10):1135-1141.

[7] 符素华,刘宝元,路炳军,等.官厅水库上游水土保持措施的减水减沙效益[J].中国水土保持科学, 2009,7(2):18-23.

[8] 黄河勘测规划设计有限公司.小浪底水利枢纽拦沙初期运用调度规程[R].郑州:黄河防总办公室, 2004.

[9] 黄河勘测规划设计有限公司.小浪底水利枢纽拦沙后期(第一阶段)运用调度规程[R].郑州:黄河 防总办公室,2009.

[10] 马怀宝,蒋思奇,张俊华.黄科院年度咨询及跟踪研究——2007 年小浪底水库运用及库区水沙运动 特性分析[R].郑州:黄河水利科学研究院,2008.

[11] 王婷,马怀宝.黄科院 2010—2011 年年度咨询及跟踪研究——小浪底水库拦沙运用初期水沙特性 及冲淤演变[R].郑州:黄河水利科学研究院,2011.

[12] 蒋思奇,马怀宝,张,敏.黄科院 2011—2012 年年度咨询及跟踪研究——2012 年汛期黄河中游中高 含沙量小洪水小浪底水库调控运用方式探讨[R].郑州:黄河水利科学研究院,2012.

[13] 马怀宝,韩巧兰.黄科院 2010—2011 年年度咨询及跟踪研究——小浪底水库调水调沙期对接水位 对排沙效果的影响[R].郑州:黄河水利科学研究院,2011.

[14] 黄河勘测规划设计有限公司.小浪底水库拦沙后期防洪减淤运用方式研究[R].郑州:黄河勘测规 划设计有限公司,2010.

[15] 马怀宝,张俊华,陈书奎,等.小浪底水库蓄水期高效输沙关键技术研究[R].郑州:黄河水利科学 研究院,黄河水利委员会水文局,2011.

[16] 孙赞盈,等.洪水期青铜峡及三盛公水库运用及排沙特性分析[R].郑州:黄河水利科学研究院, 2013.

[17] 赵业安,等.黄河干流水库调水调沙关键技术研究与龙羊峡、刘家峡水库运用方式调整研究[R]. 郑州:黄河水利科学研究院,2008.